玩的就是心理学

牧之◎著

99%的人都不知道的社交软技巧

江西美术出版社
JIANGXI FINE ARTS PUBLISHING HOUSE

图书在版编目（CIP）数据

玩的就是心理学 / 牧之著 . -- 南昌 : 江西美术出版社，2017.10
ISBN 978-7-5480-5530-3

Ⅰ . ①玩… Ⅱ . ①牧… Ⅲ . ①心理学 - 通俗读物
Ⅳ . ① B84-49

中国版本图书馆 CIP 数据核字（2017）第 158264 号

出 品 人：汤　华
企　　划：江西美术出版社北京分社（北京江美长风文化传播有限公司）
策　　划：北京兴盛乐书刊发行有限责任公司
责任编辑：王国栋　朱鲁巍　康紫苏　李小勇　宗丽珍
版式设计：曹　敏
责任印制：谭　勋

玩的就是心理学

作　　者：牧　之

出　　版：江西美术出版社
社　　址：南昌市子安路 66 号江美大厦
网　　址：http：//www.jxfinearts.com
电子信箱：jxms@jxfinearts.com
电　　话：010-82293750　　0791-86566124
邮　　编：330025
经　　销：全国新华书店
印　　刷：固安县保利达印务有限公司
版　　次：2017 年 10 月第 1 版
印　　次：2017 年 10 月第 1 次印刷
开　　本：710mm × 960mm　1/16
印　　张：24
I S B N：978-7-5480-5530-3
定　　价：39.80 元

前　言

无论是先定一个小目标，还是想要完成一个大的梦想，都离不开别人帮助，完全能由自己一个人实现的目标在这个社会几乎没有。

经历了岁月洗礼的人会知道：社会生活中，会遇到这样那样的问题。比如说，你曾经因为不懂得看人眼色而受到排挤；不懂得一些生活常识，让喜欢你的人不理解而受到伤害；因为别人打小报告而无缘无故丢了一个手续齐全的项目；因为认识了一些不讲诚信的人而让自己受累；做事经常受阻，不得不拖拉；言语不当而得罪了一些人；好不容易做了领导，却受到下属的挑战，上级的指责；面对谈判方合同敲定才后悔自己没有讨价还价；怎么做也缓和不了身边的人，甚至家庭成员之间的矛盾……

但是，假如你做了有关这些方面的心理学的修行，便应该知道这些问题其实都可以归纳到心理学的范畴。为此，我们结合多个心理学定律、不少经典案例，以及生活中发生过的事件，对这些问题做了详细总结。其实只要你能融会贯通这些知识，从生活的方方面面得出人生的真谛，开始懂人心、识人性，就能让自己活得明明白白，也能经得起人生风浪，受得住任何打击。

当然，我们总结的心理学知识，并非是什么见不得光的理论，而是得益于前人们的经验智慧，对现在的人遇到的问题做一解说和讲解。细心的人们会发现，很多事情都是事出有因的，错误是自己的疏忽，危难发生是因为没有及早预判伤害，等等。这就要求每一个想要过好这一生的人，从生活的方方面面学习一些有关心理学的知识。心理学知识是处处存在、时时都有的，人们所进行的各种活动，包括政治、经济、军事、教育以及社交、求职，等等，从一定意义上讲都是某一方面或某一角度的人的心理活动。

一个人不管家庭背景多显赫，自己本身多聪明、多能干，如果不懂得做人的道理，没有一点心理学知识，是很难成就事业的。不懂处世的心理学，就不知道如何提防别人；不清楚何时“该出手”；不明白怎样与上级、下属、同事、朋友，乃至爱人、家人融洽相处。不懂处世的道理，就会处处碰壁，屡受挫折，不仅影响与他人关系的和谐，也使自己在社会上很难立足。

所以必须多学习一些心理学知识，有洞察社会人生的眼光和见识，能够洞悉外表掩盖的真实想法，能识人，也能防人，能左右逢源，也能绝处逢生，总之多学习心理学知识，就是你能够过好这一生的保证。

本书以辑和章的形式，概括归纳读者生活中常见的心理学，分别从处世、情场、职场、办事、社交、说话、销售、管理、谈判等多个方面，详细讲解不同领域运用好心理学理论知识的方法，立足现实，语言生动简洁，讲述透彻全面，相信每个读者都能找到自己所需要的心理知识，从中得到指引和帮助。

目 录

辑十　谈判心理学：赢在套路

辑一

处世心理学：人情练达，处世无忧

现代社会到处充满着竞争，胆小者躲避，愚鲁者轻生。其实，每个人都想在社会上站住脚，然而往往又对现实甚为不满，心态不佳，如果不好好处理，个人就难免被现实社会所淘汰。又有另一种人，心怀大志，为了高洁之理想，九死不悔地去追求，成事者固然极多，但败阵者亦为数不少。这些勇者的失败必然有其原因。无智乎？非也；无勇乎？非也；无仁乎？无义乎？无礼乎？无信乎？均非也。缘由在于少了一点关键性的处世技能。这些技能人人都能学会，人人都能做到。但要把处世技能学得娴熟、做得巧妙，就需要学一点处世的心计。

场景：

1944年，罗斯福第四次当选美国总统。

一位记者采访他，请他谈谈感想。总统微笑着没有回答，拿起了一块三明治，很客气地请记者吃。记者受宠若惊，十分愉快地吃了下去。

罗斯福继续微笑着，又请他吃第二块。他肚子已经饱了，但盛情难却，又吃了下去。不料总统又请他吃第三块。他实在不需要了，但还是勉强吃了下去。没想到，罗斯福在他吃完之后又说："请再吃一块吧！"记者一听啼笑皆非，因为他已经有要呕吐的感觉了。

罗斯福说："现在，你不需要再问我的感想了，因为你自己已经感觉到了。"

俗话说："好菜连吃三天惹人厌，好戏连演三天惹人烦。"哪怕是当总统也不例外。可是为什么会这样呢？当总统是多少人梦寐以求的事情呢，怎么也会厌烦？

第1章 处世要学会恰到好处的适度原则

逾越极限，适得其反

俄国作家克雷洛夫写过一篇著名的寓言，叫《杰米扬的鱼汤》。大意是：杰米扬十分好客，有一天，一位朋友远道来访，杰米扬非常高兴，亲自下厨烧了最拿手的鱼汤来招待朋友。朋友喝了第一碗，感到很满意。杰米扬劝他喝第二碗。第二碗下肚，朋友有点嫌多了，但觉得还能接受。可杰米扬没有觉察，仍然一个劲地“劝汤”，第三碗、第四碗……朋友终于忍无可忍，丢下碗拂袖而去。

这个寓言故事也正是答案：做任何事情都不能超过限度。鲜美的鱼汤无疑是佳肴，但过了量，就会适得其反。

古希腊哲学家德谟克利特说过这样一句名言：“当人过度的时候，最适意的东西也会变成最不适意的东西。”这种刺激频率过多，强度过大，和作用时间过长而引起心理不耐烦或反抗的现象称为“超限效应”，它最早来源于马克·吐温的一个故事。

美国人有个习惯，星期天去教堂听牧师讲道，松弛一下平日绷得太紧的神经，以净化自己的心灵，从烦恼中解脱出来，好让新的一周有一个新的开始。

因此，每到星期天，当镇上的教堂钟声响起时，人们便会陆陆续续地朝着教堂走去。牧师是这里的主角，他负责讲解诸如为什么事情募捐，不要大声吵闹，不要发牢骚，不要背后说别人坏话，不要歧视弱者，不要逃税，爱清洁，爱思考，谦让，爱护公物等主题。虽然牧师讲述的都是上帝的旨意，但却是每个人都能听得懂的浅显道理。当然，并不是所有的人都会去教堂听牧师布道，但是几乎每家都有信教的人。一人影响多人，一代传授一代。

马克·吐温有一次在教堂听牧师演讲，刚开始的时候，他看着牧师站在那里手扶讲台滔滔不绝，不仅演讲的内容十分丰富，而且肢体语言也表达得淋漓尽致。

于是，马克·吐温觉得在募捐的时候，自己一定要比别人多捐两倍，来表示自己对这位牧师的尊重和支持。

然而，牧师在那里已经讲了40多分钟，却依旧没有要结束的迹象。这让马克·吐温有些不快。又过了近30分钟，牧师的演讲依旧没有结束。马克·吐温有些生气了，觉得他这样做只是在耽误大家宝贵的时间。于是，他决定在募捐的时候，只捐一些零钱。

又过了10分钟，牧师还没讲完，于是马克·吐温生气地决定，自己一分钱也不会捐，真是太过分了。结果，又过了很长一段时间，牧师终于结束了冗长的演讲，开始募捐了。当牧师端着募捐箱来到马克·吐温面前的时候，由于气愤，马克·吐温不仅一分钱未捐，而且，他还从箱子里偷了2美元。

这个故事非常形象地告诉人们：重复、冗长地讲解一件事情，会使人从最初的接受到不耐烦，最后产生反感、讨厌的反抗心理和行为。

这种现象，在生活中屡见不鲜，你经常会看到类似的现象：一位妈妈三番五次地对孩子说“你要把你的屋子收拾干净”，可孩子将妈妈的话当作耳旁风，屋子杂乱依旧；妻子不知疲倦地提醒丈夫“你该戒烟了”，可丈夫依然吞云吐雾……造成这些现象的原因，就是刺激过多、过强、过久，超过了合理的限度，引起了人们心理极不耐烦或反抗的情绪，使事物朝相反方向发展。

为什么会这样呢？因为个体的心理在接受任何刺激时，无论是正面的、负面的，甚至是个体正在向往的刺激，都有一定的限度。如果超出了心理承受的限度，就会产生一种倾向于逃避的心理反应。这是人类出于自然本能的一种自我保护的心理反应，称为“超限逆反”，也就是俗称的心理饱和现象。

“饱和”原本是化学中的概念，比如将糖加入水中会溶解，如果糖放的数量超过了某种限度，就不再溶解，这就叫作饱和。心理饱和则是指心理的承受力到了不能再承受的程度。

一般而言，反复虽是增强引导效果的手段，但同样的刺激物强度过大，刺激时间过长，就容易引起对象反应性质的变化。追求多样化和丰富性是人的先天倾向，呆板单一的方式容易使人产生厌恶和反感的情绪。当抵达大脑皮层的信号刺激达到一定程度，超过大脑皮层的信息处理能力时，大脑皮层就会表现出对信号的抵制，产生逆反和抗拒。

古人云："入芝兰之室，久而不闻其香；入鲍鱼之肆，久而不闻其臭。"说的正是这个道理。感官在接受外界的刺激时，也有一个适应过程。感官的适应可以使感觉性提高，也可以使感觉性降低。一般来讲，在强烈的刺激持续作用下感觉会降低，只有在弱刺激的作用下感觉才会提高。在这里，并不是越多越好，越强越好。

有一次，一位乐师被一个大富翁请到家中表演，其中有一曲音乐令富翁心旷神怡。富翁很高兴，心想这世上竟有如此美妙之声，便对乐师说："如果你能留下来，天天为我演奏这首曲子，我便可以长期雇用你，给你终生的报酬是百亩良田。"乐师接受了富翁的条件，留了下来。于是，每天天一亮乐师就给富翁演奏那首曲子，直到熄灯睡觉。一开始富翁还沉浸在愉悦的心情里，可是三天三夜后，富翁有点烦了，到了第四天，富翁受不了了。到了第五天，再听到这首曲子，不但感受不到那优美的韵味，反而全都变成了令他烦躁不安的噪音。无奈，富翁只好把乐师打发走了。

当逾越了极限的时候，不管多么美妙的事物都会令人厌烦。做人做事也是这样，过度的追求很容易让自己卷入心理饱和的漩涡。所以，你一定要清楚临界点在哪里，任何时候都要注意不要做过头。

言多必失，请勿授人以柄

上帝只给了我们一个嘴巴，却给了我们两个耳朵，就是为了让我们多听少说。有时候一句话说不好，不仅会招人厌恶，搞不好还会带来大祸。有时候话说多了，就会露出马脚或者底线，就很容易被对方抓到把柄，甚至威胁到自己的利益。"逢人只说三分话，未可全抛一片心"，如果想好好保护自己，最好的办法就是让别人没办法操纵你。

可是我们身边有许多人都有这样一个毛病：肚子里搁不住心事，有一点点喜怒哀乐之事，就总想找个人谈谈；更有甚者，不分时间、对象、场合，见什么人都把心事往外掏。其实这也没有什么不对，好的东西要与人分享；坏的东西当然也不能让它沉积在心里。要说可以，但不能“随便”说，因为你的每个倾诉对象都是不一样的，说心里话的时候一定要多留个心眼，该说的说，不该说的千万别说。

和人初次见面，或才见过几次面，就算你觉得这个人不错，你也喜欢他，但也不该把你的心一下子就掏出来。我们主张不那么老实做人，意思是：对还不了解的人，无论说话或做事，都要有所保留，不可一厢情愿。之所以说不要一下子就把心掏出来，是因为人性复杂，你若一下子就把心掏出来给对方，用心和对方交往，那么就有可能受伤。

很多人总觉得只要自己光明磊落，便凡事无不可对人言，但假如对方是个根本不可以言尽的小人时，你说“三分话”都已经显得太多了。如果彼此间的关系一般，你却跟人家谈得很深，这就显示了你自己没有知人之明。若是你的话题涉及对方本人，但他与你根本就不熟悉，你却硬跟别人说一些纯属私人的事情，就显得唐突冒昧。再说，如果谈话本身涉及一些机密，因为你一时的“畅所欲言”，便将自己的底牌一股脑儿地兜售给对方，岂不是太过愚蠢了吗？实际上，与一些人交谈时，三分的话已经是太多了。

“交浅而言深，既为君子所忌，亦为小人所薄。”关键时刻，那些你曾经的失言、多言，很可能成为对方对付你的秘密武器，给你重重的一击，让你在竞争中失败。

聪明的人在交谈时，会掌握好透露秘密的分寸，也会知道哪些话该说，哪些话不该说。说无关紧要的心事给周围的人听，可以让你变得有亲和力；知道把握分寸，守住自己和别人的秘密则会让你更加受到人们的欢迎。

罗斯福出任海军助理部长时，有一天，一位好友来访。谈话间好友问及美国海军在加勒比海某岛建立军事基地的事。

“我只希望你能告诉我，”他的朋友说，“我所听到的有关建立基地的传闻是否确有其事。”

这位朋友要打听的事在当时是不便公开的，但既是好朋友相求，那如何拒绝是好呢？

罗斯福望了望四周，然后压低嗓音向朋友问道："你能对不便外传的事情保密吗？"

"能！"好友急切地回答。

"那么，"罗斯福微笑着说，"我也能。"

"出我的口入你的耳，切莫向第三个讲起。"这全是自欺欺人的废话，任何时候都不要指望别人对某事能守口如瓶，你可以给好朋友说，他也可以同样地给他的好朋友说，唯一的解决办法就是"打死我也不说"。

不能说的就不要说，以避免造成不必要的麻烦。省一句话，就省下多少事儿！不仅工作中严肃的事情不能轻易泄露，生活中也是如此。谁没有心事呢？可是千万别轻易将自己的所想所思告诉别人。处理心事要慎重，因为心事的倾吐会泄露一个人的脆弱面，这脆弱面会让人改变对你的印象，虽然有的人欣赏你"人性""真实"的一面，但有的人却会因此而下意识地看不起你，最糟糕的是脆弱面被别人掌握住，有可能成为日后被他人操纵的致命伤。

当然，我们并不是要以恶毒的心思去揣测别人，只是如果能少让人掌握自己的弱点也是明智之举。有些心事带有危险性与机密性，例如你在工作上承担的压力，你对某人的不满与批评，当你快乐地向别人倾吐这些心事时，有可能什么时候就被人拿来当成反驳你的武器，你是怎么吃亏的，连你自己都不知道。那么，对好朋友应该可以说说心事吧？也不是。毕竟，朋友之间也是"距离产生美"。真诚也要有个度，这个度就是既对别人真诚，也要对自己尊重。

把心掏出来，这代表你的真诚和热情，但是你把心掏出来，他也把心掏出来的人不太多，而且也有人掏的是假心。若这种人又别有居心，刚好利用了你的弱点，好比薄情郎对痴情女一般，那么你的日子就不好过了。而会玩手段的人，更可以因此把你玩弄于股掌之中。相信你并不想因此而被人操纵吧？

言不在多，在于精辟，在于有效果。少说点话，让对方抓不到你的把柄，你自然就会安全很多，但许多人并不懂得这个道理。“逢人只说三分话”，不是不可说，而是不必说；有度的真诚，才能让彼此更舒服、更安全。

把握分寸，一次错误只能给一次批评

所谓过犹不及，火候不到饭做不熟，火候过了会把饭做煳。在我们的实际生活中，“超限效应”是教育中最常见的问题。比如，父母的“苦口婆心”常常将孩子的心理状态推向饱和。有一些父母经常盲目地对孩子进行许多大而空的说教，孩子已经太熟悉了，即使父母的话真的有道理，父母一开口他就反感。父母喋喋不休的抱怨、旷日持久的指责，最终会激起孩子的厌烦心理。

有一份资料显示，做丈夫的最受不了的是“妻子的唠叨”，做孩子的最厌烦的是“妈妈的唠叨”。

“我最近比较烦，比较烦，比较烦，妈妈的唠叨总在耳旁回旋……”孩子在上学路上唱道。“从早晨睁开眼起，妈妈就对我开始了唠叨，而且一天不再停止，让你心烦、冒火，什么也学不下去。妈妈，你的唠叨好似一座大山，把我压得都透不过气来了，我多么想让你给我一点安宁啊！”小学生在作文中写道。

父母的唠叨是望子成龙的急切，孩子的苦恼是父母唠叨的压力。但“超限效应”却告诉我们“物极必反”“欲速则不达”的道理，看来，要想达到教育效果，就应该尽力避免“超限效应”。

当孩子的考试成绩不太理想时，父母会一次、两次、三次，甚至四次、五次地重复对这件事的批评，翻来覆去就是那么几句话：“学习要用心。”“考试要仔细。”家长以为反复叮咛会加深孩子的印象，其实，恰恰起到了相反的作用，使孩子从内疚不安到不耐烦再到反感讨厌，最后被“逼急”了，就会出现“我偏要这样”的反抗心理和行为。

“花儿为什么凋谢了呢 / 我用热恋的爱把它紧紧地压在了我的心上 / 因此花儿凋谢了 // 琴弦为什么断了呢 / 我强弹了一个它不能胜任的音节 / 因此琴弦

断了”，诗人泰戈尔用抒情的语言吟诵出了“超限效应”的心理奥秘。

从心理学的角度来讲，第一次受责骂时，对方的厌烦心理并不严重，还比较能接受你的说教。但假如你的第二次责骂在别人受批评的心情还没有平静时接踵而至，对方的厌烦度就会成倍增加。他会在心里嘀咕：“怎么老这样对我？”随后第三次、第四次、第五次……对方的厌烦心理就会呈几何级数增加，逐渐郁积成心理压力。过重的心理压力滋生出反抗心理，这种反抗心理就如同平静的火山下面汹涌的熔岩一样，一旦找到突破口就会迸发出来，导致不同程度的丧失理智的行为。

“一次过错，只能批评一次。”当别人犯了错时，你要就事论事，不要“一而再，再而三”地揪着同一问题不放。否则，苦口婆心的劝诫，换来的往往是对方的无动于衷和麻木漠然。如果非要再次批评，那也不应简单地重复，要换个角度，换种说法。这样，别人才不会觉得是同样的错误被你“揪住不放”，厌烦心理、逆反心理也会随之减低。

由此可见，我们如果希望自己说的话能够在别人身上起作用，就不能采取简单的重复，而是能换个角度、换种说法，将对方的厌烦心理、逆反心理减到最低，到那时，你也许能真正体验到“一语千金”的威力。

托尔斯泰说过：“人的智慧越是深奥，其表达想法的语言就越简单。”其实真正打动人心的语言往往不是长篇大论，而是那些简洁有力的话。

第二次世界大战期间，面对希特勒的进攻，英国节节败退，人心惶惶，士兵士气低沉。当时的英国首相丘吉尔觉得有必要做一场演讲，来激励士兵的士气，挽救国家的命运。

丘吉尔拄着拐杖，戴着草帽，慢步走向讲台，先把草帽放在讲台，然后从左到右扫视了整个军营，说：“永不放弃！”然后又从左到右扫视了整个军营，说：“永不放弃！”当时整个军营鸦雀无声，连一根针掉在地上的声音都可以听到。然后他又从左到右扫视了一次整个军营，加大声量说：“永不放弃，永不放弃，永不放弃，永不放弃！”整个军营都兴奋起来，欢呼声淹没了整个军营，此后英国连连打败了希特勒的进攻。

这就是丘吉尔最著名的演讲，世界上最震撼的演讲，同时也是世界上最短的演讲。

在这个讲究效率的时代，你在处事当中，一定要把握分寸，不要用一次又一次重复的批评来浪费彼此的时间，损毁双方的关系，要明白并不是反复强化就会有更好的效果。

依据对方脾气，把握交往的度

想要在短时间内让彼此陌生的人熟悉起来，看似很难，其实也有一些诀窍。你可以先顺着对方的心意，做到投其所好，真诚地赞美对方的长处，使对方的心情愉悦，拉近双方的距离，消除隔阂。再一步步地将自己的想法和盘托出，这样就会用话语巧妙地引领对方一层层地听清你要说的话，让其心甘情愿地受你的操纵。

在工作中，在生活中，只要你有求于人，想要对方按照你的意愿行事，就得在打交道的过程中先做好准备工作，了解对方的喜好，摸清对方的脾气，把握好交往的尺度。

比如，假如对方性格外向，透明度高，你就可以随便一些，开开玩笑，逗逗嘴，他会很自然地接受；如果对方性格内向、敏感，你就可以讲一讲适合的笑话，让他开朗一些，最重要的是要表现出你的真诚，可以挖掘对方比较在意、隐藏在内心深处的话题，让对方觉得你是在真正地关心他。

有的女孩性格外向，个性鲜明，男孩子气十足，你若跟她谈化妆、美容，她也许会毫无兴趣；但如果和她谈足球、谈姚明，她可能会兴致勃勃。针对不同的性格，你应该学会说不同的话。同样说人胖，男性会一笑置之，而女性则可能把脸拉下来，自尊心受到伤害，这就是性别带来的差异。所以，同样的话对男人和女人的作用是不一样的。

同理，如果你对普通的工人、农民摆出知识分子的架子，满口之乎者也，肯定让对方满头雾水，更别说会被接受了。要是遇见文化修养较高的人，也不能开口就一副江湖气，容易引起反感，更无法获得交往的信任和好感。

因此，说话时，我们就要注意到这种差异，对不同性格的人采取不同的应对方法。当你根据对方的性格递上自己为其量身定制的“交往名片”时，很容易引起对方的共鸣，便于你与其进行深度交往，进而“操纵”之。下面，我们具体来看该怎样与不同脾气的人交往：

1. 死板的人

这种人往往是我行我素，对人冷若冰霜，尽管你客客气气地与他寒暄、打招呼，他也总是爱理不理，不会做出你所期待的反应。其实，死板的人一般来说兴趣和爱好比较少，也不太爱和别人沟通，但他们还是有自己追求和关心的事，只是别人不太了解而已。所以，在与这类人打交道时，不仅不能冷淡，反而更应该花些功夫仔细观察，注意他的一举一动，从他的言行中，寻找出他真正关心的事来，一旦你触及到他所热心的话题，对方很可能马上会一扫往常那种死板的表情，而表现出相当大的热情。

2. 傲慢无礼的人

有些人往往自视甚高，目中无人，表现出“唯我独尊”的样子，与这种举止无礼、态度傲慢的人打交道，实在是一件令人难受的事情。可是，如果我们不得不与这种人接触，又该怎么对付呢？首先，尽可能地减少与其交往的时间，在能够充分表达自己的意见和态度或某些要求的情况下，尽量减少他表现自己傲慢无礼的机会，他往往也会由于没这样的机会而不得不认真思考你所提出的问题。其次，语言简洁明了，尽可能用最少的话清楚地表达你的要求与问题，让对方感到你是一个很干脆的人，是一个很少有讨价还价余地的人，因而约束自己的架子。最后，你还可以邀请这种人去跳舞、聊家常、唱歌等。而当对方一旦在你面前表现出其生活的原色之后，在以后的交往中，他往往不会再对你傲慢无礼。

3. 沉默不语的人

和“闷葫芦”在一起，人们总会感到沉闷和压力，特别是对那些性格比较外向、活跃的人，更是觉得难受。在这种情况下，有些人为了活跃气氛，便故意找些话题来说，其实这是没有必要的，因为对于沉默寡言的人来说，他们之所以这样可能是出于其有某种心事而不愿多言。这时，你应该尊重对方，而不要去破坏对方的心境，让其保持一种内心选择的生存方式。相反，你如果故意地没话找话，并拼命地想方设法与对方交谈，只会引起对方的反感和厌恶。

4. 自私自利的人

自私自利的人尽管心目中只有自己，特别注重个人的得失和利益，但他们也往往会因利而忘我地工作，我们对他们不必有太高的期望，也没有必要希望他们能够像朋友那样以情为重。与这类人交往可以仅仅是一种交换关系，干多少活，给多少钱；干得好坏不同，钱也不一样。

5. 争胜逞强的人

这种人狂妄自大，自我炫耀，自我表现欲望非常强烈，总是力求证明自己比别人强，比别人正确，当遇到竞争对手时，总是想方设法地挤对人，不择手段地打击人，力求在各方面占上风。人们对这种人，虽然内心深处瞧不起，但是为了顾全大局，为了不伤交往中的和气，往往事事处处迁就他、让着他。殊不知，有些争胜逞强的人并不理解别人的谦让，还以为自己是真了不起，由此而变本加厉地瞧不起别人，不尊重别人。对这样的人，则不能一味迁就，而有必要在适当的时候，以适当的方式打击一下他的傲气，使他知道天外有天、山外有山。

6. 狂妄的人

他们实际上并没有多少学问，往往是自我吹嘘，夸夸其谈，他们所表现的高傲、不屑一顾等神态实际上是一种心灵空虚的补充剂，以维持其虚荣心。与这些人相处的方式实际上很简单，乍看起来他们似乎视野开阔，天南地北，无所不谈，好像一副居高临下的样子；但只要就某一问题深入地与之探讨，他便会露出马脚，一旦露了马脚，他的威风自然也就扫地了。另外，与这类人初次相处，可以用你的常识将之“震”住，如果做到了这一点，往后交往中的问题便会迎刃而解。

7. 搬弄是非的人

不要以为把是非告诉你的人便是你的朋友，他们很可能是希望从中得到更多的谈话材料，从你的反应中再编造故事。所以，聪明人往往不会与这种人推心置腹，而令他远离你的办法，就是对任何有关你的传闻反应冷淡，不作答。如果对方总是不厌其烦地把不利于你的是非辗转相告，以致对你的情绪造成很大的负面影响，你应拒绝和他见面或不接他的电话，此类人不宜过多交往。

8. 性情急躁的人

遇上性情急躁的人冒犯你，可要严肃对待。一定要保持头脑冷静，可以暂时置之不理，有时瞪他一眼就够了，有时一笑置之则可。这一笑，在大多数场合，可以使你摆脱尴尬的局面，避免与其发生争吵。

9. 城府深的人

他可能是一位工于心计的人，这种人为了在与别人打交道时获得主动，或者出于某种目的不愿让别人了解自己，而把自己保护起来。这种人总希望更多地了解对方，从而在各种矛盾关系中周旋，使自己处于不败之地。他也可能是一位曾经经历过挫折和打击，并受到别人伤害的人，过去的经历使他对社会、对别人有一种十分强烈的敌视态度，从而对自己采取更多的保护措施。还有一种情况，他可能对某些事情缺乏了解，拿不出有价值的意见，为了掩饰自己的无知，以一种未置可否的方式、含糊其词的语气与人交往，并装出一种城府很深的样子。

总而言之，“依据对方脾气，把握交往之度”其出发点仍是为了避免产生“超限效应”，是为了让你在人际交往中表现更为得体，避免出现热情过度、画蛇添足的做法。当你能够真正做到这一点时，就可以迅速赢得别人的欢心和信任，从而对别人产生影响力，顺利达到掌控对方的目的。

切忌无极限的愤怒

翻开历史，你会看到一系列喜欢愤怒的人：奴隶时代有盗跖，他“从卒九千人，横行天下，侵暴诸侯；穴室枢户，驱人牛马，取人妇女；贪得忘亲，不顾父母兄弟，不祭先祖。所过之邑，大国守城，小国入保”，后来陈胜、张角、翟让、黄巢、李自成等人都学了他，可惜的是，他们都因为愤怒而失去了性命。

中国历史上可奉为典型的两个愤怒者，一是项羽，一是张献忠。前者一时愤怒，一把火烧掉了八百里的阿房宫；后者愤怒一时见人就杀，使得川中尸横遍野，后来的统治者不得不采取“湖广填四川”的措施，经过大规模的移民才使四川恢复了人气。项羽因为自己的愤怒而失掉了人心，结果抛尸乌江；张献忠也因为自己的愤怒而横尸街头，承受万人的口水。这些有大愤怒的人，无一能有善终者。

存在即为合理。从心理学角度来说，宣泄愤怒这种情绪的确有其存在的必要，但是它的负面影响却远远大于正面作用。人的愤怒大部分来自生活中的不满及挫折，有时候很难控制；但只要我们能理智地找出原因，并采取合理的解决方法，当愤怒汹涌而上时，我们就可以不被这种情绪所控制，也不会被别有用心的人操控，从而真正征服愤怒。

人生不如意事十之八九，每个人的人生道路都是不同的，既有顺境，也有逆境，而且逆境往往多于顺境。要想在这个变化无常的世界里生存，要想不被愤怒所控制，就必须学会而且要熟谙忍耐的智慧。人人都有喜怒，都有情感，可是如果不能调节好自己的情感，由着自己的性子来，不能忍一时之气，那么后果就会不堪设想。

齐国攻打宋国，燕王派张魁作为使臣率领燕国士兵去帮助齐国，齐王却杀死了张魁。燕王听到这个消息，非常气愤，就召来有关官员说：“我要立即派军队去攻打齐国，为张魁报仇。”

大臣凡繇听说后谒见燕王，劝谏说：“从前以为您是贤德的君主，所以我愿意当您的臣子。现在看来你不是贤德的君主，所以我希望辞官不再做您的臣子。”燕昭王说：“这是为什么呢？”凡繇回答说：“松下之乱，我们的先君不得安宁被俘，您对此感到痛苦，却尊奉齐国，是因为力量不足。而今张魁被杀死，您却要攻打齐国，这是您把张魁看得比先君还重。”燕王说：“你认为应该怎么办？”凡繇回答说：“请您穿上丧服离开宫室到郊外，派遣使臣到齐国，以客人的身份去谢罪，说‘这都是我的罪过。大王您是贤德的君主，哪能全部杀死诸侯们的使臣呢？只有燕王的使臣被杀死，这是我国选择人的时候不慎重啊，希望您能让我改换使臣以表请罪’。”

燕王接受了凡繇的意见，又派了一个使臣到齐国去。

使臣到了齐国，齐王正在举行盛大的宴会，参加宴会的近臣、官员、侍从很多，齐人让燕王派来的使臣进来禀告，使臣说：“燕王非常恐惧，因而派我来请罪。”使臣说完了，齐王又让他重复一遍，以此来向官员、侍从炫耀。

于是，齐王派出地位低微的使臣去告诉燕王，让燕王返回宫室居住。

这样，由于燕王忍怒而委曲求全，从而保全了国家，为他后来攻打齐国准备了充分的条件。试想假如燕王逞一时之怒，匆忙去攻打齐国，恐怕早已成为齐国刀俎下的鱼肉了。迫不及待地感情用事，只会坠入万劫不复的深渊之中。

按下自己的性子，不为一时之气大动干戈，忍小事而获长久安定，大臣凡繇为燕王和燕国算了很划算的一笔账。

忍是非常务实、通权达变的生存智慧。生活中和事业上的智者都懂得容忍之道。忍耐，不是一味妥协，不是委曲求全，而是一种以退为进、以弱胜强的做人哲学！忍总是暂时的；而胜利却是长久的。以片刻之忍，避免被愤怒所伤，这个道理你懂了吗？

在小林的公司里，有位副总一心想当一把手，经常在一把手背后搞点小动作，对此大家都有目共睹。可是一把手还牢牢地在位置上，根本没他什么事，除非想办法把一把手整下去，他才可能有机会顺着梯子往上爬。可是光他一个人闹腾，是翻不起什么风浪的，他要暗地里物色合适的人选与他联手才行。年终时，他听到小林在总结会上给一把手提了点意见，于是就认为小林可以被他利用。

于是，有一天，他非常关切地把小林叫去聊天，聊着聊就把话题往一把手那里扯，然后就试探小林对一把手的看法。小林虽然年轻气盛，但并不傻，他什么都没说。

这位副总看到什么话也套不出来，干脆就别有用心地说这个一把手对小林是如何不公平，甚至还举了一些例子，他认为这样一来会激怒小林的情绪，从而与他同仇敌忾。

看小林依然一声不吭，这位副总以为他挑拨成功了，便慷慨激昂地说作为一把手在单位搞歪风邪气必须得有人制止，必须得有人出面告他。那神情、那口气就好像他有一身正气似的，说完便鬼头鬼脑地小声唆使小林，让他给上级部门写匿名信告这个一把手，他负责提供材料，并且还说写完了他会在上面签名。那一刻，小林真是毛骨悚然。

如果你是小林，该怎么做？很多时候，别人之间的矛盾其实已经积累了很长时间了，只是还没有到一个临界点，你千万不要去做那个点燃导火线的人，否则就很难做了，到那时，任凭你生气发火郁闷踢凳子，都没用了，因为你已经成了众矢之的，成了炮灰。所以，千万要抑制怒气，保持冷静，把握好自己，不要被别有用心的人所利用。可喜的是，小林最终委婉地拒绝了副总的提议，逃过了一劫。

忍字头上一把刀，一事当前忍为高。无论是在事业上，还是在个人的人生征途上，挫折和失败是难免的。暂时的忍让是战胜挫折、走出困境的重要方略。忍，就是这样一种貌似软弱、实则刚强的做人智慧。因为愤怒而被人利用的人是最愚蠢的，想要控制别人，可以利用别人的怒气。同理，要想不被人控制，就必须学会忍耐的智慧。

第2章 不强出头，才会有出人头地的机会

避开强势，以柔克刚

一只狼在路上遇见一只羊。狼说：“我要吃了你。”

“狼先生，你要吃了我，我没有办法。不过，我提醒你注意的是，我可绝不只是一个普通的软弱无力的弱者，我拥有强大的力量，足以战胜一头公牛。不信，你可以让我试试。”羊说道。

狼哪里肯相信，于是，它找来一头力大无比的公牛，让它与羊搏斗。为了防止羊临阵脱逃，狼把羊和牛关在一间屋子里，自己在门外等着。

开始，狼在门外听见里面传来一阵阵“咚咚”的声响。后来，声音渐弱。最后，完全没有了声响。

“哈哈！说大话的羊一定被牛抵死了，该我去品尝美味了！”狼说着，打开了房门，要看看羊成什么样了。然而，从门内昂首阔步走出的，不是那头高大健壮的牛，而是那头矮小瘦弱的羊！

而那头牛呢？正躺在屋里有进的气儿没出的气儿啦。它头上的犄角已经折断，鲜血满头都是。

“天哪！那只古怪的羊怎么把你打得如此惨呀？”狼说。

“唉！其实，我是被我自己的蛮力打败的，我每次鼓足力气向羊冲去时，它都灵巧地一闪，而我则硬生生地撞在石头墙上。我越扑越生气，越气就越容易撞到自己。而它呢，越躲越灵巧，越闪越得意。我就在它的得意和我的暴怒中受了重伤。”牛老老实实向狼交了底。

“噢！狡猾的羊！原来它是以退避为进击呢，我得赶快抓住它！”狼恍然大悟地说道。

狼赶紧出门找羊，然而哪里还找得到呢？退避的羊，成了这场较量中的最终胜利者。

在生活中，我们难免会碰到几只“狼”，那个时候你准备如何对付他们呢？是像小人物一样针尖对麦芒，还是和大人物一样斗智不斗力，和故事中的羊一样不战而屈人之兵呢？后一种答案无疑是最值得肯定的。大人物认为，战胜对手最有效的方法不是打倒他的人，而是打倒他的心。要征服别人的心，必须要从感化他的心灵、摧毁他的意志入手。

其实，人生有时候就像砍柴，当一大堆柴火堆在那里，与其费尽周折把它们都掰成小段，然后拿麻袋装回去，还不如找根儿绳子把它们捆起来背回去，既省时又快捷。

炼钢冶铁，须用柔火才能将钢铁烧熔。立身处世，也最忌用强。倘若对方跟你以强对强，必然出现“杀敌一千，自损八百”的局面，要是碰上善于以柔克刚的高手，恐怕更要败个稀里糊涂。

诸葛亮七擒孟获的故事众所周知。常言说：“事不过三。”忍让一次两次都可以，再三再四就有些按捺不住了。可是诸葛亮却为了自己后方的稳定而对孟获捉了放，放了捉，捺着性子忍下去，并没有因为孟获的行为而放弃。诸葛亮之所以这样做，就是想以德服人，使孟获心悦诚服，下定决心不再叛乱。这就能够使自己获得一个稳固安定的大后方，使国内人民免于战乱之苦，同时也能逐渐积蓄力量以对付魏、吴的觊觎和侵略。如果诸葛亮对孟获的傲慢失礼和不识时务无法忍耐，抓住之后一刀杀掉，那也就只能出一时之气，且会激起孟获族人的敌忾，竞起效尤，那么他不但会对此疲于应付，而且会因无暇他顾而被曹魏和东吴有机可乘，丢了川蜀。

示弱一时，赢得一世

示人以弱也就是把自己比较强的一面暂时隐藏起来，而向别人展示自己比较弱的一面，给别人一个不太强大的感觉！这里的“弱”，并不是展示自身实力的“弱小”，而是对待事物的一种态度，一种谦和的、柔中带刚的处世原则；示弱是为了便于双方的沟通、争取对方的理解、避免矛盾的升级，最终的目的是确保相关问题得到顺利解决。

刘邦就是一位很会示弱的人物，但这并不影响他最后成为汉朝的创立者；而项羽英雄盖世，处处逞强，却成了垓下之鬼。这两种不同的处世方法所带来的不同命运，很值得后人深思。

楚汉相争之前，项羽与刘邦说好了先入关者为王，但项羽遇上秦军主力，战争异常激烈；而刘邦却一路顺畅，只遇上秦兵的些许抵抗，所以得以先入关。

项羽哪里肯做这种吃亏上当的事，明明是自己破釜沉舟歼灭了秦军主力，到头来却被一个无赖做了王者，岂不叫天下人耻笑，加上项羽的谋士范增又火上浇油，说：“刘邦在山东时，贪财好色，如今进了关中，却变成了另一个人，既不收取财物，又不亲近女色，由此可见，他的野心不小啊！”

因为刘邦经常自诩头上有天子气，范增又添油加醋地挑起项羽的怒火：“我仔细观望了云气，只见刘邦头顶上五彩缤纷，显现出盘龙卧虎的形势，这可是天子的征兆。”

这一说，把项羽气得火冒三丈，下定决心要将刘邦除掉。

当时，项羽的兵马40万，驻扎在鸿门；刘邦的兵马只有10万，驻扎在灞上。双方相隔只有40里地，兵力悬殊，力斗的话刘邦肯定不是项羽的对手。

这时刘邦的谋士张良献计说：“项羽是一个吃软不吃硬的人，你要向项羽道歉，并装作很服从他的样子，这样才能平息他的怒火。平息了他的怒火，他就不会杀你了。”

刘邦想了一想，没有其他的办法，只能如此。

刘邦挑个日子，带了一百多个随从，到了鸿门去拜见项羽。刘邦一见项羽，满脸堆着谄媚的笑说：“我跟将军同心协力攻打秦国，将军在河北，我在河南。我自己也没有想到能够先入关。今天在这儿和将军相见，真是件令人高兴的事。哪儿知道有人在您面前挑拨，叫您生了气，这实在是太不幸了。”

项羽见刘邦低声下气的样子，满肚子气也消了不少。刘邦见项羽心软了，才大大松了口气。后来刘邦巧妙地设计逃离了这个是非之地。刘邦的这一示弱为他日后的东山再起奠定了基础。

楚汉之争这段恢宏的历史虽已成了过眼烟云，但它留给后人的意义和教训却发人深省。刘邦遇强则避，适时示弱，却最终开创了四百年的基业，成为中国历史上汉朝盛世的开山之人。而楚霸王项羽虽然英勇盖世，却放不下自己的架子，不肯过江东以图东山再起，为后人所惋惜和感叹。

从楚汉相争来看，世界上没有绝对的强者，也没有绝对的弱者。项羽处处逞强，最终难以坐得天下；刘邦懂得适时示弱，因而在秦末乱世最终胜出，一统四海。我们由此可以推出，那些所谓的“弱者”是在不该当“老子”时绝对不逞英雄气概，而一旦得势就抓住机遇、把握方向，一举强攻以获得成功。这就是谁笑到最后才笑得最好的道理。

当别人的“老子”当然好，可以指手画脚，可以高高在上，但不是什么时候都能当“老子”的，很多时候人难免会失意，这就要有点心计，先当“孙子”，以求日后卷土重来，东山再起。

什么是真正的强者？或者说有没有一种被人公认的强者准则？人们对此众说纷纭，一种人认为强者即力量的强大者，权力处在巅峰，占据老大的位置即为强者；另一种人认为世上并无永恒的强者，强弱是相对的，一个人在某方面的强大或许正掩盖了其在其他方面的弱点。正因为如此，很少有人能在第一把交椅上永远坐下去。

强者不会永远强大，弱者也不会永远弱小，强弱在一定条件下是可以相互转化的，当你还不是强者时应该示弱，该当“孙子”时就当“孙子”，千万不要强出头当“老子”。

人在屋檐下，一定要低头

不同的人遇到别人高高在上不怀好意的打压，会采取不同的态度。有的人，经不起困难和挫折，往往将此看作人生和事业的尽头，他们畏缩不前，不愿想办法克服眼前的困难，只是一味怨天尤人听天由命；而有的人，大有进取之心，往往将此当作磨炼自己的机会，借此取得休养生息的时间，以图将来东山再起。唐朝开国之君李渊就是这样一个有进取之心的人。

隋末各地农民起义风起云涌，许多官员也纷纷倒戈，转向农民起义军。因此，隋炀帝的疑心很重，对朝中大臣，尤其是外藩重臣，更是易起疑心。唐国公李渊曾多次担任中央和地方官，所到之处，悉心结纳当地的英雄豪杰，多方树立恩德，因而声望很高，许多人都来归附。这样，大家都替他担心，怕他遭到隋炀帝的猜忌。正在这时，隋炀帝下诏让李渊到他的行宫去晋见。李渊因病未能前往，隋炀帝很不高兴，多少有点猜疑之心。当时，李渊的外甥女王氏是隋炀帝的妃子，隋炀帝向她问起李渊没来朝见的原因，王氏回答说是因为病了，隋炀帝又问道："会死吗？"

王氏把这消息传给了李渊，李渊更加谨慎起来，他知道迟早为隋炀帝所不容，但过早起事又力量不足，只好缩头隐忍，等待时机。于是，他故意广纳贿赂，败坏自己的名声，整天沉湎于声色犬马之中，而且大肆张扬。隋炀帝听到这些，果然放松了对他的警惕。

试想，如果当初李渊不低头，或者头低得稍微有点勉强，很可能就被正猜疑他的隋炀帝送上了断头台，哪里还会有后来的太原起兵和大唐帝国的建立。

做人要有心计，就应该懂得变通的道理，如果暂时不得势而依附在别人的"屋檐"下，就一定得低下你的头，收敛自己的个性，以隐忍换得以后的腾飞。《红楼梦》里的林黛玉，因寄人篱下，自认为"不敢多行一步路，不敢多说一句话"，这就是人在屋檐下，低头收敛的真实写照。一个人暂时处于劣势，靠着别人生活，还要飞扬跋扈，岂不自讨苦吃？人在屋檐下，一定要低头，这是明哲保身的心计所在。

所谓的"屋檐"，说明白些，就是别人的势力范围。换句话说，只要你人在这势力范围之中，并且靠这势力生存，那么你就在别人的屋檐下了。这屋檐有的很高，任何人都可抬头站着，但这种屋檐并不多。以人类容易排斥"非我一族群"的天性来看，大部分的屋檐都是非常低的！也就是说，进入别人的势力范围时，你会受到很多有意无意的排斥和限制，不知从何而来的欺压、莫名其妙的指责和讥讽都可能时常发生，在这种情形之下你可以选择离开，但是前路艰难，祸福难料；你也可以选择留下，以低调的姿态慢慢融入这个集体，逐渐得到大家的认可和接纳。如果你不想做令人憋闷的"檐"下之人，除非你有自己的一片天空，是个强人，不用靠别人来过日子。可是你能保证你一辈子都可以如此自由自在，不用在人屋檐下避避风雨吗？

对于绝大多数人来说，答案当然是否定的。所以，在人屋檐下的心态就有必要调整了。在人屋檐下时，如果你不想碰头，最好的办法便是低头，在生存与尊严的矛盾中，有心计的人会先把尊严放在一边，顽强地生存下去才是硬道理。

“低头”有非常多的好处：不会因为不情愿低头而碰破了头，因为你很自然地就低下了头，而不致成为明显的目标；不会因为沉不住气而想把“屋檐”拆了。要知道，不管“屋檐”拆得掉拆不掉，你总会受伤的，老祖宗早就有“杀敌一千，自损八百”的古训；不要因为脖子太酸，忍受不了而离开能够躲风避雨的“屋檐”。离开不是不可以，但要去哪里？这是必须考虑的，而且离开想再回来，那是很不容易的。在“屋檐”下待久了，就有可能成为屋内的一员，甚至还有可能来个“鸠占鹊巢”，自己当主人。

在中国历史上，政治斗争、军事斗争极其复杂，有时更是瞬息万变，忍受暂时的屈辱，先低头磨炼自己的意志，寻找合适的机会，也就成了一个成功者所必不可少的心理素质。所谓“尺蠖之曲，以求伸也；龙蛇之蛰，以求存也”，正是这个意思。

另一种更高层次上的“一定要低头”，是有意识地主动消隐一个阶段，借这一阶段来了解各方面的情况，消除各方面的隐患，为将来的大举行动做好前期的准备工作。

谁都知道做人难，难就难在一个变字，时间、地点、对象改变了，那么做人的技巧也必须跟着改变。只有懂得圆通变化的道理，做人才能真正成功。

大概大多数人都会认为自己怀才不遇，其中很少人会真正从自己身上找原因。他们总是以高姿态入世，却往往被人冷眼相拒，这时如果适时放下架子，以弯腰的低姿态入世，结果可能会大不一样。

别被自己的锋芒刺到

做人要有锐气，但锐气不代表锋芒。锐气可以展现自我的内心，但锋芒却给别人压力。想要在事业上一展才华，可以用一点“心眼”巧妙展露，要记得时机没有成熟之前，千万别锋芒太露。

尤其是年轻人，总是希望在最短时期内使人家知道你是个不平凡的人。想让全世界都知道，当然不可能；使全国人都知道，还是不可能；使一个地方的人都知道，也仍然不可能；那么至少要使一个团体的人都知道吧！要使人知道自己，当然先要引起大家的注意。要引起大家的注意，只有从言语行动方面着手，于是便容易露出言语锋芒、行动锋芒。

锋芒是刺激大家的最有效方法，但若细细看看周围的同事，处世已有经验的同事，他们却与你完全相反，和光同尘，毫无棱角，个个深藏不露，好像他们都是庸才，谁知他们的才能颇有位于你上者；好像个个都很讷言，谁知其中颇有善辩者；好像个个都无大志，谁知颇有雄才大略而不愿久居人下者，但是他们却不肯在言语上露锋芒、在行动上露锋芒，这是什么道理？

因为他们有所顾忌，言语露锋芒，便要得罪旁人，被得罪了的旁人便成为你的阻力，成为你的破坏者；行动露锋芒，便要惹旁人的妒忌，旁人妒忌也会成为你的阻力，成为你的阻力，也便成为你的破坏者。你的四周，都是你的阻力或你的破坏者，在这种情形下，你连立足点都没有了，哪里还能实现扬名立万的目标？

古人有“树大招风”“人怕出名猪怕壮”“木秀于林，风必摧之”等智慧之语，旨在提点后人莫要锋芒毕露、太过张扬。而三国时期的谋士许攸，就是一个很好的反面教材。

官渡之战，曹操与袁绍双方僵持两月之久。在曹操兵力悬殊、粮草将尽、渐渐支持不住之际，谋士许攸因不为袁绍重用而前来投奔曹操，为曹操礼待并重用，他于是献烧粮之计。曹操采纳了许攸的建议，亲自率兵烧了乌巢之粮。袁绍大军人心惶惶，曹操趁势猛攻，使袁绍仅剩千余将，大败而归。声势浩大的官渡之战以曹操的大获全胜而收场。

此后在曹操攻打冀州时，许攸又献上决漳河水淹城的妙计，帮助曹操攻破冀州城，为曹操彻底消灭袁绍军立下了赫赫战功。

但功勋卓著的许攸，最后还是被曹操杀了。《三国志·崔琰传》说：“太祖性忌，有所不堪者，鲁国孔融，南阳许攸、娄圭，皆以恃旧不虔见诛。”

裴松之注引《魏略》，对许攸如何“不虔”于曹操有具体记载。

《魏略》说，许攸自幼与曹操十分要好，官渡之战中，许攸背叛袁绍投奔曹操后，建议曹操偷袭乌巢，使曹操大获全胜。后曹操夺取冀州，亦有许攸之功。许攸因此居功自傲，乃至得意忘形，对曹操经常口出戏言，甚至称呼曹操小名，在正式场合亦不知收敛。在一次聚会上，许攸对曹操说：“你没有我，不会得到冀州。”曹操一听哈哈大笑道：“你说得一点不错。”嘴上虽这么说，心里却非常不高兴，以为许攸无礼太甚。后来，许攸率随从出邺城东门，又得意地对左右从人说：“他们曹家没有我，不可能出入此门。”此话传到曹操耳中，终于忍无可忍，下令杀死许攸。

许攸为人“贪而不智”，本身德行就有污点。他之所以投奔曹操，和他在袁绍手下时被人揭发收受贿赂，纵容子侄辈搜刮民财，将税银装入自己的腰包等罪行不无关系。他被袁绍大骂一通赶出帐外，无路可走，只好来投曹操。

许攸来到曹操阵营后，虽然很好地发挥了自己的才智，但他却过高地估计了自己所起的作用，好像没有他就没有曹操的胜利，于是狂妄到了极点。人一狂妄，便容易浮躁；人一浮躁，便不能自持，最终落得个身首异处的下场。

无数历史、现实都告诉我们：得意时不可过分张扬。这种姿态，只能招来更多的嫉妒和敌意，为自己平添层层障碍和数不尽的烦恼。

非但得意时不可张扬，任何时候都不可太惹眼。孙膑之所以被庞涓所害，是因为兵法谋略强于庞涓；苏轼之所以被制造乌台诗案，而且遭到贬谪，就是因为他的才学无人能及。

太高人愈妒，过洁世同嫌。锋芒毕露后，受伤的一定是你自己。将自己的过人之处急于呈现出来，不见得是什么好兆头。人世险象环生，各色人等充斥其间，翅膀不够硬，还不能飞得足够高的时候，不要将你的优势暴露无遗。做人应该学学成熟的稻穗，低调一些，低下高贵的头颅。

做人并不容易。你不露锋芒，可能永远得不到重任；你锋芒太露却又易招人陷害，虽容易取得暂时成功，却同时为自己掘好了坟墓。当你施展自己的才华时，也就埋下了危机的种子。所以，才华的显露要适可而止。

一个人，尤其是一个有才华的人，要做到不露锋芒，既能有效地保护自我，又能充分地发挥自己的才华，不仅要说服、战胜盲目骄傲自大的病态心理，凡事不要太张狂太咄咄逼人，更要养成谦虚让人的美德。所谓“花要半开，酒要半醉”，凡是鲜花盛开娇艳的时候，即使不是立即被人采摘而去，也会陷入衰败的开始。人生也是这样，当你志得意满时，切不可趾高气扬、目空一切、不可一世，否则你不被别人当作靶子打才怪呢！

人要学会韬光养晦

人应该学会聪明做人，学会生存之道。但不是学小聪明，小聪明的人能聪明一时而不能聪明一世。大智若愚，表面上糊涂的人，虽不计一时的得失却能聪明一世，明哲保身，始终立于不败之地。

清代的郑板桥在自己奋斗了一生即将离去之时，留下了“难得糊涂”这一名训，是不无道理的。

当年与刘邦共同打天下的众多有功之臣，都非平庸之辈，而最后皆被刘邦和吕氏疏远和加害，唯有萧何能安度晚年，为什么呢？因为萧何有一种难得的糊涂。他从来对一些大事持漠不关心的态度，这样刘邦、吕后便放松了对他的注意，他也就聪明地保全了自己。

为人臣子、为人下属者，为防功高震主，更应该智慧深藏。打江山时，各路英雄汇聚一个麾下，锋芒毕露，一个比一个有能耐。主子当然需要借这些人的才能实现自己图霸天下的野心。但天下已定，这些虎将功臣的才华不会随之消失，这时他们的才能成了主子的心病，让他感到威胁，所以屡屡有开国初期杀功臣之事，这正是所谓的“卸磨杀驴”。韩信被杀，明太祖火烧庆功楼，无不如此。

大家读过《三国演义》后可能注意到，刘备死后，诸葛亮好像没有大的作为了，不像刘备在世时那样运筹帷幄、满腹经纶、锋芒毕露了。在刘备这样的明君手下，诸葛亮是不用担心受猜忌的，并且刘备也离不开他，因此他可以尽力发挥自己的才华，辅助刘备打下一份江山，三分天下而有其一。

刘备死后，阿斗继位。刘备当着群臣的面说：“如果这小子可以辅助，就好好扶助他；如果他不是当君主的材料，你就自立为君算了。”诸葛亮顿时冒了虚汗，手足无措，哭着跪拜于地说："臣怎么能不竭尽全力，尽忠贞之节，一直到死而不松懈呢？"说完，叩头至流血。

刘备再仁义，也不至于把国家让给诸葛亮，他说让诸葛亮为君，怎么知道没有杀他的心思呢？因此，诸葛亮一方面行事谨慎，鞠躬尽瘁，一方面则常年征战在外，以防授人"挟天子以令诸侯"的把柄。而且他的锋芒也大有收敛，故意显示自己老而无用，以免祸及自身。这是韬晦之计，收敛锋芒是诸葛亮的大聪明，但却在某种程度上影响了蜀国的发展大业。千秋功过，真的只能待后人评说了。

商朝纣王时，有位大臣名叫箕子。一次，箕子上朝参见纣王，问纣王现在是什么时辰，纣王喝酒喝得昏昏欲睡，不愿意理他。但箕子是纣王的叔叔，所以纣王不能不回答箕子，于是就搪塞箕子说："我不知道几点了，你问问别人吧。"

于是，箕子就问纣王的侍从和臣子。侍从和臣子们由于和纣王一起酗酒，因此也不知道时间。这时，箕子又去问看守宫门的卫兵。卫兵们由于和纣王一起观赏歌舞，所以也都不知道时间。这时，箕子悄悄地离开王宫，回家开始装疯。

箕子的奴隶很不解，就问箕子："现在大王这样的昏庸不理朝政，您应该劝谏大王才对啊。为什么要装疯呢？"箕子回答说："大王已经荒废朝政了，而他身边的人也都和大王一起沉迷酒色。如果我现在劝诫大王。必定由于比大王聪明而招来杀身之祸。难道你没有看到比干的下场吗？"

箕子具有很强的见微知著的能力，他看见宫廷内的侍者都和纣王一起花天酒地，就知道必定是国家破败的征兆。但是，他并没有像比干那样苦谏纣王，而是藏拙，不让自己的才智显露出来，用装疯卖傻保全性命。

终于，周朝取代了商朝。箕子继续替周王朝治理天下，成为孔子口中的上古三圣之一。

人性有一个弱点，一旦你表现得才智超过别人，他们便会有一种不安全的感觉，不会让你长期这样下去，所以他们很可能给你带来很大阻力。如果你真的是一位具有智慧的人，就应该注意保护自己，不要处处张扬你的聪明和才智。

世事艰险，谦虚恭顺一些绝对没有坏处，这样更容易得到别人的认同，从而获得更多的成功机会。

苏联卫国战争初期，德军长驱直入。在此生死存亡之际，曾在国内战争时期驰骋疆场的老将们，如铁木辛哥、伏罗希洛夫·布琼尼等，首先挑起前敌指挥的重担。但面对新的形势，他们渐感力不从心。时势造英雄，一批青年军事家如朱可夫、华西列夫斯基、什捷缅科等相继脱颖而出。这期间，老将们思想上不是没有波动的。

1944年2月，苏联元帅铁木辛哥受命去波罗的海协调一二方面军的行动，什捷缅科作为他的参谋长同行。什捷缅科早知道这位元帅对总参部的人抱怀疑态度，思想上有个疙瘩，心想：命令终归是命令，只能服从了。

等上了火车吃晚饭时，一场不愉快的谈话开始了，铁木辛哥先发出一通连珠炮："为什么派你跟我一起去？是想来教育我们这些老头子，监督我们的吧？白费劲！你们还在桌子底下跑的时候，我们已经率领着成师的部队在打仗了，为了给你们建立苏维埃政权而奋斗。你军事学院毕业了，自以为了不起了！革命开始的时候，你才几岁？"

这通训斥已经近乎侮辱了。但什捷缅科却老实地回答："那时候，刚满10岁。"接着又平静地表示对元帅非常尊重，准备向他学习。铁木辛哥最后说："算了，外交家，睡觉吧。时间会证明谁是什么样的人。"

应该说"时间证明论"是对的。他们在共同工作了一个月后，在一次晚间喝茶的时候，铁木辛哥突然说："现在我明白了，你并不是我原来认为的那种人。我曾想，你是斯大林专门派来监督我的……"后来什捷缅科被召回时，心里很舍不得和铁木辛哥分离。又过了一个月，铁木辛哥亲自向大本营提出要求，调这个晚辈来共事。

什捷缅科在受辱之时并没有恼怒，过了铁元帅这一关，体现了后生的谦卑及对长者的尊重，是大智若愚的表现。

第3章 由外貌到内心的识人技巧

从表情窥破他人内心

当诸葛亮带领一帮老弱残兵坐守西城这座空城时，兵强马壮的司马懿父子率领20万大军兵临城下。

在城墙之上，诸葛亮焚香朝天，面色平静，他旁若无人地洞开城门，自己端坐在城墙之上，手挥琴弦，目送归鸿，飘飘然令人有出尘之想。

一场千古的双簧戏，由此拉开了帷幕。诸葛亮和司马懿，这对谋略上势均力敌的高手，一个在城墙之上，一个在城墙之下，用心计对峙着。诸葛亮知道司马懿一眼便能看穿他虚张声势的空架势，但诸葛亮更知道，司马家族和曹氏家族的冲突，倘若司马懿拿下了诸葛亮，三国鼎立之势不再，司马家族目前羽翼未丰，最后难逃兔死狗烹的下场。

老谋深算的司马懿当然知道帮刘邦打天下的韩信的下场。诸葛亮的存在，让司马懿有了和曹氏周旋的机会。对付诸葛亮，曹氏还必须倚重司马懿，诸葛亮一倒，曹氏立刻没了后顾之忧，安内是必然之举。那一刻，哪里还有司马家族的容身之地。

所以，在表情平静的背后，两个人心中都在波澜起伏，就是因为诸葛亮一生谨慎，心知司马懿不会下手，才敢下这冒险之着。当司马懿的儿子提醒说，诸葛亮在使诈，城中必无伏兵，心知肚明的司马懿，立即打断他的话，以诸葛亮一生谨慎的话搪塞过去了。机智的司马懿从诸葛亮平静的表情上领悟到，这是诸葛亮用谋略和他合唱的双簧戏。这出戏，非有大智大慧的人，绝不可能唱得如此之好。

从表情上读透内心所蕴藏的玄机，这是识人高手的秘技，而最经典的莫过于三国时的这一出诸葛亮和司马懿合唱的“空城计”了。

表情是对人的心理活动最表面、最直接的反映。中国传统的人相学以脸形、相貌等占测一个人的性格与命运，是有失偏颇的，但如果凭面部表情来推测和判断一个人的性格，大致上是有相当的准确性的。

因为我们凭常识也知道表情是内心活动的写照。透过表象，可以窥探人的心灵的律动，把握人的情绪变化的尺度，了解人的感情互动的根源，而表情正是传递这种信息最外在的体现。

1973 年，美国心理学家拜亚曾经做过这样一项实验：他让一些人表现出愤怒、恐怖、诱惑、无动于衷、幸福、悲伤等六种表情，再将录制后的录像带放映给许多人看，请观众猜何种表情代表何种感情。

其结果是，观看录像带的这些人，对此六种表情，猜对者平均不到两种。结果显示，表演者即使有意摆出愤怒的表情，也会让观众以为是悲伤的感情。

人类在长期生活实践中，学会了掩饰内心真实情感的手段，这种手段在现代商业谈判中屡见不鲜。

洽谈业务的双方，一方明明在很高兴地倾听对方的陈述，且不时点头示意，似乎很想与对方交易，对方也因此对这笔生意充满信心，没想到前者最后却表示：“我明白了，谢谢你，让我考虑一下再说吧。”这无疑给陈述方当头浇了一盆凉水。所以，在通常情况下，没有经过相当程度的对人们内心活动的研究，是不太容易探视出人心的真面目的。

在几乎所有生物中，人的表情是最丰富，也是最复杂的。以下就具体说明凭表情判断人的性格的诀窍。

每个人都有一副独特而不容混淆的脸相，即使双胞胎也不例外。因此人们相见时，给人印象最深的就是脸。从这张脸上，大致能反映出一个人的年龄和性别、种族，而且通过表情也可以流露出其人当时的情绪变化状况。

当人们与他人交往时，无论是否面对面，都会下意识地表达出各自的情绪，与此同时也注视着对方的各种表情。正是在这种过程中，人们的社会交往变得复杂而又细腻深刻。

在高明的观察者看来，每个人的脸上都挂着一张反映自己生理和精神状况的“海报”。狄德罗在他的《绘画论》一书中说过：“一个人，他心灵的每一个活动都表现在他的脸上，刻画得很清晰，很明显。”

1912年诺贝尔奖获得者、法国生理学家科瑞尔在他的《人，神秘莫测者》一书中论述道：“我们会见到许多陌生的面孔，这些面孔反映出了人们的心理状态，而且随着年龄的增长，反映得将越来越清楚。脸就像一台展示我们人的感情、欲望、希望等一切内心活动的显示器。”

这些“脸语”是比较容易读懂的：蹙眉皱额表示关怀、专注、不满、愤怒或受到挫折等情绪；双眉上扬、双目张大，可能是表现惊奇、惊讶；皱鼻，一般表示不高兴、遇到麻烦、不满，等等。

愉快的表情在日常生活中很容易被捕捉到，它的特点是：嘴角拉向后方，面颊往上展，眉毛平舒，眼睛变小。

不愉快的表情，它的特点是：嘴角下垂；面颊往下拉，变得细长；眉毛深锁，皱成“倒八”字。

具体化一些，比如眉——有心理学家研究，眉毛可以有20多种动态，分别表示不同感情。汉语中常用词语有：“柳眉倒竖”（发怒）、“横眉冷对”（轻蔑、敌意）、“挤眉弄眼”（戏谑）、“低眉顺眼”（顺从）。宋代词人周邦彦有一句词：“一段伤春，都在眉间。”这是因为一个人眉间的肌肉皱纹较为典型地体现出他的焦虑和忧郁，即眉头紧锁，而眉间一旦放开、舒展，则是心情变得轻松明朗的标志。

鼻——鼻子的表情动作较少，而含义也较为明确。厌恶时耸起鼻子，轻蔑时嗤之以鼻，愤怒时鼻孔张大，紧张时鼻腔收缩，屏息敛气。

人的大脑分为两半球，发自内心的感情通常由右脑控制，却具体反映在左脸上；而左脑则专司理智性感情（即经过克制和伪装的感情），然后反映在右脸上。因此左脸的表情多为真的，右脸的表情有可能是假的。若想知道对方的真实感情，不妨刻意去观察一下对方的左脸。

从眼睛看到他人心灵

眼睛是一个人的心理、心性直接影射表现的聚点，从眼睛可以看出一个人在情绪上的反应，显示出他的性格，以及其所表现出的喜、怒、哀、乐、爱、恶、欲、恩、怨、恨、情、仇、恕等各种情绪上的变化。因此，看人一定要先看这个人的眼睛、眼神和眼光！

王莽这个人在历史上的名声并不太好，但就他本人的才能胆识而言，在当时也算得上是一个极其难得的人才。如果他不篡取王位，不显露本性，仍像未夺得朝政大权之前那样勤奋忠心地工作、俭朴地生活，说不定会成为一个流芳百世的周公式人物。

后人读历史，都知道这其实是王莽想隐瞒自己真实目的的举动，但当时的许多人都被王莽的忠诚廉洁所迷惑住了，赞誉之辞盛若花海。新升任司空的彭宣看到王莽之后，悄悄对大儿子说："王莽神清而朗，气很足，但是眼神中带有邪狭的味道，专权后可能要坏事。我又不肯附庸他，这官不做也罢。"于是上书，称自己"昏乱遗忘，乞骸骨归乡里"。

王莽专权、篡位后，他的奸诈虚伪终于袒露于天下。如果王莽得势之前，有当权的人能从他的眼神中发现他的心怀险诈，也许历史会是另一个样子。

眼睛在相理学五官中称为"监察官"，眼睛是每一个人视觉神经的总开关，或称"总枢纽"。因为眼睛所看到的种种形象都要经过眼睛直接地反映，并影射传给大脑，所以眼睛也是大脑中枢神经与外界接触的一种仪表板，是思维系统以及运作系统的交汇点。由每一个人的思维系统，所激发出之心性和智能，以及运作系统所激发出之精神体能，都能汇集于眼，也可以说眼睛是每一个人的健康智能，以及心性、个性的总缩影。因此人们称眼睛为"灵魂之窗"，实不为过。

眼睛在人相学领域中的地位非常重要，而且眼睛能表现出一个人气质与品性的高尚或卑劣，亦比其他五官更容易观察。

（1）与人面对面说话时，眼光平视注意着对方的人：为人心性诚实，待人和气，有一颗慈悲的心，而且处事公正，做事光明磊落，心地善良，又有责任感，有家庭观念；同时热心公益，做善事绝不落人后，在事业方面有成就。

所谓“积善之家必有余庆”，能庇荫后代子孙造福乡里。先贤云：世事让三分，天宽地阔；心田留一点，子耕孙耘。

（2）与人面对面说话时，眼睛习惯常常上视的人：心性骄傲，脾气急躁，个性不好，品性不好，叛逆心强，好胜心也强，嫉妒心重，甚至于目中无人，目无尊长；而且有心不在焉的毛病，心态也不能平衡，报复心重。这种人容易惹是非，甚至于官司缠身。如果不改变心性、个性，不改变坏脾气，同时保持心态平衡的话，会导致一生的事业高不成低不就，成少败多或穷困潦倒。如果能改变心态的不平衡以及心性、个性、脾气，并且能自我修持，修心补相，那么这些不如意的事情或不必要的麻烦、挫折、灾厄、口舌是非，都会减轻到最低的限度。

（3）与人面对面说话时，眼睛不敢正视着对方的人：表面上看起来很怕羞似的，其实他的内心常常在暗中盘算，心性必奸诈狡猾，猜疑心重，举止动作轻狂，缺乏学识与修养，而且常常持以偏见，常遭到挫折，事业上成功概率小失败概率大，所以会被人轻视远离，或导致众叛亲离的局面。

（4）与人面对面说话时，眼睛习惯性下视的人：这种人表面上看起来很羞怯，其实内心很阴险奸诈，个性倔强顽固，天生自卑感重，又过于拘束谨慎，心存阴谋诡计；而且猜疑心嫉妒心很重，同时气量狭窄，自私心重，忧虑心也重，处理事情优柔寡断，对自己缺乏信心，依赖心重，一生事业高不成低不就或成少败多。

（5）与人面对面说话时，眼睛习惯性半开半闭的人：为人心机很深沉，手腕老练，多工于心计，社会经验丰富，很会利用人际关系，往往为了自己的私利与私欲会不择手段，想尽办法得到；而且雅量不够，心胸比较狭窄。这种人的内心比较空虚，有寂寞感，晚年孤独，子孙缘比较淡薄。

（6）与人面对面说话时，眼睛常常偷视看人：这种人心性不稳定，为人虚荣心重，唯利是图，贪得无厌。

（7）与人面对面说话时，眼神左右乱视飘忽不定的人：这种人心术不正，心态不能平衡。说归说，做归做，心口不一，心思也不正，会奉承有利用价值的人，会设计别人，暗算别人。为人骄傲，好大喜功，好高骛远，而且惹是生非，无中生有，常常说别人的短处，造谣生事中伤别人，把别人的失败当作他的快乐，还会说是报应或应该的。为人贪得无厌而且是无实力的，又会见风转舵，喜欢表现自己的长处，说话又欠谦虚，自以为是，常指桑骂槐。做错事情自己不敢承担，还会强词夺理，同时得好还卖乖，以为别人都不知他的为人。很会利用人际关系，对这种人最好不要欠他人情。会讨人情，个性急躁，脾气不好，很霸道，比较没有情义，做事不光明磊落，为偷偷摸摸之人。

（8）眼神衰弱看起来昏昏的人：时常优柔寡断、自相矛盾，情绪不稳定，心性容易动摇；时常不能把握赚钱机会，做事常常有始无终，往往劳多获少，常是一生事业高不成低不就。

（9）与人面对面说话时，眼睛会笑的人：为人聪明有才华而且圆滑，天生异性缘浓，善于交际且工于心计，社会经验丰富，观察能力强又懂得人心的弱点。这种人表面上看起来很有亲和力，如果你真以为他是好人，那就是该你倒霉，不知道哪一天会被他出卖还不知道，因为他心术不正，只顾自己的利益，不管别人的存亡，是精于献媚、奸诈狡猾的人。

（10）与人面对面说话时，眨眼睛次数过于频繁的人：为人心机比较深沉，又懂得利用人际关系，社会经验丰富，手法老练，临时防御力强。为人聪明，智能超群，口才流利，能言善道，圆通多智，不怕打击，常能立于不败之地。

（11）眼神看起来尖锐的人：也称为眼神锐利的人。这种人天生反应能力迅速，为人聪明超群，智能好，临时防御力强，个性怪异，性急，恃才傲物，天生好大喜功，好高骛远，有大志，喜大言，说话欠谦逊，不管别人的想法与看法，为人现实又会掩饰自己的表情与缺点，缺乏修养是其唯一的致命伤。这种人如交到坏朋友会造成社会问题以及麻烦，如果有修持同样可贵可富。

（12）与人面对面说话时，眼神看起来很安静，眼睛清澈而有神：为人心地平和，仁慈又有爱心，心胸坦荡开朗，做事光明磊落，待人和蔼可亲，凡事以和为贵，在事业上尤其在学术方面会有一番成就与作为。这种人智能超群，能忍辱负重，有责任感，自我修持涵养都很好，是超脱凡俗之人，是有德有为的可推心置腹、可共生死之人，为君子之相，同样能贵能富。

别被“第一眼”所迷惑

用第一印象去影响别人的心理，你明白，或许别人也明白。所以，很多时候，对方也会努力在你面前刻意营造一个好的第一印象，不知不觉中就能操纵你的心理。如果你轻易上了别人的圈套，成为对方操纵的对象，那么你可能会由此陷入其中，很长时间里对对方充满好感，但却在不经意间上了对方的当。

生活中有太多因为第一印象而产生错误判断的例子，比如男女“一见钟情”之后，发现对方其实并不适合自己，只能痛苦地分手；比如购物时看到某个零食包装很好看，一冲动买回来却发现无比难吃，等等。这些都是因为第一印象判断错误而出现的问题。

为什么第一印象有时候不能准确地判断一个人或一个事物呢？这是因为第一印象具有一些片面性，同时也会因当事人的思维模式而带来一些错误。

首先，第一印象的依据只是一些表面印象和零散的材料。这些印象和材料如外表、言谈、行为、出身、职业等，实际上并不能真实反映一个人的本质，有些甚至是同认知对象本质相悖的假象。我们知道，事物的发展是复杂的，本质和现象并不是绝对统一的。但在生活中不少人上当受骗就同第一印象的消极面有关。

其次，第一印象在交际中经常发生，容易陷入模式化的错误。无论什么人，只要与陌生人交际，都会形成这样或那样的第一印象。第一印象是人际认知无法避免的。人们通常先根据第一印象对他人进行归类，然后再根据类的特性对这个人进行推论，即把社会刻板化了的模式套在这个人身上。这样，往往造成以貌取人和凭印象办事的错误。

鲍勃是个涉世未深的年轻人，当他走进公关经理办公室时，他对副经理伊文非常有好感。因为伊文对鲍勃格外热情，总是关怀备至地招呼鲍勃，主动带鲍勃到各个部门走动。伊文给鲍勃留下了极好的印象，鲍勃遂认为伊文是他在公司里交到的第一个朋友。

相反，他的上司，工程师安德鲁却让人觉得阴冷。他总是对鲍勃的笑话反应冷淡，似乎只有设计图纸才能唤起安德鲁的活力。而且，安德鲁在指出鲍勃错误的时候总是用最严厉的口气，全然不顾鲍勃还是个新人。鲍勃认为他和安德鲁肯定是合不来的。

但是，事情往往让人大跌眼镜。没多久，伊文利用鲍勃的年轻和信任，让鲍勃顶了一个大黑锅。在尴尬万分的时候，原本一声不响的安德鲁仗义执言，替鲍勃据理力争，挽回了名誉。

鲍勃还很年轻，总是忘记人是先入为主的。其实，俗话说“路遥知马力，日久见人心”。对朋友的度量，有的时候过早的结论可能会导致灾难性的后果。耐心地观察，抛弃成见和好恶，才能得到客观的评价。

的确如此，现实生活中，常常有一些素不相识的人给我们留下了良好的印象。比如入学遇见的新同学，出差时坐在一起的旅客，出席会议初次邂逅的与会者，等等，虽然一面之缘下，我们对他们的个性品德等深层性质一无所知，但却由于谈吐、举止、表情等外在特征的吸引，产生良好印象，并与之结交成朋友。有时候这种“一见钟情”会让我们结交到挚友，可是有时候，却容易让我们栽跟头。

这就提醒我们，只有长期交往的印象才值得相信，不要因为初次见面的好印象而被别人成功操纵；否则，你将有可能陷入长期的被动之中。

衣着能暴露一个人的本性

衣服本是人类用来遮体御寒的，但是人们却很难想到，为了要穿上自己喜爱的衣服，反而会把自己毫无掩饰地暴露出来。

因为每个人所选购的衣服，包括颜色、质地等都无一例外地把自己的心理状态尽数袒露。

（1）华丽者——在茫茫人海中，你可以发现某些人总是穿着引人注目的华美服饰，这种人大体上有强烈的自我表现欲，爱出风头。此外，这种人多数对于金钱的欲望特别迫切。

所以，当你与这类身着华服的人交往时，你就能洞察到他的这种心理，多夸奖他的服饰，是满足其膨胀的表现欲的一个好办法。这样他不仅不会与你为敌，反而会轻易地答应你所提出的要求。

（2）衣着朴素者——有一种人穿着非常朴素，不爱穿华美的衣服，这种人大多缺乏主体性格，对自己缺乏信心。希望对别人施加威严，以弥补自己的自卑心理。

和这种人交往时，千万注意别与他争执不休，因为越是自卑的人，越想掩饰自己的自卑，越会与人喋喋不休地争吵，以保护自己残存的一点点面子。因此，争吵绝对不利于和他保持良好的人际关系。

这时，你可以大大方方承认他的观点，他反而会感受到你的宽容大度。另外，你在对方心平气和的时候，再提出自己的观点，可能会取得意想不到的效果。

（3）喜欢时髦服装者——有一种人完全不理会自己的嗜好和别人的看法，甚至不知道自己真正喜欢什么，只以流行为嗜好，向流行看齐。实际上，这种人在内心深处常有一种孤独感，情绪也经常会波动不安。

与此类人打交道，可以采取"以迂为直"的策略，你不妨也来点"时髦"，并尽量从时下最流行的事和物谈起，从而引起对方对你的兴趣，然后再逐步切入交往的正题。

（4）不理时尚者——有一种人对于流行的状况丝毫不为所动，这种人的个性可以说是十分强硬的，但也有一些人是不敢面对外面的花花世界，而一味把自己关在小屋子里。这种人认为，如果事事跟别人趋同，岂不是等于失去了自我？这种人常常以自我为中心，经常弄得大家索然无味。

和这种人交往，要采取"顺毛摸"的办法哄着、顺着。他在兴高采烈之中，便会不知不觉地喜欢你、信任你、为你做事。

（5）常突然改变服装嗜好者——也许你某一天发现经常打交道的朋友突然改变了习惯的穿戴，你千万不要惊慌。这种常会突然改变自己服装嗜好的人，大多是想改变生活方式，也有逃避现实的成分。

你若想与他保持良好的关系，应当显得不当一回事；或者说些赞美他穿什么都很不错之类的话，相信他的心灵大门一定会向你敞开。

（6）冷静对待时尚者——有一类人对流行既不狂热，也不会置之不理，改变穿衣也是渐渐实行。这一类人处事中庸，情绪稳定，一般不会做什么出格的事；大多比较理性，不过于顺从欲望，也不盲从大众时尚。

此种人比较可靠，值得结交。与他交往应以诚为本，因为他既是你可以信赖的朋友，也可能成为你终生的知己。

此外，衣饰颜色是一种会说话的色彩语言，它能帮助你初步判断对方是什么样的人，以及该怎样和那个人交往。

比如蓝色是永恒的象征，是最冷的色彩。经常穿着蓝色衣服的人，往往沉稳、理智、坚毅并富有韧性，凡事都会缜密思考，比较容易成就事业。相对喜欢安静，善于控制感情，有责任心，判断力强，富有见识；但个性也比较固执，不达目的决不罢休。

他们不擅长交际，通常只和志同道合的朋友组成一个小团体，或者自立门户，独自享受心灵的宁静。也因其能力强，更容易固执己见，常常坚持自己的看法，没有充分绝对的理由难以劝说动他们。

和这样的人交往，应该顺其自然，理性对待，真心相处，心灵的碰撞、志趣的相投更为重要，整天黏着他们，反而会让他们不舒服，唯恐躲避不及。他们崇尚理性、冷静和智慧，如果你和他们交往，一定要在这些方面下番功夫。

掌握衣着色彩语言将会为你更加准确地看透对方，有针对性地与之结交增加一个更大的砝码。

人不可貌相，海水不可斗量

俗话说，人不可貌相，海水不可斗量。识人要看内心，不要被别人的外表蒙蔽了眼睛，更不要让“以貌取人”来操纵我们的判断结果。评价一个人，需要多方面考察，从整体上来下结论。

从整体上看人，就是要从德、识、才、学、体这五个基本方面，也就是按人才所构成的基本要素来评定。这五者是相辅相成的一个整体，它们之间互相影响，互相制约，不能只见一点而忽略了其他几点。这就需要用整体性的综合思维方式，把事物经分析之后的各个方面、层次联系起来，形成一个整体去认识，从而得出正确的结论。“横看成岭侧成峰，远近高低各不同”，这句诗告诉人们，知人识人时采取不同的认识角度会产生不同的结果。如果从上往下看，会把人看矮了；如果从下往上看，会把人看高了；如果从近往远看，会把人看小了；至于门缝里看人，会将人看扁了的。

多年前，哈佛大学前校长因对人的错误判断，付出了很大的代价。

一对老夫妇，女的穿着一套褪色的条纹棉布衣服，而她的丈夫则穿着布制的便宜西装，也没有事先约好，就直接去拜访哈佛的校长。校长的秘书在片刻间就断定这两个乡下人根本不可能与哈佛有业务来往。

先生轻声地说："我们要见校长。"

秘书很不礼貌地说："他整天都很忙。"

女士回答说："没关系，我们可以等。"

过了几个钟头，秘书一直不理他们，希望他们知难而退，自己走开。他们一直等在那里。秘书终于决定通知校长："也许他们跟您讲几句话就会走开。"

校长不耐烦地同意了，校长很有尊严而且心不甘情不愿地面对这对夫妇。女士告诉他："我们有一个儿子曾经在哈佛读过一年，他很喜欢哈佛，他在哈佛的生活很快乐。但是去年，他出了意外而死亡，我丈夫和我想要在校园里为他立一个纪念物。"

校长并没有被感动，反而觉得可笑，粗声地说："夫人，我们不能为每一位曾读过哈佛而死亡的人建立雕像的。如果我们这样做，我们的校园看起来会像墓园一样。"

女士很快地说："不是，我们不是要竖立一座雕像，我们想要捐一栋大楼给哈佛。"

校长仔细地看了一下条纹的棉布衣服及粗布的便宜西装，然后吐一口气说："你们知不知道建一栋大楼要花多少钱？我们学校的建筑物都超过750万元。"

这时，这位女士沉默不讲话了。

校长很高兴，以为总算可以把他们打发了。只见这位女士转向她丈夫说："只要750万就可以建一座大楼？那我们为什么不建一所大学来纪念我们的儿子？"她的丈夫点头同意。

就这样，斯坦福先生和夫人离开了哈佛，到了加州，建立了斯坦福大学来纪念他们的儿子。

把人的各个方面的表现情况联系起来，从整体上把握人的本质和主流，不能一叶障目，也不能以偏概全，更不能坐井观天。要看一个人在工作中的表现如何，对待事业、家庭和自身的态度如何，对待社会公益事业的态度如何，在喜怒哀乐时的情绪表现如何，在得志和失意时的表现又如何，又是如何对待金钱、名誉、地位这些东西，等等。只有在尽可能多了解和了解透彻的前提下，才能形成对一个人的正确认识。

《三国演义》中，水镜先生曾说“卧龙、凤雏，得一即可安天下”。卧龙先生就是诸葛亮了，凤雏则是庞统。两者虽然都以学识和见解闻名天下，得到很高的评价，但是两个人有一个最大的区别就是：孔明貌美，而庞统的容貌则较为丑陋。由此还发生了一个可笑的故事：

凤雏庞统当初准备效力东吴，于是去面见孙权。孙权见到庞统相貌丑陋，心中先有几分不喜；又见他出言傲慢不羁，更觉不快；之后在言谈之中，又见他颇有轻视周瑜之意，更加不愿意接受他的意见。最后，这位广招人才的孙仲谋竟把与诸葛亮比肩齐名的奇才庞统拒于门外，尽管鲁肃苦言相劝，也无济于事。

我们不排除庞统有故意试验一下孙权的想法，所以才在言语上不加注意，有意考验一下孙权的耐心和判断力。而孙权果然没有摆脱“第一印象效应”的操纵，与天下奇才失之交臂。后来，庞统又去见刘备，这位英主就没有将他拒之门外，让他成为了自己日后创立事业的左膀右臂。

众所周知，礼节、相貌与才华绝无必然联系，但是礼贤下士的孙权尚不能避免这种偏见，可见外在形象的影响之大。仅凭外在形象就妄加判断，往往会带来不可弥补的错误！

俗话说“千里马常有，而伯乐不常有”，这或许是上天和人类开的玩笑，或许是人世的一个悲哀，确实只有那些慧眼识英才的人才有资格做“伯乐”，也才会有机会获得英才的辅佐，最终成就一番大业。

对待下级是这样，对待上级不亦是如此吗？你的上司或看起来衣着光鲜的人，你不会轻易得罪。那些看起来不如你的人，大家往往不甚在意，但也许正是那些你不经意间得罪的人，在关键时刻可以左右你的前途命运。

“巨象集团”是美国一家著名的企业，其总部设在纽约曼哈顿，是一幢

70 多层高的大厦。环绕大厦的是一片郁郁葱葱的花园绿地。

这天，一位 40 多岁的妇女领了一个十二三岁的小男孩儿走进这个花园中，坐在长椅上。

距他们两人不远处，一位六七十岁头发花白的老人正拿着一把大剪刀修剪园中成片的低矮灌木，被修剪过的灌木都有齐胸高，顶部齐刷刷的，像一道绿色的围墙一样。

妇女突然从随身的挎包里揪出一把纸巾揉成一团，一甩扔了出去，正落在老人刚剪过的灌木上。老人看了看妇人，妇人满不在乎地看着他。老人没有说话，拿起那团纸扔到不远处盛放剪下枝条的一个筐子里。

老人拿起剪刀继续剪枝，不料妇人又将一团纸扔了过去。“妈妈，你要干什么？”男孩儿奇怪地问妇人，妇人对他摆手示意让他不要作声。

老人走过去将这团纸也拿起来扔到筐子里，刚拾起剪刀，妇人扔过来的第三团纸又落在了他眼前的灌木上。

就这样，老人依旧一副不厌其烦的神色。

“看到了吧！”妇人指了指老人对男孩儿说，“我希望你明白，你现在不好好学习，以后就跟面前的这个老园丁一样没出息，只能做这些低贱的下等工作！”

老人也听到了妇人的话，就放下剪刀走过来：“夫人，这是集团的私家花园，好像只有集团的员工才能进来。”

“那当然。我是‘巨象集团’所属一家公司的部门经理，就在大厦里工作！”妇人高傲地说着。

“我能借你的手机用一下吗？”老人突然问。妇人一边不情愿地递给老人自己的手机，一边仍不无启发地借机教训儿子：“你瞧这些穷人，都这么大年纪了连部手机也没有，你今后可要长出息啊！”

老人打完一个电话将手机还给妇人，不一会儿，一个人急匆匆走过来，垂手站在老人面前。老人对他说：“我现在提议免去这位女士‘巨象集团’的职务！”“是，我马上按您的吩咐去办！”那人连声应道。

妇人大吃一惊，她认识来的这个人，正是“巨象集团”的一个高层人员，凭他的一句话就可以免去她的经理职务。“你……你怎么会对这个老园丁那么毕恭毕敬呢？”她惊诧莫名，拉住他的手问道。

“什么老园丁？他是集团总裁詹姆斯先生！”妇人颓然地坐到椅子上。她这样级别的一个经理在这个集团里很少有见到总裁的机会。

以貌取人的现象随处可见。我们不知道第一个以貌取人者是谁，但这种现象从远古时代开始发生，一直延续到今天，却是不争的事实。

请记住，任何人和事物都是处于不断变化之中的，所以在对待人和事物的时候，不能盯住眼前的一点表象，不要以貌取人，应该把目光放长远一些，对人和事物从本质上分析、判断，只有掌握了这样的方法，才可以做出正确的、符合自己利益的决策。

第4章 巧妙化解他人敌意的方法

换一个角度看问题

哈佛商学院教授特哈姆说："在与人谈话前，我情愿用两个小时的时间在他办公室前的人行道上散步，而不愿在还没有清晰的想法，不知该如何说，并且不了解对方，没有充分准备答案的情况下，直接去他的办公室。"

肯尼迪·古迪所著的《怎样让人们变成黄金》一书中有一段发人深省的话："停下来，用数秒的时间比较一下，你是如何关心自己的事情和关心他人的事情的，就会理解，别人也和你一样。而一旦你掌握了这个诀窍，你就会像罗斯福和林肯一样，拥有了做任何事的坚实基础。总之，和别人相处的关系怎样，完全取决于你在多大程度上替别人着想。"

无独有偶，古拉得·力伊帕也和古迪有相同的观点。他在《进入别人的内心世界》一书中，也有类似的一段话："把别人的感觉和观念与自己的感觉和观念置于相同的位置上，并把它表现出来，这样，谈话的气氛就会融洽起来。当你在听别人的谈话时，要根据对方的意思来准备自己将要说的话，那样，由于你已理解和认同了他的观点，他也就会理解和认同你的观点。"

不由得让人想起，经常提到的一个话题：

有个信众在祈祷时来了烟瘾，他问在场的神父："祈祷的时候，可不可以抽烟？"

神父回答："这是对神不尊敬，不可以。"

另一个信众也想抽烟，他问在场的神父："吸烟的时候，可不可以祈祷？"

神父回答："这是时刻不忘祷告，当然可以。"

这种换一个角度看问题的方法，不仅仅能帮助你摆脱尴尬，也能够让你不那么执着于对错，变得豁达、包容。相信你，如果能按照对方的观点去想，换个角度表达，它将成为你人生中一个新的里程碑。

不碰触别人的痛处

不碰触别人的痛处，不但是说话待人的礼仪，更是左右逢源的关键。

有修养的人即使在盛怒之下，也不会扩散愤怒的波纹，但是涵养不够的人，被激怒了，往往就会面露凶相、口出恶言，甚至随手拿起手边的东西往地上摔。

某些人暴跳如雷的时候，会口不择言，用侮辱性的语言攻击别人最敏感的隐私，这是相当不智的行为。

你攻击他人的痛处时，修养好的人虽不至于当场发作，与你破口对骂，但心中的疙瘩和怨恨往往难以抹平，如果不幸他是你的上司或客户的话，你就会变成被"封杀"的对象。

在公司里，"封杀"意味着调职、冷冻、开除。如果你是公司负责人，"封杀"就代表着对方拒绝继续与你往来，或是"冻结彼此的关系"。

中国古代有所谓"逆鳞"的说法，强调即使面对富有智慧和气度的蛟龙，也不可掉以轻心。传说中，龙的咽喉下方约一尺的部位，长着几片"逆鳞"，全身只有这个部位是逆向生长的，万一不小心触摸到这些逆鳞，必定会被暴怒的龙吞噬。至于其他部位，不论你如何抚摸或敲打都没太大关系。

每个人身上都有几片"逆鳞"存在，即使是人格高尚伟大的人也不例外。唯有小心观察，不触及对方的"逆鳞"，也就是我们所说的"痛处"，才能保持圆融的人际关系。

谁都希望自己比别人聪明，谁都不愿意别人发现自己的失误。很多人最大的本事就是通过宣扬别人的错误来显示自己的聪明，而这恰恰触到了别人的心病。所以有意无意地张扬别人的错误，是一种损人不利己的行为。

每个人都有不为人知的秘密或隐私，在他过去的工作或生活历程中，他也许曾犯下错误，甚至做过不光彩的事情。如果你知道内情，在你的下属、同事或朋友犯错误或和你有不同意见而出言顶撞的时候，你将会怎么办呢？是揭人隐私，还是只就事论事？

有些人虽然不会把别人的隐私抖出，却常常把它当作筹码来压制他人。譬如，他们在盛怒的时候会说："你少跟我斗，你过去的黑资料还在我手中呢！"那个可怜的人会因为的确有污点掌握在别人手中，只好忍气吞声，但他心里却是非常气愤，于是，这种心情积累到一定程度，就会出现互相攻击对方隐私的情况。彼此都把对方的隐私抖出来，弄得两败俱伤，除了引来一大堆人围观，对谁也没有好处。因此，你要清楚，揭人伤疤是最没必要的。

避开矛盾的焦点

每个人都有一些难以启齿的避讳，人人都讨厌自己的忌讳受到别人的冲撞。与人沟通时，要千万注意，不能忽视了这些问题。

一次几位同事在一起喝酒。小李为了表达对小张取得的成绩的钦佩之情，举杯倡议道："我建议为小张的成功干杯！总结小张的曲折经历，我得出这样一个结论：凡是成大事的人，必须具备三证！"众人惊异地问道："哪三证？"小李提高嗓门喊道："第一是大学毕业证；第二是监狱释放证；第三是离婚证！"话音刚落，众皆哗然，小张硬撑着喝下了那杯苦涩的酒。这三证中的两证无疑是小张的忌讳，而小李却没遮拦地把它们说了出来。小张不想让别人知道，小李是和他关系比较好的同事，却把这事捅出来。这件事警示我们，在激励自己的同事，即使是非常要好的同事的时候，也千万要避开那些焦点问题。人心隔肚皮，每个人心里都有一块自留地，我们必须尊重他们，不能开那些残酷的玩笑。

如果你能巧妙地避开焦点，那将是另一番光景，别人会因为你识大体、顾大局而欣然接受你。反之，正如约翰·莫非在《你的生活》杂志文章中所说的那样："小看别人，自己也会变得渺小。"

美国俄亥俄州黛唐市的国立现金收入公司有着全国最杰出的销售实力。这个公司的销售训练部主任拉尔夫·奈格里认为："保证推销员工作符合要求的秘密在于，不是向他们讲公司的意图，而是给他们一个把推销工作做得更好的刺激。"

拉尔夫从来不说："如果你想在这里工作，你就必须干大量的跑腿的活儿。"相反，他更可能会说这样的一些话："如果你强迫自己出去多做一些访问和请示，你就会大大地增加自己的收入。"

这是圆通的说法。推销员的工作本来就是跑腿的，但你直率地说出这个字眼来，那就使他们感到你对他们的鄙夷，从而干不出很好的业绩。但是换一种说法，就避开了这个令他们生厌的忌讳，让他们放心地去做好工作。

偶尔暴露小缺点

如果一个人总是表现得很完美，倒很容易让人怀疑其中有造假的成分。或者说，故意把自己表现得很完美，这本身恐怕就是一个缺点。

在一次选美比赛的决赛中，有七个美女选手，都是才华、相貌、身材、能力俱强。其中六个虽然各具特色，但都非常完美，她们展示给大家的就是一个个无可挑剔的人。只有一个女孩儿，每次在回答问题的时候，都会不自觉地脸红一下，虽然她的回答也是那么有新意有独到见解。最要命的是，她有一次竟然在上台的时候摔了一跤。但是最终的比赛结果，最具吸引力奖的得主，却正是这个女孩儿。

在采访中，大部分观众都认为她就像个邻家小妹，有优秀的实力，但也有着小小的缺点，非常可爱。而其他的六位选手就让人高不可攀，仿佛根本不是人。

美国心理学家阿伦森发现，一个能力非凡而又完美无缺的人的吸引力，远不如一个能力非凡但身上却有着常人缺点的人强。这条规律被称为讨厌完美律。这恐怕是人们认为太完美反而缺失人情味，倒不如有个性、有小毛病的人更贴近人性。

为什么会这样呢？这是因为，一般人与完美无缺的人交往时，总难免因为自己不如对方而有点自卑。

如果发现精明人也和自己一样有缺点，就会减轻自己的自卑，感到安全，也就更愿意与之交往。

谁会愿意和那些容易让自己感到自卑的人交往呢？所以，不太完美的人，有些小缺点的人，更容易让人觉得可亲、可爱。而且从另一个角度来看，世界上不可能存在真正完美、没有缺点的人。

有一位大龄女青年，具有高等学历，长得很漂亮，事业上也很有成就。她在方方面面都对自己严格要求，在很多人眼里，可以算是一位相当完美的人。当然她在择偶方面的标准也相当高，稍有缺点的就看不上，觉得配不上自己。又觉得婚姻是终身大事，不能马虎，宁可等着，也不能将就。结果，抱着这样的观念，一晃四十了，还是孑然一身。她自己感到很奇怪，像她条件这样好的人，为什么就不能被好男人发现呢？

她不知道，正是她的“完美”把许多男士吓着了。每个人固然希望自己的对象能具有较多的优点，可是如果这个人真的“完美”，却也让人受不了。

首先会怕自己配不上对方；其次，因为对方要求高，你稍有缺点，他（她）就要求你改正，你肯定会活得很紧张、很累。

如果让人们选择是活得累而完美，还是活得轻松而有缺陷，恐怕大多数人会选择后者。因为我们都知道自己不是神，我们认可自己的缺点。

完美只是一个抽象的东西，它是集合了所有人的美好追求、喜爱和梦想的综合物。完美本身只是一个逻辑上存在的词语，在现实中，根本就没有真实的存在体。我们所认为完美的东西只存在于我们人类的无限向往和不断追求中。

辑二

生活心理学：千万不要忽视人生小细节

除了做事办事，做人也是生活中最重要的方面。做人的成功与否可以说决定一生的成败。经常听到有人感叹“做人真难”“做人真累”。如果你问他为什么感到难、为什么感到累，他可能告诉你：我不会做人，不懂做人的学问，缺少做人的技巧。做人的确是一门学问。有的人心量小，说话办事让人生厌；有的人开朗洒脱，一言九鼎，对人既宽厚又有责任心，因而大受欢迎；有的人爱斤斤计较，争宠爱，争权位，争得失，而有的人宽容忍让，将心比心，泰然处之。正是由于人们不同的做人方式和人生观，使得各自的人生轨迹也大相径庭。怎样做人，是每个人都需要认真对待的人生课题。做人也是需要心计的。

场景：

曾经有过这样一个物理实验。

有一位物理学家制作了一组多米诺骨牌，共13张。最小的长9.53毫米，宽4.76毫米，厚1.19毫米，还不如小手指甲大，作为第1张。然后以每张扩大1.5倍的比率，依次设计其余12张牌。之所以采用1.5倍这个比率，是因为按照数学计算和物理原理，一张骨牌倒下时能推倒的最大骨牌不超过自己的1.5倍。

依次算下去，最大的第13张长61毫米，宽30.5毫米，厚7.6毫米，相当于一张扑克牌大小，厚度相当于扑克牌的20倍。

这位物理学家按照精确的计算，把这套骨牌按适当间距排好，轻轻推倒第1张，第2张、第3张顺次倒下，当第13张骨牌倒下时，其释放的能量比第一张牌倒下时整整要扩大20多亿倍。这种能量是以几何级数的形式增长的，可以产生巨大的力量。

研究者推算，如果继续制作骨牌，当第32张牌倒下的时候，所产生的力量将足以推倒帝国大厦！这便是多米诺骨牌效应。它给人生活的启示就是，不能让小错酿成大错，不能让坏习惯滋长……

第 5 章
遇事反求诸己，时刻做最好的自己

品德是决定形象的关键

在生活中，我们常说某某人品不佳，令人鄙夷；某某人品高尚，令人佩服。其实，内心深处的观念是：某人如果品德高尚，造福人群，那他将永远被人们所纪念，永远活在人们的心中；相反，如果某人品行恶劣，即使他生前有一些功绩，甚至有较大的功绩，人们也不会推崇他。个人品德时刻在影响着我们对他人整体形象的优劣评价。

三国时期，人们最崇拜的人物首推诸葛亮。如果单纯比较事业，诸葛亮是个失败人物。他的三分天下、匡扶汉室的愿望并没有实现，可以说他的事业最终是失败的。但他“苟全性命于乱世，不求闻达于诸侯”的志趣，以及“鞠躬尽瘁，死而后已”的奉献精神，千百年来深深地打动着人们，至今人们仍然在怀念他。和诸葛亮相比较，曹操的事业无疑要成功得多。而且我们客观地说，曹操统一北方，在历史上有很大的功绩，为晋朝的最终一统打下了基础。但中国人历来并不推崇曹操，因其有“篡汉”的野心。虽然他自己说“愿为周公”，但他的所作所为证明了他并非甘居臣下。果然，他一死，他的儿子就代汉自立。曹家父子的狼子野心，尽人皆知，所以魏晋以后的中国人历来对曹操的评价不高，因其未尽臣道，于个人的品行有亏，不足以成为后世楷模。

再如我们中国人最崇拜的圣人。文圣即孔子，武圣即关公和岳武穆。孔子一生穷困潦倒，虽然一度担任过鲁国司寇，但终因政见不合，很快就挂冠而去。可以说孔子在政治上并不成功，没有同时代的管仲、子产那样的功绩。但历代的中国人推崇孔子远超于管仲、子产，尊之为“大成至圣先师”。就是因为孔子一生的行迹保存了中华传统文化，使之能够滋养千秋万代的中国人及普天下之人。虽然他生前没有煊赫的事业成就，但他的品德修养、学问价值、人生哲学足以为所有人的楷模，称为文圣，恰如其分。

再来看武圣关公。关公虽然武艺高强，战功显赫，但他一生败绩也不少，犹以大意失荆州、败走麦城为最。但中国人历来不以成败论英雄，换句话说，中国人历来不以一时事业的成败作为评价人的标准，而以其千秋万代的历史影响为准。人们尊敬关公，因为他是“义”字的代表。人们津津乐道的千里走单骑、华容道义释曹操等故事，正是其义薄云天的表现。

岳飞（谥号武穆）朱仙镇接到十二道金牌勒令回兵。但他并没有一怒之下率兵回师去“清君侧”，而是接受了朝廷的旨意，回去后即冤死于风波亭。岳飞当时并不是不知道他回去后可能的结局，但他恪尽臣道，谨遵圣旨。这并不是近代人所诟病的“愚忠”，而是为人臣者应尽之道。岳飞永被后人追慕尊崇，其在中国人心目中的地位岂是秦桧、宋高宗之流所能仰望！中国人心目中卓越的军事将领，并不是要攻城略池、开疆拓土、杀人无数，而是要讲究“武德”，懂得“止戈为武”“不战而屈人之兵”的军事哲学，不是简单的一介武夫。中国人尊崇关公、岳武穆为“武圣”，同样是恰如其分的，二人当之无愧。

受中国传统文化的深刻影响，直至今天，品德仍然影响着我们对他人的评价。很多人评价一个人依据的首要标准仍是一个“德”字。我们都很熟悉一句成语：德才兼备。

其实要特别注意：是德才兼备，不是才德兼备。德第一，才第二，千万不可将顺序颠倒。

有这样一个笑话：

假设让我们从下面三个候选人中选择一位来造福全世界，你会选择哪一位：候选人甲的档案证明此人有两个情妇，有多年吸烟史而且嗜好马爹尼酒，笃信巫医与占卜；候选人乙则曾两次被赶出办公室，每天中午才肯起床，读大学时曾吸食鸦片，每晚都要喝一升白兰地；候选人丙曾是国家的战斗英雄，终身保持素食习惯，从不吸烟，只偶尔来点啤酒，年轻时没有做过什么违法的事。

很显然我们会倾向于选择候选人丙。

但最后我们发现，候选人甲原来是美国前总统富兰克林·罗斯福，候选人乙则是英国前首相温斯顿·丘吉尔，而候选人丙却是臭名昭著的阿道夫·希特勒。

这就是中西方文化的差别。西方评价人一直强调“能力第一”，认为一个人只要有能力、有业绩，就是好的、对的。而中国人则执拗地坚守着道德的标准。

虽说受西方观念的影响，现在已有不少人在替曹操翻案，但不可否认，“德”在中国人心目中仍然占据着绝对重要的地位，它时刻影响并操纵着我们。因此，在人际交往中，切不可忽略品德的重要性和影响力，它操纵着别人对你整体形象的评价。

用美好的品质修饰能力的不足

一个人最重要的不是学识、才能，而是品质。没有好的品质，就算有再高的学识和才能，也是没有办法成功的；而有了好品质，却能弥补学识和能力的不足，影响和操纵别人对我们的肯定。

在一个刮着大风的下午，公路旁边的旷野中出现了一个奇怪的景象：一个残疾的中年人正摇着轮椅拼命追赶着一大片在空中飞舞的报纸，他努力想去抓住那些报纸，可风实在是太大了，他残疾的双腿难以承受这复杂的任务，转眼间，报纸散落得到处都是，中年人没抓到几张。

周围有人看到了这一幕，感叹于残疾人的不幸，便主动过去帮忙。费了好大的劲才把报纸都收拢之后，大家便问他找这些报纸干什么。

残疾人挣扎着坐回到轮椅上，手臂抖个不停，面色苍白地说：“老板派我给客户去送几捆报纸，可是我到地方的时候才发现少了一捆，就赶紧回来找。走到这时，才看到报纸飘得满地都是，只能一张一张拾起来，一张都不能少啊。”

大家又说：“你这样的状况，很难一个人解决问题，为什么不直接跟老板解释原因呢？他也会谅解你的。”

残疾人很奇怪地望着大家说："为什么不自己解决问题呢？毕竟错误是我自己犯下的啊，我必须这么做。"

丝毫不回避自己的责任，不找借口来推卸自己的过错，他以自己的品质赢得了路人的尊敬、老板的信任，获得了更多的支持。

美好的品质，是一个人的立身之本。

一位国王有一次和亲近的臣子在沙滩上散步，这位近臣以阿谀谄媚的口气夸国王的权力有多大、影响有多广，颂赞之声不绝于口。这位国王静静地听了半天，他转头面向大海："海啊！我是你的统治者，我有很大的权力，现在命令你停止前进，不准弄湿我的脚。"但是海浪丝毫没有停止，仍旧一波波地袭来，并且理所当然地打湿了国王的脚及拖地的长袍。国王转身斥责这位近臣："你看，这波浪并不听我的命令，可见国王的力量也和其他人一样脆弱。"

人贵有自知之明，假如身处高位，且有自知之明的话，那才是非常可贵的。有一个云游四方的道士，在途中无意间捡到一颗宝石，他随手装入背袋中。有一天道士碰到一个疲累不堪的旅行人，他和这人分享他所有的食物。这人看上了道士袋中那颗灿烂的宝石，而道士毫不犹豫地就将它送给了这人。这人兴奋地拿了就走，口中直呼幸运。但过了数日，这人又来找道士，并且恭敬地将宝石还给了道士，并说："我不要这颗宝石了，我要更贵重的，是什么样的意念使你愿意把这么贵重的东西送给我？请教导我。"

一个具有优秀品质的人，其价值要远远大于许多有价之宝。

对一个人来说是这样，对一个企业来说也是如此，服务品质的优劣，将决定着它的生存和发展。

美国有位家庭主妇买了一包新上市的麦片，第二天尝了之后，感觉不满意，于是她就依据美国消费者保护法，对于这种不满意的产品要求退款。将抱怨信寄给麦片公司后，她又尝了一次麦片，发现其实也还可以，但在这个时候麦片公司却寄来了一张退款支票，并附上了很诚恳的道歉信，为他们的产品不合口味而道歉，并欢迎继续使用其他产品。这样一来她倒是感觉不好意思，又写了一封信告诉麦片公司，她现在蛮喜欢这个产品的，并且也退回了退款支票。然而麦片公司却寄来了更多免费的新产品，同时请求她同意把这个情况刊登在公司的刊物上。如此一来，麦片公司保住了一位老顾客，却又因这位老顾客的故事，吸引了更多的新顾客。

所以说，不仅要产品的品质好，服务的品质也要跟上，这样我们的产品才有机会在市场上成为知名产品。

有经验的管理专家一致认为，品质是拉住客户的最有效的利器。道理很简单，客户购买我们的产品，他要的也是利益。而有能力提供稳定可靠的产品品质，事实上也等于是提供给客户稳定可靠的利益。

所以，我们应时刻牢记优秀品质的巨大力量，用高尚的品质来修饰能力的不足，帮自己树立良好的形象。

首因定律能影响一个人的决断

在生活中，每个人都会对"第一"情有独钟，你会记住第一任老师、第一天上班、第一个恋人，等等，但对"第二"就没什么深刻的印象。你知道吗？这是首因定律的表现。

有位心理学家撰写了两段文字，讲的是一个叫吉姆的男孩一天的活动。其中一段将吉姆描写成一个活泼外向的人：他与朋友一起上学，与熟人聊天，与刚认识不久的女孩打招呼等。而另一段则将他描写成一个内向的人。

研究者让有的人先阅读描写吉姆外向的文字，再阅读描写他内向的文字。而让另一些人先阅读描写吉姆内向的文字，后阅读描写他外向的文字，然后请所有的人都来评价吉姆的性格特征。结果，先阅读外向文字的人中，有78%的人评价吉姆热情外向，而先阅读内向文字的人，则只有18%的人认为吉姆热情外向。

人们在不知不觉中，倾向于根据最先接收到的信息来形成对别人的印象。这就是第一印象的作用。第一印象又称为初次印象，指两个素不相识的陌生人第一次见面时所获得的印象。那么，第一印象真的有那么重要，以至于在今后很长时间内都会影响别人对你的看法吗？

一个新闻系的毕业生正急于寻找工作。一天，他到某报社对总编说："你们需要一个编辑吗？”

“不需要！”

“记者呢？”

“不需要！”

“那么排字工人、校对呢？”

“不，我们现在什么空缺也没有了。”

“那么，你们一定需要这个东西。”说着他从公文包中拿出一块精致的小牌子，上面写着“额满，暂不雇用”。总编看了看牌子，微笑着点了点头，说：“如果你愿意，可以到我们广告部工作。”

这个大学生通过自己制作的牌子，表现出了自己的机智和乐观，给总编留下了美好的第一印象，引起对方极大的兴趣，从而为自己赢得了一份满意的工作。并且，因为对他有良好的第一印象，总编可能一直对他印象颇佳。由此可见，第一印象真的很重要！

人们对你形成的某种第一印象，通常难以改变。而且，人们还会寻找更多的理由去支持这种印象。有的时候，尽管你表现的特征并不符合原先留给别人的印象，人们在很长一段时间里仍然要坚持对你的最初评价。第一印象在人们交往时所产生的这种先入为主的作用，被叫作首因定律。

人类有一种特性，就是对任何堪称“第一”的事物都具有天生的兴趣并有着极强的记忆能力。承认第一，却无视第二。不经意地你就能列出许许多多的第一。如世界第一高峰，美国第一个总统，第一个登上月球的人，等等。可是紧随其后的第二呢？你可能就说不上几个。

心理学家认为，第一印象主要是一个人的性别、年龄、衣着、姿势、面部表情等“外部特征”。一般情况下，一个人的体态、姿势、谈吐、衣着打扮等都在一定程度上反映出这个人的内在素养和其他个性特征。

无论你认为从外表衡量人是多么肤浅和愚蠢的观念，但社会上的人们每时每刻都在根据你的服饰、发型、手势、声调、语言等自我表达方式判断着你。无论你愿意与否，你都在留给别人一个关于你形象的印象，这个印象在工作中影响着你的升迁，影响着你的自尊和自信，影响着你的幸福感。

利用近因效应终善其身

近因效应是指在多种刺激一次出现的时候，印象的形成主要取决于后来出现的刺激。

在生活中，我们是否注意过这种事情：某人犯了一个错误，人们便改变了对这个人的一贯看法。某电视台著名节目主持人，一生声名卓著，却晚节不保，因为一桩私生活的丑闻而败坏了一世名声；一个之前有不良记录的人因做了一件有意义的好事，人们就认为他是浪子回头金不换，以前的不好都随之而去，从此对他刮目相看；在朋友交往中，有时多年的友谊会因一次小别扭或误会而告终；夫妻之间吵架，一气之下，可能全忘记了对方过去的好处和恩爱，只想着离婚……这些都是心理学上的近因效应在起作用。

近因效应还有一个表现就是，最后一句话决定了整句话的调子。比如，老师跟学生说："总能考上一个学校吧，虽然录取率那么低。"或者说："虽然录取率那么低，总能考上一个学校吧。"这两句话的意思是一样的，只因语句排列的顺序不同，给人的印象却全然不同。前者给人留下悲观的印象，后者则给人乐观的印象。

在日常的人际交往过程中，我们对他人最近、最新的认识占了主体地位，掩盖了以往形成的对他人的评价，因此，近因效应也被称为"新颖效应"。

在生活中，我们总是强烈谴责喜新厌旧的人，认为他们的行为是不道德的。然而，在交往中，很多人都有"喜新厌旧"的习性——比较重视"新"的信息，而不太重视旧的信息。

近因效应实际上包含着人类喜新厌旧的本性。这提醒我们，人际关系是需要"保鲜"的，尤其是夫妻之间。

贺岁大片《手机》里有句流行一时的台词："在一张床上睡了20年，难免会有一些'审美疲劳'。"不管当初如何恩爱、如何甜蜜，如果不能经常保持新鲜感，近因效应都会使我们忘记对方过去的好，并且因为喜新厌旧而具有移情别恋的可能。

新近的信息比以前得到的信息对于交往活动有更大影响，一个突如其来的信息会使人们早已习惯的认识和印象发生质的飞跃。比如，张娟和郭珊珊是同时进入公司的新同事，彼此的第一印象都很好，脾气相投，背景学历相当，对问题的看法和角度都很相似，真是酒逢知己千杯少，两人慢慢成了好朋友。

日子一天天过去，两人也越来越有默契，友谊之树在慢慢成长。但是最近，在闲谈中，张娟发现郭珊珊的一些话语和以前告诉她的不一样，前后矛盾，于是心中犯疑，对郭珊珊以前的一切友好都打上了问号，认为她是个不真诚的人，从此以后对她说的任何话都不相信了。

那么近因效应是否和第一印象互相矛盾呢？其实，它们并不矛盾，而是各自有着适用的范围。心理学家告诉我们：在与陌生人交往时，第一印象影响较大，而在与熟人交往时，近因效应则有较大影响。这就提醒我们，在人际交往中，不能吃老本，而要时刻注意近期的表现，时刻注意保持已经树立起来的形象。

平时在和老朋友的交往中，每一次交往都要认真对待，特别是每一次交往最后几分钟的音容笑貌。由于是老朋友，就没有什么第一印象可言，而到底哪一次交往能发生近因效应，却是无法预料的。只要有一次表现得有点异样或特别，那么，过去的表现就会大打折扣甚至一笔勾销。因此，每一次交往都得小心行事，不能因为是老朋友就“忘乎所以”。

使用敬语和谦词

平常说话有许多口头“敬语”，我们可以用来表示对人尊重之意。“请问”有如下说法：借问、动问、敢问、请教、借光、指教、见教、讨教、赐教等。“打扰”有如下词汇：劳驾、劳神、费心、烦劳、麻烦、辛苦、难为、费神等委婉的用词。

如果我们在语言交际中记得使用敬语和谦词，相互间定可形成亲切友好的气氛，减少许多可以避免的摩擦和口角。

有一位服务于某大型电脑公司，担任系统工程师的职员，在公司已经服务六年，技术优秀并很关照晚辈，上级对他也另眼相待。但他却在一次与客户的交涉中犯下了意想不到的大错误。

某客户买了这家公司的电脑，因而召集员工听该电脑公司的人讲解。这位系统工程师极其认真而详细地解说电脑的操作和内容，在说明会的休息时间里，他前往洗手间，要洗手时才发现没有洗手用的香皂。他看见隔壁放着一块，但正好有一位老人在用，这位工程师由于赶时间，并未向老人打声招呼就径自伸手将香皂取过来用，然后在隔壁取了卫生纸擦手，就匆匆走了出去。

那位老人对这位工程师的所作所为很生气，认为不招呼一声就随便用别人位子上的东西，是很不礼貌的行为。而这位老人正是这家客户公司的董事长。

“这么不懂礼貌的人，是哪家公司的人？”

这位董事长一询问，知道就是电脑公司派来讲解的工程师，结果使得原来要成交的电脑被退了回去。这么一来，电脑公司也开始调查原因。电脑公司总经理特地到这家公司谢罪，但还是无法挽回工程师所造成的恶果，工程师也因此引咎辞职。

这位本来很有前途的优秀工程师，若能在洗手时多说一句“对不起，让我先用一下”，整个情形都将为之改观。由此可见，短短的一句话，也是不容轻忽的。

倘若经常觉得“这种小事不说也无妨，对方一定会知道的”或认为“芝麻小事，不说也罢”，这就错了。自己这样想，对方是不是也这么想呢？所以，虽然是芝麻小事，仍是要经由嘴里讲出来对方才能明白、谅解。

虽然道了歉，但并没有缓和彼此间的气氛，反而加深其间的裂痕，这样的例子并不少见。

前去道歉的人，心里总是难过，头也是垂下的。道歉之前，总想先解释事情，结果往往忘了说几句对不起的话，反而更引起对方的不满。所以，去道歉的人一看到对方最好马上就说：“真对不起，我错了。”然后再说明事情也不迟。在说明时，也不要忘记强调歉意，并说“真的很抱歉”“你所说的很有道理”，或说“我了解你的意思”。

听对方说话时，在必要的时候，还要点头附和，这样对方的火气才会降下来，并通过这次会谈使彼此之间更加和谐。在这种与人交涉方面很能干的人，在公司更容易受上级看重，并受客户欢迎。

清爽的外在形象为你加分

心理学家做过一个实验：分别让一位戴金丝眼镜、手持文件夹的青年学者和一位留着怪异头发、穿着邋遢的男青年在公路边搭车。结果显示，青年学者的搭车成功率很高，而另外那个男青年则很难搭到车。

这个实验说明：不同的仪表代表了不同的人，随之就会有不同的际遇。这不仅仅是以貌取人的问题。

媒体策划专家有一句名言：要给人好印象，你只需要 7 秒钟。通过大量的分析，研究者们得以成功描绘出影响第一印象形成的因素：第一印象的形成有一半以上内容与外表有关。不仅是一张漂亮的脸蛋就够了，还包括体态、气质、神情和衣着的细微差异；大约 40%的内容与声音有关。音调、语气、语速、节奏都将影响第一印象的形成；只有少于 10%的内容与言语举止有关。

并不是所有人都可以长得美若天仙或是英俊非凡，但每个人都可以做到干净整洁。油性皮肤者一定要注意脸部和头发的干净清爽，干性皮肤者则要避免脸上出现令人不快的皮屑。然后就是衣着是否整洁得体。你的衣服表明你是哪一类人物，它们代表着你的个性。一个和你会面的人往往不自觉地依据你的衣着来判断你的为人，所以有句话叫“人靠衣装”。

服饰只有与穿戴者的气质、个性、身份、年龄、职业以及穿戴的环境、时间协调一致时，才能真正达到美的境界。得体的穿着讲究和人本身的身材、年龄、性格和谐，同时也讲究和场合的和谐，在不出错的基础上再讲究搭配的技巧。平时应该多浏览一些时尚杂志或网站，根据自己生活和工作的需要，有技巧地打扮自己，让自己赏心悦目。

我们经常看到很多外交家，他们的穿着都给人一种信赖感——穿西服打领带。我们也会看到市场上卖豆腐的经常穿着一件围衫，头顶个帽子，手里拿着一把扇子。

假如掉过来，一个外交家穿着一件围衫，头顶个帽子，手里拿着一把扇子，穿个汗衫，手上戴个手套，脏兮兮的样子，你敢相信他是个外交官吗？假如卖豆腐的在市场上穿着西服，系个领带，穿个白衬衫，你敢买他的豆腐吗？可能你觉得他的豆腐不太新鲜或怎么样吧，因为做什么就应该要像什么。

工作就应该有工作的样子，外在形象影响着我们在他人心目中的印象，尤其是第一次见面。第一印象只有一次机会，没有第二次，所以每个人都要研究你给人什么样的印象，给人什么样的感受，希望别人看到你以后有什么感觉，别人在跟其他人在一起的时候会如何谈到你。把这些仔细规划好之后，你才能达到给别人良好的第一印象的目的。

俗话说“人靠衣服马靠鞍”，是不无道理的。商业心理学的研究告诉我们，人与人之间的沟通所产生的影响力和信任度，来自语言、语调和形象三个方面。但它们的重要性所占比例是：语言只占7%；语调占38%；视觉（即形象）占55%。由此可见形象的重要性。而服装作为形象塑造中的第一外在要素，是众人关注的焦点。你的形象就是你自己的未来，在当今竞争激烈的社会中，一个人的形象远比人们想象的更为重要，它的操纵能力将超乎你的想象。

在关于办公室需要什么样的女性形象调查中，“保持东方女性的含蓄”得到了5%的认可；同时有63%的参与者选择了“重要问题上干练精明，平时工作中有张有弛，敏锐、聪明”；“不外露的聪慧，懂得为同事化解尴尬”也很可爱，得到了23%的选票；“偶尔体现女性特有的温柔、细腻”的认可度是9%。

看似个性化的“穿衣戴帽”一旦走进办公室，就不再是一件私事。个人作为公司形象的一部分，代表着公司的形象，不仅在工作风格和沟通上要融入团队，着装也要融入团队。据调查显示，24%的人已经意识到得体的职业着装不仅能让人出彩，还能让人得财。个人着装风格与公司的风格融为一体，会让公司其他成员和外部客户都更容易接受。

你所要做的每一件事情都应是事先设计好的。很多人，他们参加很多团体、俱乐部，参加很多协会，甚至不断做一些奉献社会、回报社会的事，比如抗洪抢险、捐助希望工程等。他们都是要累积一个良好的形象，在社会上有一个良好的声誉。由于他们的形象与他们的举止是一致的，所以才会有更多的人认同他们。

举一个例子：一个人希望让别人感觉到他非常有朝气、有活力，同时又很有专业水平，所以他在搭配西服的时候都会朝着这个方向努力。同时他在演讲的时候通常会举很多例子，让别人了解到他对这个主题非常有研究，因为他花了很多时间搜集这些案例方法，并且都被证明是行之有效的。同时他也要分享一些他自己的经验，当别人知道这些方法是他实践过的方法后，大家都愿意去尝试，因为人们知道他没有把大家当作试验品，所以大家对他非常信赖。

每个人都必须建立自己的形象。你希望给别人什么样的感觉，你现在就应该设计出来。假如你现在无法设计出来的话，那么你以后在外面与人交往的时候也许会遇到麻烦，你在工作的时候也许会失败，你在重大的场合也许无法建立你应有的自信感。

形象决定你能否成功。建立良好的形象可以快速提高你的工作品质，不良的形象会立刻让你充满挫败感。让形象操纵你还是你来操纵自己的形象，要选哪一个，你自己决定。

认清自我，秀出独特的自己

有一位牧师正在考虑第二天如何布道，却总也想不出一个好的讲题，很着急。

而他 6 岁的儿子总是隔一会儿就来敲一次门，要这要那，弄得他心烦意乱。

为了安抚他的儿子，不让儿子来捣乱，情急之下，他把一本杂志内的世界地图夹页撕碎，递给儿子说："来，我们做一个有趣的游戏。你回房子里去，把这张世界地图拼好还原，我就给你一美元。"

儿子出去后，他把门关上，得意地自言自语："哈哈，这下终于可以清静清静了。"

谁知没过几分钟，儿子又来敲门，并说地图已经拼好。

他有点诧异，也有点不太相信，就跟着儿子一块来到了儿子的房间。果然，那张撕碎的世界地图完完整整地摆在地板上。

"怎么会这么快？"他吃惊地看着儿子，不解地问。

"是这样的，"儿子说，"世界地图的背面有一个人头像，人对了，世界自然就对了。”

牧师抚着小儿子的头，若有所悟地说：“说得好啊，人对了，世界就对了。我已经找到明天布道的题目了。”

我们经常因为人际关系不畅而焦头烂额，也常常抱怨这个社会太过复杂，觉得世事艰险、人心难测。

但实际上，我们之所以难以有所成就，之所以觉得事事难遂己愿，不是世界不对，而是我们自己有问题。

自己都不对，世界怎么可能对呢？很多时候，我们都不能认清自我，对自己没有一个正确的认识。

有一则伊索寓言讲的正是不能清醒认识自己的故事。

赫耳墨斯想要了解他在世间拥有何等地位，于是化作凡人，来到一家雕刻店铺。

他看到主神宙斯的雕像，便指着问雕刻匠：“这尊雕像多少钱？”

“一个银元。”雕刻匠答道。

他又笑着问：“赫拉（宙斯之妻）的雕像多少钱？”

雕刻匠回答：“比宙斯的雕像要贵一些。”

接着赫耳墨斯看到自己的雕像，心想他作为宙斯的使者，又是商人的庇护神，世人肯定对他刮目相看，就很自信地向雕刻匠询问自己的雕像多少钱。

雕刻匠回答说：“如果你买了刚才那两尊雕像，这尊就免费送给你了。”

这则寓言极具讽刺意味，对那些妄自尊大者无疑是当头棒喝。

从现在开始，抛弃头脑中自卑和自大的错误图像，既不要妄自菲薄，也不要妄自尊大，认识真正的自己吧。

认识自我，心理学上叫作自我知觉，是一个人了解自己的过程。就像老子说的：“自知者明。”一个人越了解自己，就越有力量，因为他知道扬长避短，知道怎样最好地发挥出自己的潜力。

客观地认清自我，知道自己的长处，找到自己的发展方向，走一条适合自己的道路，这对于我们的成功，将会是事半功倍的。相反，如果我们在一个自己不擅长的方面辛苦拼搏，成效可能就不会很大，甚至无功而返。

达尔文的《自传》表明，正因为他对自己的深刻认识，才使他能把握住自己的素质特点，扬长避短，做出了突破性的成就。

他十分谦逊又自信地谈到自己：“热爱科学，对任何问题都不倦思索、锲而不舍，勤于观察和收集事实材料，还有那么点儿健全的思想。”

但又认为自己的才能很平凡：“我的记忆范围很广，但是比较模糊。”“我在想象上并不出众，也谈不上机智。因此，我是蹩脚的评论家。”

他还对自己不能自如地用语言表达思想深感不满：“我很难明晰而又简洁地表达自己的思想……我的智能有一个不可救药的弱点，使我对自己的见解和假说的原始表述不是错误，就是不通畅。”

伟大的马克思有许多天赋，但他在给燕妮写了许多诗后，发现自己并不具备杰出的诗才，并做了深刻的自我解剖：“模糊而不成形的感情，不自然，纯粹是从脑子里虚构出来的。现实和理想之间的完全对立，修辞上的斟酌代替了诗的意境。”

作家朱自清也曾分析过自己缺乏小说才能的短处，在散文集《背影》自序中说：“我写过诗，写过小说，写过散文。25 岁以前，喜欢写诗，近几年诗情枯竭，搁笔已久……我觉得小说非常难写，不用说长篇，就是短篇，那种严密的结构，我一辈子也写不出来。我不知道怎样处置我的材料，使它们各得其所。至于戏剧，我更始终不敢染指。我所写的大抵还是散文多。”

几乎所有的名人都能够认清自我，知道自己的长处和短处，发挥自己的特长，从而成就自己。

著名史学家姜亮夫的经历很值得我们深思。

20 世纪 20 年代，姜亮夫考入清华大学研究院。当时他极想成为“诗人”，把自己在成都高等师范读书时所写的四百多首诗词整理出来，便去请教梁启超先生。

不料梁启超毫不客气地指出他囿于“理性”而无才华，不适宜搞文艺创作。

姜亮夫回到寝室用一根火柴将“小集子”化成灰烬。诗人之梦醒了，从此他埋头攻读中国历史、语言、楚辞学、民俗学等，取得一系列成果。可谓“失之东隅，收之桑榆”。

在现实生活中，人们往往忘记自我的存在，忘记对自己的关爱，从不去问“我从哪里来，我到哪里去”之类的问题，偶尔想起来，也不过茫茫然一片空白。

在人生这个舞台上，正可谓：乱哄哄，你方唱罢我登场，反认他乡是故乡；甚荒唐，到头来都是为他人作嫁衣裳。

那么，怎样才能认清我们心中的那个自我呢？

也许每到这个时候，就有人给我们讲唐太宗李世民说的那句千古名言："以人为鉴，可明得失。"就是把他人当作自己的镜子，时刻接受别人的监督，听取别人的意见，这样才能做出正确的抉择。

但是，在此要说明的是——透过镜子，也许你可以看到一个平时看不到的自己，直视一个平时难以直视的自己。但事实上，别人谁也不能做你的镜子，只有自己才是自己的镜子。拿别人做镜子，白痴或许会把自己照成天才，所以我们必须有一个自我知觉的过程，以便彻底而深刻地了解自己。

在日常的生活中，我们都是那么的平凡和普通，只有在经历自己人生旅途中的重大事件时，才能显示出自己的独特。越是在成功的巅峰和失败的低谷之时，越能认清自我。客观地认清自我，知道自己的长处，找到自己的发展方向，走一条适合自己的道路，这对于我们的成功，将会是事半功倍的。

第6章 细处着眼，小处着手，细微处见真章

关注细节，不要让成功毁在细节上

在生活中，我们要时刻注意细节问题，尽量避免出现一些小的看似微不足道的错误。很多时候，一些大的灾难的发生，就是因为一点点细节的疏忽所造成的，比如下面发生的这件事。

远洋运输的货轮性能先进，维护良好，一般不会出什么问题。但是巴西一家远洋运输公司的海轮却在海上发生了大火，导致沉没，全船人都葬身海底，后果十分严重。

后来，事故调查者从海轮的遗骸中发现了一只密封的瓶子，里面有一张纸条，上面写了21句话，看起来是全船人在最后一刻的留言。人们惊奇地发现，这些水手、大副、二副、管轮、电工、厨师和医生等熟知航海条例的人，竟然私下里干了不少错误的事：有人说自己不应该私自买了台灯，有人后悔发现消防探头损坏时却没有及时更换，还有人发现救生阀施放器有问题时却置之不理，有的是例行检查不到位，有的是值班时跑进了餐厅……

最后船长写了这样一句话：发现火灾时，一切都糟透了。平时，我们每个人犯了一点点小错误，都没有在意，积累起来，就酿成了船毁人亡的大错。

其实，或许在海轮刚刚出发的时候，船长和船员们都能谨小慎微、一丝不苟地工作，只不过随着航行的日子一天天过去，船上的人逐渐放松了警惕，当有第一个人开始注意力不集中时，逐渐慢慢地影响了整条船所有人员的工作风气和态度，大家轮番犯错误，导致了灾难的发生。

所以，这个故事给我们很大的启示就是，不要在工作中疏忽大意，不放过每一个容易出错的细节，否则，积少成多，聚沙成塔，让错误时刻操纵着我们，最后将会咽下失败的苦水。

一个五星级酒店的客房样样都好，就是有些小缺点什么的。比如，床头的开关向外远了5厘米，晚上关灯时，你就得在床上翻过身去才能够得着，如果少一个转身就人性化了。当然工人是不可能躺在床上来安装那个开关的，但设计师应该想得到啊！向床头移5厘米就好了。马桶正对卫生间门口，说是门口，其实并没有门，坐在上面方便，越想越不雅。设计时转个方向不就好了吗？这是设计的细节。因为忽略了这些细节，这个五星级酒店最终倒闭了。

的确如此，细节往往决定着事情的成败。一个细节上的失误，将会影响整个大局甚至人的一生。

某大学应届毕业生陈某因为一份简历而在应聘时栽了跟头。

事情的经过是这样的：参加招聘会的那天早上，小陈不慎碰翻了水杯，将放在桌上的简历浸湿了。为尽快赶到会场，小陈只将简历简单地晾了一下，便和其他东西一起，匆匆塞进背包。

在招聘现场，小陈看中了一家房地产公司的广告策划主管岗位。按照这家企业的要求，招聘人员将先与应聘者做简单交谈，再收简历，被收简历的人将得到面试的机会。

轮到小陈时，招聘人员问了小陈三个问题后，便向他要简历。小陈受宠若惊地掏出简历时，这才发现，简历上不光有一大片水渍，而且放在包里一揉，再加上钥匙等东西的划痕，已经不成样子了。小陈努力将它弄平整，递了过去。看着这份伤痕累累的简历，招聘人员的眉头皱了皱，还是收下了。那份皱巴巴的简历夹在一叠整洁的简历里，显得十分刺眼。

三天后，小陈参加了面试，表现非常活跃，无论是现场图像处理操作，还是为虚拟的产品做口头推介，他都完成得不错。在校读书时曾身为学校戏剧社骨干社员的他，还即兴表演了一段小品，赢得面试负责人的啧啧称赞。当他结束面试走出办公室时，一位负责的小姐对他说：“你是今天面试者中最出色的一个。”

然而，面试过去一周后，小陈依然没有得到回复。他着急了，忍不住打电话向那位小姐询问情况。小姐沉默了一会儿，告诉他说："其实招聘负责人对你是很满意的，但你败在了简历上。老总说，一个连简历都保管不好的人，是管理不好一个部门的。你应该知道，简历实际上代表的是你的个人形象。将一份凌乱的简历投出去，有失严谨。"

这件事给了小陈深刻的教训，从此，他变得细心起来。他深切感到，决定事情成败的，有时往往只是一个小小的细节。

简历既是进行自我营销的工具，也代表着个人的形象，所以在应聘时一定要写好简历，更要保存好简历。

要展示完美的自己很难，它需要每一个细节都很完善；但毁坏自己很容易，只要一个细节没注意到，就会给你带来难以挽回的影响。

细节会影响和破坏整体的完美，细节也能够表现整体的完美，会让你的产品在众多的竞争者中脱颖而出。

当初中国从日本进口缝衣针的时候，好多人都感到惊诧：一个针还要买日本人的？看到了日本的针才发现，当时我们常用的针是圆孔，而日本的针是长条孔，这是为照顾老人们眼花而设计的。上海内环高架桥不允许 1 吨以上的小货车上桥，一个月以后，0.9 吨的日本小货车就在上海接受订单了。

这些都说明了日本的企业十分注重细节。在实际操作中，要做到这些是不容易的，因为只有营销部、生产部、物料部、采购部、研发部、制造部通力协作，才能将这件事做好。但是如果一个管理者在决策和设计的过程中，根本就没有考虑过这些，那恐怕他连市场上的残羹剩饭也吃不上一口了。

所以，朋友们，生活中的每个细节都是不能忽略的。从那些细节中，我们可以看到失败的原因；从那些细节中，我们可以看到成功的关键。不要因细节而引起无法弥补的损失，而应该用细节成就完美的整体，来造就自己的成功。

领悟蝴蝶效应，从微小处识别人心

一只南美洲亚马孙河流域热带雨林中的蝴蝶，偶尔扇动几下翅膀，可能在两周后引起美国得克萨斯州的一场龙卷风。这就是美国麻省理工学院气象学家洛伦兹于1963年12月在华盛顿的美国科学促进会上的一次讲演中提出的著名的蝴蝶效应。

蝴蝶效应产生的原因在于：蝴蝶翅膀的运动，导致其身边的空气系统发生变化，并引起微弱气流的产生，而微弱气流的产生又会引起它四周空气或其他系统产生相应的变化，由此引起连锁反应，最终导致其他系统的极大变化。

这说明，事物发展的结果，对初始条件具有极为敏感的依赖性，初始条件的极小偏差，将会引起结果的极大差异。

蝴蝶效应之所以令人着迷、令人激动、发人深省，不但在于其大胆的想象力和迷人的美学色彩，更在于其深刻的科学内涵和内在的哲学魅力。

我们可以通过西方流传的一首民谣对此做形象的说明。这首民谣说：

丢失一个钉子，坏了一只蹄铁；

坏了一只蹄铁，折了一匹战马；

折了一匹战马，伤了一位骑士；

伤了一位骑士，输了一场战斗；

输了一场战斗，亡了一个帝国。

马蹄铁上一个钉子是否会丢失，本是初始条件的十分微小的变化，但其“长期”效应却是一个帝国存与亡的根本差别。这就是蝴蝶效应在军事和政治领域中的具体运用。有点不可思议，但是确实能够造成这样的恶果。

同时，蝴蝶效应也使我们有可能“慎之毫厘，得之千里”，以小的代价换得未来的巨大“福果”。

古埃及流传着这样一个故事：一个小伙子听说有人说他的坏话，就愤愤不平去找人打架，路上走得口渴了，便向路边小屋的主人要一杯水喝。主人热情好客，看他满头大汗，除了送水以外又递过来一条毛巾。他谢过主人走出屋外，主人又追出来送给他一把伞让他遮阳。

这个小伙子出门以后，心胸豁然开朗，只走了几步就转头回家了。为什么？因为对小屋主人的热情招待心里充满了感激，原来那充斥在他心中愤愤不平的想法被冲淡了，他不想为区区小事去拼命了。

可能连小屋的主人都没想到，一把小小的遮阳伞——一个看似微不足道的善举，居然避免了一场可能发生的打斗。

此外，一些小地方的准确把握会对交往有很好的促进作用。很多时候，在与人的交往过程中，我们的一句话、一个小动作，都能对他人有重大的影响，要么是让他打开心门，要么是从此关闭。

有一位中学生在她的QQ空间里写道：

“一天晚上，一个朋友拉我出去。我们并排坐在草坪上，十几分钟过去了，她一句话都没有说。从她的面部表情中，我看得出她遇到什么伤心的事情了。然后我轻轻抚着她的手，看着她的眼睛关切地说：‘你不会是拉我出来看月亮的吧。’瞬间她就破涕为笑，笑过之后大颗大颗的眼泪滴落下来。我只是静静地抱着她，任她在我怀里哭泣，我知道，她需要的不是说教、追问，而是一颗体味她的心。此刻，她的心向我敞开，而我也抓住了这颗心。自从那晚之后，我们的关系上升成了知己，以心读心的最好朋友。”

当对方经历了痛苦的事情，失落、沮丧、痛苦不堪时，我们并不需要多说什么，一个无言的拥抱，一个关切的眼神，一句“很难受吧”，都能引起他的共鸣，让他对你敞开心扉。

不修补一扇窗，就会有更多扇窗被砸烂

生活中有很多情景和现象值得我们深思：

早晨上班时，路口人流如织，等红灯的人们焦急地望着交通信号灯，终于有一个性急的小伙子等不及了，开始横穿马路。在这种情况下，如果交警或协警不制止这个愣头青，其他人就会像潮水一样紧跟其后，视红灯若无物。

在干净整洁的广场上，你不好意思随手丢弃纸屑或烟头，而是四处寻找垃圾箱。但如果是一地污物，满阶尘土，你会毫不犹豫地将烟头弹出一个漂亮的抛物线，任其跌落。

一面洁白的墙上，如果出现了第一个“办证”的涂鸦，在不能及时清除的情况下，这面墙很快就会长满“牛皮癣”。

环境既有约束力也有诱导性，个体的行为在无约束的情况下，会引起多米诺骨牌效应，犹如蚁穴不填实，会造成大堤溃决。

犯罪学家凯琳曾注意到一个问题：在她上班的路旁，有一座非常漂亮的大楼。有一天，她注意到楼上有一扇窗子的玻璃被打破了，那扇破窗与整座大楼的整洁美丽极不协调，显得格外刺眼。又过了一段时间，她惊奇地发现：那扇破窗不但没得到及时的维修，反而又增加了几个带烂玻璃的窗子……这一发现使她的心中忽有所悟：如果有人打坏了一个建筑物的窗户玻璃，而这扇窗户又得不到及时维修，别人就可能受到某些暗示性的纵容去打烂更多玻璃。久而久之，这些破窗户就给人造成一种无序的感觉。其结果：在这种麻木不仁的氛围中，犯罪就会滋生。这就是凯琳著名的“破窗理论”。

换句话说，当我们置身于一个异常优雅整洁、地面非常干净的环境中的时候，环境的优美就会给我们一种不自觉的提示：这里不能随地吐痰，不能随手乱丢纸屑果壳。但是，如果有人丢了废纸，且没有人来及时清扫掉的话，对于其他人可就能会产生一种暗示：原来这里是可以丢废纸的，丢得愈多对后来者来说就愈有一种纵容感。接下来的事情就可想而知，可以说这里很快就会成为一个大垃圾箱。其实，人的心灵就如一座整洁美丽的大楼，如果当初有了一扇窗子的玻璃破了得不到及时的维修，那么久而久之，这座大楼就有可能变得千疮百孔……

“破窗理论”给我们的启示是：环境具有强烈的暗示性和诱导性，必须及时修好第一个被打破玻璃的窗户。千万不要因为我们个人的粗鲁、野蛮和低俗行为而形成“破窗效应”，进而给别人带来无序和失去规范的感觉。从这个意义上说，我们平时一直强调的“从我做起，从身边做起”，就不仅仅是一个空洞的口号，它决定了我们自身的一言一行对环境造成什么样的影响。

遇到问题要及时矫正和补救，能避免发生更大的问题

上一节我们提到的“破窗理论”，体现的是细节对人的心理的操纵效果，以及细节对事件结果不容小视的重要作用。所以，为了防止“破窗效应”，我们应该及时矫正和补救正在发生的问题，以避免引起更大的损失。

纽约市交通警察局长布拉顿受到“破窗理论”的启发，在给《法律与政策》

杂志写的一篇文章中谈道：“地铁无序和地铁犯罪在（20世纪）80年代后期开始蔓延。那些长期逃票的、违反交通规则的、无家可归而骂街的、站台上非法推销的、墙壁上涂鸦的……所有这些加在一起，使得整个地铁里弥漫着一种无序的空气。我相信，这种无序就是不断上升的抢劫犯罪率的一个关键动因。因为那些偶然性的犯罪，包括一些躁动的青少年，把地铁看成完全可以为所欲为、无法无天的场所。”

布拉顿采取的措施是号召所有的交警认真推进有关“生活质量”的法律，他以“破窗理论”为师，虽然地铁站的重大刑案不断增加，他却全力打击逃票。结果发现，每7名逃票嫌疑犯中，就有一名是通缉犯；每20名逃票嫌疑犯中，就有一名携带武器。结果，从抓逃票开始，地铁站的犯罪率竟然开始下降，治安大幅好转。

1994年1月，布拉顿被任命为纽约市的警察局长，就是因为他对“破窗理论”的出色阐释。而布拉顿开始把这一理论推广到纽约的每一条街道、每一个角落。他指出，这些小奸小恶正是暴力犯罪的引爆点。结果，针对这些看起来微小，却有象征意义的犯罪行动大力整顿，带来很大的效果。

正所谓防微杜渐，及时修复被打碎的第一块玻璃，将改变周遭所有人的心理。

英国有一家规模不大的公司，极少开除员工。有一天，资深车工卡特在切割台上工作了一会儿，就把切割刀前的防护挡板卸下放在一旁。没有防护挡板，虽然埋下了安全隐患，但收取加工零件会更方便、快捷一些，这样卡特就可以赶在中午休息之前完成三分之二的零件了。

不巧的是，卡特的举动被主管怀特逮了个正着。怀特大怒，令他立即装上防护挡板，并声称要将卡特一整天的工作作废。

次日一上班，卡特就被通知去见老板。老板说：“你是老员工，应该比任何人都明白安全对于公司多重要。你今天少完成了零件，少实现了利润，公司可以在别的时间把它们补起来，可你一旦发生事故、失去健康乃至生命，那是公司永远都补偿不起的……”

离开公司时，卡特流泪了——他在这里工作的几年间，有过风光，也有过不尽如人意的地方，但公司从来没对他说过不行，可这一次，碰到的是触及公司灵魂的东西。

在实际工作中，管理者必须高度警觉那些看起来是个别的、轻微的，但触犯了公司核心价值的“小的过错”，并坚持严格依法管理。不仅要及时修复“破窗”，更要严厉惩治“破窗”，即那些违反纪律的人。

不要让坏习惯滋生

由于人性中的惰性，养成一个好习惯也比形成一个坏习惯要费力。好习惯需要长时间一点一滴地积累，而破坏一个好不容易养成的好习惯往往瞬间即可完成。借用纪晓岚对联中的话，坏毛病“如秋草芟难尽”，好习惯“似春冰积不高”。

一旦个人放松了对坏习惯的控制，无形中就会像破窗理论所描述的情景般，身体里越来越多的坏习惯就会滋生出来，到最后完全失去了控制，个人也就走向了穷途末路。真有这么严重的后果吗？

人们稍微不注意所养成的一个坏习惯，会不断在身体内或思想上扩大影响，让负面的影响越来越大，最终无法收场。

比如抽烟这个习惯，一旦你养成了，在一段时间里或许对你的身体没有任何明显的影响，但随之而来的，你可能因此而患上各种疾病，这些疾病包括：支气管炎、鼻炎、肥胖症、糖尿病、高血脂、癌症，等等。随着时间的推移，疾病由小问题变成大问题，当你患上癌症之后，后悔已来不及。

明白这个道理之后，我们就要努力让自己习惯上的“窗户”保持完整，时刻提醒自己，不要让自己轻易养成一个坏习惯，从而陷入关于习惯的“破窗理论”的操纵之中。

另外，如果你已经养成了一个坏的习惯，那么你要在这个坏习惯进一步扩张之前，努力改掉它。正如著名的石油大亨保罗·盖蒂所说：好的习惯让人立于不败之地，坏的习惯则让人从成功的宝座上跌下来。

企业家劳伦斯的一次特殊的经历，也许能为你改掉已养成的坏习惯带来一些动力。

有一段时期，劳伦斯抽烟抽得很凶，每天早上都咳嗽得很厉害，但他就是戒不掉。

一天，他在去一个郊区度假的途中，到一个农户家投宿。连着坐了很长时间的车，劳伦斯实在是累极了。吃过晚饭之后，他就回到自己的房间里，很快就睡着了。凌晨两点钟左右，劳伦斯醒了过来。这时，他很想抽支烟，于是他就打开了灯，很自然地伸手去摸他一般都会放在床头的烟，但是没有。他下了床，到衣服的口袋里去找，也没有。于是他又在行李袋里找，结果他又一次失望了，摸出来的只有空空的烟盒。他知道在这个地方很少有卖香烟的商店，即使有也早就关门了。他想，这个时候把房间主人叫过来，实在是不合适。现在他唯一能得到香烟的方法就是穿好衣服，走到火车站去，但是那里距离这个地方足足有10公里的路程，更糟糕的是，外面还下着大雨，道路非常泥泞，自己的破雨衣实在抵挡不了外边的大雨。而且，附近也不可能有出租车。

想抽烟的欲望越来越强烈，最后，他下了床，穿好衣服，披上睡衣，下定决心要出去。就在他伸手推门的时候，他突然觉得，自己的行为是多么的荒唐可笑。自己是一个接受了高级教育的知识分子，一个成功的商人，一个认为自己有足够的智慧可以对别人下命令的人，居然在三更半夜要离开舒适的旅馆，冒着大雨走上好几条街去买香烟。他不觉笑了起来，笑自己好傻。

劳伦斯也是生平第一次注意到，自己养成了一个多么坏的习惯，这个坏习惯对自己没有任何的好处，只会令自己失去极大的舒适与快乐。很快他就做出了一个决定，他走到桌子旁边，把那个空烟盒揉成一团从窗户那里扔了出去，然后重新换上睡衣，回到舒服的床上。心里怀着一种解脱，甚至是一种胜利的感觉，关上灯，合上了眼睛。他觉得自己从没有这么舒适地睡过一次觉。自从那个晚上之后，劳伦斯再也没抽过一根烟，也没有想过要继续抽烟。

劳伦斯说，他并不是想用这件事来指责那些有抽烟习惯的人，但是他经常回忆起那天晚上的情形，他只是为了表示，其实一些事情不是非做不可，那只是一种习惯，完全可以丢掉。

如果一个人经常做一件事的话，就很容易形成习惯，而习惯的力量是难以抗拒的。但是不要忘了，我们人类自身还有一种潜藏的缓冲能力，它同样不容小觑。那就是——既然人有可能养成一种习惯，那他肯定也有能力去改掉这种习惯！

所以，为了保持我们身心的健康，请把已经打破的那一扇或几扇窗户补上，亡羊补牢，尤为未晚。想要不被坏习惯所操纵，就要真正操纵我们的意志。

第 7 章 做到这些，喜欢你的人就会多起来

从对方的心理需求着手

美国著名心理学家马斯洛说，人的需要由低级向高级分为五个层次：生理的需要，安全的需要，从属和爱的需要，尊重的需要，自我实现的需要。将这些需要应用于交谈，要求你善于体察人心，了解对方最迫切的需求，有的放矢，并采用适当的方式予以激发和满足，使之产生所要求的行为。

窃国大盗袁世凯窃取中华民国临时大总统的权力后，每天做着皇帝梦。一天，袁世凯正在午睡，一位侍婢按时端来参汤，准备供袁世凯醒后进补。谁知这位侍婢进门时不慎，将手中珍贵的羊脂玉碗打翻在地，化为碎片。玉碗的破碎声惊醒了袁世凯，他一见自己心爱的羊脂玉碗被打得粉碎，气得脸色发紫，大声吼道："今天俺非要你的贱命不可！"

在这生死存亡的时刻，侍婢连忙跪着哭诉："这不是小人之过，侍婢有下情不敢上达。"

袁世凯大骂道："快说快说，看你死到临头，还编什么鬼话。"

侍婢哭着回答："小人端参汤进来时，看见床上躺的不是大总统。"

"混账东西，"袁世凯更加怒不可遏，"床上不是俺，能是啥？"

"小人不敢说，怕人哪！"侍婢哭声更大了。

袁世凯气得陡然立起，咬牙切齿地说："你再不说，瞧俺不杀了你！"

"我说，我说，床上，床上……床上躺着一条五爪大金龙！我一见，吓得跌倒在地……"

袁世凯一听，心中不由一阵狂喜，以为自己是真龙转世，真是要登上梦寐以求的皇帝宝座了。袁世凯怒气全消，情不自禁地拿出厚厚的一沓钞票为侍婢压惊。

侍婢终日侍奉袁世凯，对他梦想当皇帝的心理当然体察入微。当宝碗玉碎、生死攸关之际，侍婢情急生智，顺口编出“五爪金龙惊落玉碗”。这正好“印证”了袁世凯的美梦——真龙转世，满足了他的心理需求，使袁世凯化盛怒为狂喜。侍婢不但捡回了小命，还得到了“皇恩”。

战国之际，在楚宣王执政时，楚国实力强盛，邻国都不敢和楚国作对。楚宣王听说中原各诸侯国都很畏惧大将昭奚恤，心里不是滋味，于是问众大臣：“各诸侯国如此畏惧昭奚恤，他实际上怎么样？”群臣听后都默不作声，不知怎样回答才好。

这时一位叫江一的大臣站出来说：“我还是先讲一个故事：饥饿的老虎出来找食物，抓到一只狐狸。狐狸对老虎说：‘你不能吃我，天帝派我来做百兽之王，你要是吃掉我，就是违背了天帝的旨意。如果你不相信，我可以走在你前面，你在我后面跟着，看是不是百兽见了我都害怕。’老虎相信了狐狸的话，跟着它走，果然不管是什么野兽见了它们走来都吓跑了。老虎并不知道野兽们是由于害怕自己而逃跑的，还以为是害怕狐狸哩！”

江一讲完这个故事后接着说：“如今国王有土地千里，军队一百万，而把军权交给昭奚恤，所以各诸侯国就惧怕他了。其实，他们是怕国王的军队，好比百兽害怕老虎一样。”

楚宣王听说各诸侯国害怕的是昭奚恤，而不是他自己，心里自然不是滋味。君王妒臣，难免有性命之忧。江一站出来以故事相喻，指出昭奚恤不过是狐假虎威，借用君王的威风罢了，使楚宣王释然。

这就是掌握了对方需要的重要性。攻心也是如此，只要满足了他的心理需要，就没有不能成功的。

表达出你的喜爱之情

心理学家说，在实际生活中没有人是完全自信的，因此大多数人都特别需要别人对自己的肯定。

一天，妻子请她的丈夫讲出自己的六个缺点，以便成为更好的妻子。他想了想说："让我想一想，明天早晨再告诉你。"第二天一大早，他来到鲜花店，请花店给妻子送六朵玫瑰，并附上一个纸条："我实在想不出你需要改变的六个缺点，我就爱你现在这个样子。"当他晚上回到家时，妻子站在门口迎接他，她感动得几乎要流泪。

人大概都有一些自恋，也就是喜欢自己。这个世界上，你最爱的人是谁？恐怕大部分人都会回答是自己。人们都把自己当成世界的中心，将自己作为衡量一切的标准。

这是符合人的自我中心的本性的。如果别人喜欢我们，就比较容易赢得我们的喜欢，而不管他客观上是怎样的人。

看看你身边的人，你想过你喜欢的人通常具有哪些特征吗？你喜欢他们，是因为他们漂亮，还是因为他们聪明？或者是因为他们有钱，有社会地位？

心理学的研究表明，我们通常喜欢的人，是那些也喜欢我们的人。他们不一定很漂亮，或很聪明，或者很有社会地位，仅仅是因为他们很喜欢我们，我们也就很喜欢他们。这个规律叫作相互吸引定律。

那么，我们为什么会喜欢那些喜欢我们的人呢？因为喜欢我们的人使我们体验到了愉快的情绪，一想起他们，就会想起和他们交往时所拥有的快乐，使我们一看到他们，自然就有了好心情。

而且，那些喜欢我们的人使我们受尊重的需要得到了满足。因为他人对自己的喜欢，是对自己的肯定、赏识，表明自己对他人或者对社会是有价值的。

这就是为什么很多人都会说："我宁愿选择喜欢我的人，也不要选择我喜欢的人。"人都是有惰性的，无休止地付出却得不到回报，对每个人来说，都是件极其痛苦的事情。而和喜欢自己的人在一起，就会感到非常轻松快乐，因为他时时刻刻都在用心地对待你，让你开心，把你放在心上，你会有一种被重视的感觉。

有些人很善于利用这个心理定律去赢得别人的好感。那就是，为了得到别人的认可，就表现出喜欢对方的样子。

比如推销员，他每天要面对许多从未谋面的人，他也许并不了解那些人，但是，他必须表现出对对方的喜欢，这是为了让对方也喜欢他、接受他，他的生意才好做。

可以说，这个规律在社交场中很具有实用价值，是赢得别人好感的捷径。你经常表现出对别人的兴趣，这就表明你对他有好感，就会很容易赢得他同样的情感回报。

回想一下我们自己，当别人表达出对我们的喜爱的时候，我们是不是会有一种莫名其妙的欣喜，会心花怒放？我们会不自觉地对他有着更深的印象，有着更好的感觉，甚至会不自觉地对他也产生好感？

这种心理规律，在某种程度上，也和人们的自信缺乏有关。一个人如果自我尊重程度较强，较为自信，那么别人表示出来的对他的喜欢和赞扬，对他的影响就不是很大，人际吸引的相互性原则对他的作用也就不是很大。

而那些具有较低自我尊重的人，往往不喜欢那些给他们有否定性评价的人，因为他们极不自信，所以特别需要别人的肯定，特别看重别人表达的对自己的喜欢。

有很多这样的情况，就是两个人的相互喜欢是由一个人对另一个人单方面喜欢开始的。比如一个女孩开始时对一个男孩并没有多少好感，但是这个男孩子表现出了对她特别喜欢的态度，久而久之，使这个女孩也对这个男孩动心了，最后接受了他的追求。

有一个小伙子固执地爱上了一个商人的女儿，但姑娘始终拒绝正眼看他，因为他是个古怪可笑的驼子。

这天，小伙子找到姑娘，鼓足勇气问："你相信姻缘天注定吗？"

姑娘眼睛盯着天花板答了一句："相信。"然后反问他："你相信吗？"

他回答："我听说，每个男孩出生之前，上帝便会告诉他，将来要娶的是哪一个女孩。我出生的时候，未来的新娘便已经配给我了。上帝还告诉我，我的新娘是个驼子。我当时向上帝恳求：‘上帝啊，一个驼背的妇女将是个悲剧，求你把驼背赐给我，再将美貌留给我的新娘。’”

当时姑娘看着小伙子的眼睛，并被内心深处的某些记忆搅乱了。她把手伸向他，之后成了他最挚爱的妻子。

大忌直接说“你错了”

没有几个人具有很强的逻辑性思考能力，我们多数人都具有武断、固执、嫉妒、猜忌、恐惧和傲慢等缺点，所以我们很难向别人承认自己错了。而且，一个人说错话或者做错事总是有原因的，所以我们即使明知自己错了，也会强调客观原因，认为错得有理。因此，当我们犯了错误时，并非意识不到犯了错误，只是顽固地不肯承认而已。同理，当你对别人说“你错了”时，也常常撞在他固执的墙上。

正如罗宾森教授在他的《下决心的过程》中所说：“我们有时会在毫无抗拒或被热情淹没的情形下改变自己的想法，但是如果有人说我们错了，反而会使我们迁怒对方，更加固执己见。我们会毫无根据地形成自己的想法，如果有人不同意我们的想法时，则会全心全意地维护我们的想法。显然不是那些想法对我们来说很珍贵，而是我们的自尊心受到了威胁……‘我的’这个简单的词，是做人处世关系中最重要的，妥善运用这两个字才是智慧之源。不论说‘我的’晚餐、‘我的’狗、‘我的’房子、‘我的’父亲、‘我的’国家还是说‘我的’上帝，都具备相同的力量。我们不但不喜欢说‘我的表不准’，或‘我的车太破旧’，也讨厌别人纠正我们的认识……我们愿意继续相信以往惯于相信的事，而如果所相信的事遭到了怀疑，我们就会找借口为自己的信念辩护。结果呢，多数我们所谓的推理，都变成了找借口来继续相信我们早已相信的事物。”

有一位先生请一位室内设计师为他的居所布置一些窗帘。当账单送来时，他大吃一惊，意识到在价钱上吃了很大的亏。

过了几天，一位朋友来看他，问起那些窗帘时，说：“什么？太过分了。

我看他占了你的便宜。”

这位先生却不肯承认自己做了一桩错误的交易，他辩解说：“一分钱一分货，贵有贵的价值，你不可能用便宜的价钱买到高品质又有艺术品位的东西……”

结果，他们为此事争论了一个下午，最后不欢而散。

当我们不愿承认自己错了的时候，大部分是情绪作用，跟事情本身已经没有太大的关系。当我们错的时候，也许会对自己承认。如果对方处理得很巧妙而且和善可亲，我们也会对别人承认，甚至以自己的坦白直率而自豪。但如果有人想把难以下咽的“食物”硬塞进我们的食道，那我们是绝不肯接受的。

既然我们自己是这种习性，那么就可以理解别人也具有同样的习性，因此不要把所谓的“正确”硬塞给他。

有一位汽车代理商在处理顾客的抱怨时常常冷酷无情，绝不肯承认是自己这方面的错误，总想证明问题的根源是由于顾客在某些方面犯了错误。结果，他每天陷于争吵和官司纠纷中，心情一天比一天坏，生意也大不如以前。

后来，他改变了处理客户抱怨的办法。当顾客投诉时，他首先说：“我们确实犯了不少错误，真是不好意思。关于您的车子，我们有什么做得不合理的地方，请您告诉我。”

这个办法很快使顾客解除武装，由情绪对抗变成理智协商，于是事情就容易解决了。如此一来，这位代理商就能轻松地处理每一起投诉，生意也越来越好。

当我们说对方错了的时候，对方的反应常会让我们头疼，而当我们承认自己也许错了时，就绝不会有这样的麻烦。这样做，不但会避免所有的争执，而且可以使对方跟你一样宽宏大度，承认他也可能弄错。

古埃及阿克图国王在一次酒宴中对他的儿子说：“圆滑一点，它可使你予取予求。”

不要对别人的错误过于敏感，不要执着于所谓正确的意见，不要轻易刺激任何人。如果你要使别人同意你，应当牢记的一句话就是：“尊重别人的意见，永远别说‘你错了’。”

抢先承认错误，才是明智的做法

曾任克林顿贴身幕僚的莫里斯，在其所著的书中有这样一段关于处理丑闻的话："当丑闻曝光，过去的经验显示，揭发该丑闻的记者往往已经储足弹药，部署好随后一连几天的攻势，以及情节铺排。他们和编辑会老谋深算地把有关丑闻的故事和桥段，分段包装，并逐日面世，使得丑闻情节每天都有新的发展，可以持续地炒作，以致不断升温。"

事实上，丑闻若被某家传媒独家揭发，当事人便要有心理准备：记者早已如"章回小说"般部署好接着几天的报道和有关情节。如果心存侥幸，企图以谎言掩盖真相，或者只是像"挤牙膏"般一点一点交代事实，便很容易坠入传媒的圈套里，被后者早已储好的弹药迎头痛击，"一巴掌又一巴掌"无情地刮过来。所以还是抢先承认错误，别给别人"演绎"的机会为上上之策。

《苹果日报》就是香港媒体中追击丑闻的个中高手。2000 年，立法会前议员程介南"以权谋私"丑闻揭发的第一天，《苹果日报》只是披露十分有限的证据，令程介南掉以轻心、心存侥幸，在当天的记者招待会中，企图把问题轻轻带过，并掩盖部分事实。不料该报的记者是有备而战，在会上套出了他为自己辩护的很多话，要他以个人诚信担保。到了第二天，该报才进一步披露更多资料，反驳及质疑他头天记者会为自己所做的辩护，令程再度回应，疲于奔命。这样一连几天重复这个游戏，使当事人心力交瘁，而诚信逐步破产，就如"花猫把玩老鼠"一样，不可谓不残忍。

类似做法，《苹果日报》早有"前科"，不过只是应用于"娱乐版"。当时是报道香港某著名电视男明星的太太发生了婚外情，待到夫妇俩一起"恩爱"地出来郑重否认之后，该报才于次日刊出其太太与第三者亲热的照片，令当事人吃了一记闷棍，被羞辱一番，亦令新闻更具炒作价值。

炒卖股票行业有个概念叫作"割肉"，就是叫你在股票价位跌到某条警戒线之后，必须一次性忍痛与赔钱的股票分手，以免愈陷愈深，最后掉入无底深渊。虽然会很痛，但"割肉"的好处是起码你知道自己会输掉多少。人的心里总存在一丝侥幸，赔钱时总希望好运明天会再度降临，但这样最后往往会输掉更多。

应付丑闻的道理也是一样，也需要“割肉”。杜绝心存侥幸，一次性说出事情的所有真相，虽然也会很痛，但总胜过往后与丑闻和传媒拉拉扯扯，每天诚惶诚恐，不知道明天真相是否会被进一步揭发，戳破自己的谎言和掩饰，无论在自我心理还是公众印象上，不断被扣分，最后赔上个人的诚信。如果你“割肉”，就不会让前述传媒章回小说般的圈套有机可乘。

一个最佳案例便是2003年香港财政司时任司长梁锦松“偷步买车”事件。梁锦松涉嫌在自己制定的财政预算案公布汽车加税前“偷步买车”。丑闻曝光的当天，他只是轻描淡写地说买车是预备太太伏明霞产下婴儿后的家庭需要，而且是1月买车，2月才决定加税。他还承诺，把牵涉的税务差价的两倍（10万港元）捐给慈善机构，以显示没有贪图小便宜之心。

但事件曝光后的第二天，某车行高层早上致电香港商业电台《烽烟》栏目，质疑有关型号汽车牵涉税款差价应不止5万港元。梁锦松的新闻秘书这才在晚上做出澄清，说差价是19万港元，并由梁锦松改为捐出38万港元。到了第三天，又有车行职员致电同一节目，说早在1月梁锦松曾经到其车行问价，当时他曾打趣梁锦松，问政府是否会对汽车加税，言下之意是说梁锦松没有理由自始至终对涉嫌“偷步买车”毫不警觉。

同日又有报纸报道，有官员向该报承认，政府“预算案策略小组”曾分别于前一年10月及当年2月讨论过调整汽车首次登记税事宜，梁锦松最初提出的“1月买车，2月才决定加税”的说法再次被人质疑。

后来又有报纸报道，说另一被问责的高官杨永强，在财政预算案公布前数小时的政府高层会议中间得悉预算案建议增加汽车首次登记税，曾即时申报自己订购了新车，而同一场合梁保持缄默。这个消息顿时令事件变成了一场政治风暴。

在整个事件中，梁锦松就是如此这般被动地因应形势发展及新曝光的事实，一点一点“挤牙膏”般交代，公众遂觉得他只是形势所逼被迫就范，而非真心诚意交代。他的诚信遂逐步丧失，到事件后期再没有多少人相信他的话了。如果他从一开始便当机立断，断然“割肉”，选择一次性和盘交代整件事的真相，伤害一定会减低很多。

再举另一例。香港曾发生过几位地区议员涉嫌北上寻欢事件。当时这些议员到广东某地考察，却被杂志记者追踪拍摄到他们与数位美艳女郎举止亲昵的照片，并指控他们北上寻欢，但该期杂志里缺乏进一步的真凭实据支持这些指控。起先几位议员都坚决做出否认，反驳该杂志妄加猜想。但因为事件牵涉到民建联两位议员，该党高层在该期杂志刊出有关丑闻后，立即召开紧急会议，施压促使两人发生180度转变，坦白招认，并向公众郑重道歉。

该党一位高层谈及此事，他解释说他们当时的对策十分简单，就是一定要断然“割肉”，宁愿牺牲两人，也不能冒险帮他们“死撑”下去，否则随时会株连更多人，甚至赔上整个党的诚信。该高层说：我们怎么知道杂志有没有留更多更具爆炸性的照片或者证据（比如采访那些艳女等）扣而不发，待你信誓旦旦坚决否认后，才在下一期杂志进一步曝光和炒作！那样我们党只会被株连，输得更惨，赔上的不再是个别党员的私德，而是整个党的诚信。

及时“割肉”，抢先承认错误，别给别人“演绎”的机会，这才是明智的做法。

想得到尊重，就尽可能地尊重他人

人都是有自尊的，都渴望获得他人的尊重。大到在社会阶层中，小到在一个团队中，人与人之间只有收入高低、分工不同的区别，但绝对没有人格的贵贱之分。扪心自问，我需要别人的理解和尊重吗？当然需要。同样，这也正是别人都需要的，聪明的人是最能理解和尊重别人的。

有位企业老板一次批评他的女秘书：“你这件衣服很漂亮，你真是一个迷人的小姐。只是我希望你打印文件时注意一下标点符号，让你打的文件像你一样可爱。”女秘书对这次批评印象非常深刻，从此之后打印文件很少出错。

这位老板算得上是一位聪明的人了，说话如此委婉、客气，是好修养、好气度的体现。假如他换一种盛气凌人的口吻呵斥：“你怎么工作的？连标点符号都搞不清楚，亏你还是大学生呢？”只能让下属委屈，反而达不到纠正对方错误的目的。

有人说的话，立足点和出发点本来是不错的，但由于说话时不尊重对方，因而导致无谓的误解和争端。

人的心灵就像花朵，开放时会承受柔润的露珠；闭合时会抵御狂风暴雨。每当我们在规劝别人时，实际上就是让他的心灵开放。但是，被规劝的人往往会用闭合的姿态来抵御我们的语言，因为他并不知道我们送的是雨露，而只是知道要努力保护他的自尊心。所以，要想不损伤别人的自尊心，尊重别人是至关重要的一点。

一般来讲，我们规劝别人很容易使自己站在比别人高的位置上。而本质上，也确实比别人高，因为你的观点比别人的观点正确，这才能劝人；如果觉得比别人低，那就表明你观点不正确，或者对自己的观点不自信，那还能去劝什么人呢？因此，劝人的人实际上的位置应该是高的，但这种高，在劝人时是不能表现出来的，只能摆在和被劝人平等的位置上，这不是虚伪，而是方法上的需要。只有当被劝人觉得你尊重他了，设身处地地在为他着想，他才能认真考虑你说的话，才能把心扉打开，才有可能被你说服。相反，你自恃自己有理，说得对，把位置摆得高高在上，甚至不注意语言的表达方式，一派批评人的口气，势必引起被批评人的反感，因为你没有尊重他，他会想出各种办法来对付你，使你不但没有达到规劝的目的，还生一肚子气。如果他迫于某种压力或其他因素，而屈服于你的批评，口头上也许承认自己错了，内心深处还是不会听你的。

有一个老师在课堂上提问学生的例子。

老师：请张丽同学回答问题。

张丽：我不回答你！

老师：张丽同学，你既然不回答我的问题，必定有原因。你能告诉我是什么原因吗？既然你不肯说明，那让我分析一下：是不是我有什么地方做得不好，不能为人师表，不能让同学们信服，甚至玷污了人民教师的光荣称号，才使你这样呢？

张丽：老师，没有，没有的事。

老师：既然我还称职，我想你也不是有意让我难堪。那么，让我猜测一下你是怎么想的吧。我认为，不外有三种情况：第一，可能是我的启发式教学搞得不得当，问题提得过于浅薄，引不起你的兴趣，你不屑于回答，是这样吗？

张丽：不，不是。

老师：第二，是你能回答这个问题，但不想回答。如果是这样，你现在回答也不迟。

张丽：我……我……

老师：第三种情况可能是你不会回答，但又碍于情面，不肯承认自己不会回答的现实，忽然一时糊涂，想以强硬的态度搪塞过去。但我为什么要这样认真呢？我实在不愿看到你交不上答卷呀！

张丽：老师，您，您别说了……请告诉我这个问题该怎么回答……

这位老师尊重自己的学生，并心平气和地耐心引导，消除了学生反感的情绪，使学生终于打开心扉。

试想如果这位老师居高临下，不管青红皂白，一通批评，学生的抵触情绪会更大，不会轻易地认错的。因为她失了面子，老师势必也难达到规劝的目的，甚至可能连课也没法往下上了。

增加见面的次数，关系会变好

现在社会上有很多包二奶、包三奶、包四奶……的现象，男人们好像永远都是见一个爱一个。新欢总比旧人吃香，自古至今，都是如此。正所谓："只见新人笑，哪闻旧人哭。"喜新厌旧、见异思迁，是人的天性使然。

心理学家查荣茨做过这样一个实验：先向被试者出示一些照片，有的出现了20多次，有的出现了10多次，有的只出现了一两次，然后请被试者评价对照片的喜爱程度。结果发现，被试者更喜欢那些看过很多次的熟悉照片，而非那些只看过几次的新鲜照片，也就是说，看的次数增加了喜欢的程度。

这种对越熟悉的东西就越喜欢的现象，心理学上称为"多看效应"。

人的心既坚强又柔弱，是一个很奇妙的存在体。有些感情因素，比如喜欢，会在不知不觉的接触中产生。接触频率越高，或者说见面次数越多，就会越喜欢。

有位社会心理学家为了证明这个效应，曾做过一个实验。在一所大学的女生宿舍楼里，他随机找了几个寝室，发给其不同口味的饮料，然后要求这几个寝室的女生，可以以品尝饮料为理由，在这些寝室间互相走动，但见面时不得交谈。一段时间后，心理学家评价她们之间熟悉和喜欢的程度。结果发现：见面的次数越多，相互喜欢的程度就越大；见面的次数很少或根本没有，相互喜欢的程度也较低。

仔细回想一下，我们对有些人的印象一般，但是经常接触的人，是不是会越看越顺眼，甚至会越来越喜欢？

有些人我们第一次可能会觉得她不漂亮、不温柔，不是自己喜欢的类型。但是天天见，时间长了，是不是也会越看越觉得她很漂亮、很可爱呢？

聪聪、小华和明明三个人在高中念同一个班，彼此都是很好的朋友。但是高考之后，聪聪和小华考在了同一所大学读书，而明明则考到了另一座城市的一所大学里上学。聪聪和小华几乎每个星期都会碰面四五次，有时是相约一起出去玩，有时是一起吃个饭，有时是在校园巧遇。明明在新学校也结识了许多自己的新朋友，和聪聪、小华则是只在寒暑假才在家乡见面，一起开心地玩几天。结果很显然，尽管他们三人还是好朋友，但是不知不觉中，聪聪和小华的关系更加亲密，而两人与明明则有些莫名其妙的生疏。

可见，若想增强人际吸引，就要留心提高自己在别人面前的熟悉度。

当一个男生喜欢一个女生的时候，就可能时不时地故意制造见面的机会。假如她经常去某个教室上自习，你就故意也在那个时间点去那个教室上自习，“嗨，这么巧，你也来这上自习呀”，并想尽办法坐得离她近点儿。

试想，你每天都这样见到她，在她旁边学习，就有机会了，所谓“近水楼台先得月”。你再时不时地和她探讨下问题，送她回寝室。她会对你的印象越来越深，很可能会不知不觉地就喜欢上你。

假如想得到领导的重视和赏识，你就有必要经常向领导汇报工作。工作一开始，就要汇报；工作进行到一定阶段，要按时汇报；进行到一定程度，要及时汇报；工作完成，要立即汇报。这样，经常性地汇报，与领导接触的机会就多了，见面的次数也多了，让领导了解你的机会也多了。与领导越熟悉，领导越有可能喜欢你，这样，提拔你的可能性就大了。成不成，先混个脸儿熟，机会总要大些。

如果我们想与某人建立良好的关系，就不妨多找机会和他见面。

对别人表示关心，能赢得友情

不需要怀疑，人最关注的就是自己。所以，你要对别人表示关心。

有家餐厅，适逢餐厅员工下班，有位服务员推自行车时，不小心摔了一下，只见经理快速起身跑了过去，扶起那位服务员，关切地问："摔伤了吗？要不要去医院看看？"服务员回答："不用。""你看腿都摔破皮了，去搽点药，歇歇再走吧。"经理小心地扶着她回到餐厅，然后就去找药，找到药后，又亲手替服务员擦上，还对她说如果不舒服，下午就不用来上班了，工资照发。那位服务员连声说："不用，不用。"可以肯定，这种做法比发几百元奖金更能赢得这位服务员对工作的热爱。

对小事的处理能反映一个人的素质。公司上班大家相互见面打个招呼，问一声："身体完全好了没有？要不要再多休息几天？"或者："家里的事解决了吗？要不要帮忙？"这种简短的问话，能温暖人心。你心里关怀别人，但不说出来，别人又怎能知道？即使有些极端自私的人表面表现出一些关切和问候，在一定程度上也能打动人心。

有些人和同事、熟人、朋友许久没见面了，但见了面之后，却仍然还像平时一样，一点也不激动，这样岂不令人伤心。试想如果你许久没上班，上班后别人见到你没有任何特别的表示，你心里一定会有这种感觉：我这么久没来上班原来他们还不知道，我在他们眼里太不重要了。既然你有这样的感觉，别人也一样。下次你遇见许久没见的朋友时，别忘了用惊讶、亲热的语气表达你的问候："好久没见你了，干什么去了？""好久没见了，真有些想你。"

关心别人，意味着被他的兴趣所吸引，为他的高兴而高兴，因他的担忧而担忧。一个人只要真心地关心别人，必将赢得真正的友情，必将在需要帮助的时候获得他人毫不犹豫的帮助。

自制力是你的力量之源

某个政党有位刚刚崭露头角的候选人，被人引荐到一位资深的政界要人那里，他希望这位政界要人能告诉他一些如何多获得选票以及如何能在政治上取得成功的经验。

但这位政界要人提出了一个条件，他说："你每次打断我说话，就得付5美元。"

候选人说："好的，没问题。现在，马上可以开始。"

"很好。第一条是，对你听到的对自己的诋毁或者污蔑，一定不要感到愤恨。随时都要注意这一点。"

"噢，我能做到。不管人们说我什么，我都不会生气。我对别人的话毫不在意。"

"很好，这就是我的经验的第一条。但是，坦白地说，我是不愿意让你这样一个不道德的流氓当选的……"

"先生，你怎么能……"

"请付5美元。"

"哦，啊！这只是一个教训，对不对？"

"哦，是的，这是一个教训。但是，实际上也是我的看法……"

"你怎么能这么说……"

"请付5美元。"

"哦！啊！"候选人气急败坏地说，"这又是一个教训。你的10美元赚得也太容易了。"

"没错，10美元。你是否先付清钱，然后我们再继续？因为，谁都知道，你有不讲信用的赖账的'美名'……"

"你这个可恶的家伙！"

"请付5美元。"

"啊！又一个教训。噢，我最好试着控制自己。"

"好，我收回前面的话，当然，我的意思并不是这样。我认为你是一个值得尊敬的人物，因为考虑到你低贱的家庭出身，又有那样一个声名狼藉的父亲……"

"你才是个声名狼藉的恶棍！"

"请付5美元。"

这是这个年轻人学会自我克制的第一课，他为此付出了高昂的学费。

然后，那个政界要人说："现在，就不是5美元的问题了。你要记住，你每一次发火或者你为自己所受的侮辱而生气时，至少会因此而失去一张选票。对你来说，选票可比银行的钞票值钱得多。"

因此要想使自己成为一个优秀的人，就必须自我克制，克制自己的情绪，克制自己的欲望，要懂得忍耐。能做到忍常人之所不能忍，则必有一番大作为。

心理学家萨勒做过这样一个糖果实验，他对一群都是4岁的孩子说："桌上放两块糖，如果你能坚持20分钟，等我买完东西回来，这两块糖就都给你。但你若不能等这么长时间，就只能得一块，现在就能拿走。"

这对4岁的孩子来说，很难选择——孩子都想得到两块糖，但又不想为此煎熬20分钟；而要想马上吃到嘴，又只能吃一块。

实验结果：2/3的孩子选择宁愿等20分钟的两块糖。当然，他们很难控制自己的欲望，不少孩子只好把眼睛闭起来傻等，以防受到糖的诱惑；或者用双手抱头，不看糖；或者唱歌，跳舞。还有的孩子干脆躺下来睡觉——为了熬过20分钟。

1/3的孩子选择现在就吃一块糖。萨勒一走，一秒钟内他们就把糖塞进嘴里了。

经过12年的追踪，凡是熬过20分钟的孩子（已经16岁了），都有较强的自制能力和自我肯定的心态，充满信心，处理问题的能力强，坚强，乐于接受挑战。

而选择吃一块糖的孩子，则表现出犹豫不定，多疑，嫉妒，神经质，好惹是非，任性，顶不住挫折，自尊心易受伤害。

人的本性中，就有各种欲望欲求，七情六欲是人性之根，喜怒哀乐也是人之常态。人总是好美恶丑、喜新厌旧的，别人的侮辱总是让你愤怒。一个不能克制自己的欲望、控制自己情感的人，只能在平凡和琐碎中度过此生。

凡是有大作为的人，都是具有很强的自制、忍耐力的人。唯有那些为了自己的远大目标，坚定不移地努力下去，能够抵御声色犬马的诱惑，喜怒不露于外，经得起空虚寂寞，懂得隐忍的人，才能有大作为。

春秋时期，吴国和越国发生了战争。越国被打败，越国国君勾践没有自杀，而是愿意做吴国国君夫差的奴隶，因为他有一个坚定的信念：不能死，一定要活着，才有机会复国，打败吴国，收复河山。

在吴国他住草棚，像马一样被夫差使唤，经常受到各种侮辱和虐待。他也愤怒、恼恨，但十年的奴隶生活，他都忍了下来，终于博得了夫差的信任，被释放回到越国。

虽然当时的越国已经是吴国的藩属和附庸，但是勾践毕竟还是一国之君，瘦死的骆驼比马大，他还是能有着比常人好得多的生活。

但是，他没有进行任何享受。他克制住自己对吃喝玩乐、美女宝马的欲望追求，在坐卧的地方吊了个苦胆，每天夜里躺在柴草上面对苦胆，每次吃饭时都尝尝，以此来鞭策激励自己。

就这样勾践又苦心隐忍，和臣民同甘共苦，经过十年的发展生产，积聚力量，又经过十年练兵，终于在公元前473年打败夫差，灭掉了吴国。

为了心中的目标，忍辱负重，克制自己的欲望，二十年的艰辛，终于得偿所愿。

汉初名将韩信年轻时家境贫穷，他本人既不会溜须拍马，无法从政做官，又不会投机取巧，难以买卖经商，整天只顾研读兵书，最后，一天两顿饭也没有着落，他只好背上家传宝剑，沿街乞讨。

有个财大气粗的屠夫看不起韩信这副寒酸迂腐的书生相，故意当众奚落他说：“你虽然长得人高马大，又好佩刀带剑，但不过是个胆小鬼罢了。你要是不怕死，就一剑捅了我；要是怕死，就从我裤裆底下钻过去。”说罢双腿叉开，立了个马步。众人一哄而上，且看韩信如何动作。

韩信认真地打量着屠夫，想了一想，竟然弯腰趴地，从屠夫裤裆下面钻了过去。街上的人顿时哄然大笑，都说韩信是个胆小鬼。

韩信忍气吞声，闭门苦读。几年后，各地爆发反抗秦王朝统治的大起义，韩信应时而起，仗剑从军，驰骋天下，威名远扬。

韩信忍胯下之辱而图盖世功业，成为千秋佳话。假如他当初争一时之气，一剑刺死那个羞辱他的屠夫，按法律处置，则无异于以盖世将才之命抵偿无知狂徒之命。假如他当初图一时之快，与凌辱他的屠夫斗殴拼搏，也无异于弃鸿鹄之志而与燕雀论争。

韩信深明此理，宁愿忍辱负重，也不愿为争一时之短长而毁弃自己长远的前程。

这样的忍耐，不是屈服，而是于退让中另谋进取；不是逆来顺受、甘为人奴，而是委曲求全。一旦时机到了，他就能如水底潜龙冲腾而起，施展才干，创建功业。

辑三

情场心理学：让你爱的人也爱你的秘密武器

爱是人类的一种本能。没有人会认为爱情是无关紧要的，相反，人人都狂热地追寻爱情。悲欢离合的爱情电影人们百看不厌，百般缠绵的爱情歌曲人们总是传唱不绝。但爱情可不是件容易事。爱情需要用心呵护。无论对于男人还是对于女人，了解恋人的爱情观点和心理，以克服爱情的挫折，是一件非常重要的事情。很多时候，男人和女人都意识不到他们的感情需求是不同的，这也是造成爱情中的误解的重要原因。所以，如何给对方以爱，了解恋人需要什么样的爱，是增进和巩固男女爱情关系的有效秘方。恋爱不仅要付出真心，更要懂得用心，正所谓“心有灵犀一点通”，只有心灵互通，才能让爱情更加完美和谐。

场景：

有一位小伙子在参加散文大奖赛中获头等奖。

他把这个消息告诉心上人时，姑娘也兴奋地说：“那我祝贺你！”

“这样庆贺太没劲了，咱们搞个家宴，怎么样？”小伙子提议。

“可以呀！”姑娘说。

“可是我不会做菜，怎么办？”小伙子显得为难起来。

“我可以试试呀！”姑娘毛遂自荐。

“那敢情好，我如果能经常吃到你做的菜，那该多好啊！”小伙子说。

“只要你不嫌我做得蹩脚，我答应你就是了！”小伙子用奖品做话题，以做饭为主线，绕了一个大圈子，终于巧妙地将彼此的谈话导入表情达意的“正常轨道”，仿佛是在不经意间，就敲定了一桩婚姻。

第8章
让心仪男神如痴如醉的攻心术

识破男人的“花言巧语”

男人的花言巧语当然是说给女孩听的。免疫力不强的女孩，男人一通告白就感动得稀里哗啦，立即要一生相报，这真是愚蠢至极的傻女孩。聪明女孩就要提高自己对男人花言巧语的免疫力，这样才能笑傲情场，做最后的笑美人，气死那些居心不良的男人！

男人的花言巧语可以分两个阶段：一个是少不更事的新鲜人阶段；一个是久经沙场的老练客阶段。

纯情少年的花言巧语多是在20岁前，一场初恋，“惊心动魄”的爱语表白，于是轻易把一个感情空白的笨女孩给唬住了，大有以一生相赠的冲动。说白了，那些天荒地老、磐石不移的“佳话”纯粹是一场作秀。两个人都要死，爱情哪里能够永生？你说爱情的精神永生，这大概也只有你自己相信，精神是什么东西？从没有人见过。爱便是爱，要实实在在，凡是那些没有踩着地面说话的男人，他的未来都是一种未知，他怎么能给你一种已知的承诺？

最可恶的莫过于那些玩弄感情的男人，他们久经情场，手法老到。他们深知女人的脾性和心理需要，可谓将花言巧语发挥得淋漓尽致。即便冰雪聪明的女孩也被他们“忽悠”得心动不已，于是坦然向他们伸出了手。殊不知，一伸手，已然中招。等到美女得手，他们也玩弄够了的时候，这些男人还会装出“可怜”的恶心面孔，说“我爱你，可是我们不能在一起，我们还是分手吧”，真是无耻卑劣之极。

男人就像一个天生猎手，为了将猎物捕到手中，于是“机关”用尽，世上的漂亮话说尽。“曾经有一段真挚的爱情放在我的面前，我没有珍惜。直到失去我才追悔莫及。如果上天再给我一次机会的话，我一定会对那个女孩说三个字——‘我爱你’。如果一定要给这个承诺加上一个期限的话，我希望是——‘一万年’。”多么经典的爱情表白，实在是男人“花言巧语”中的极品，事实上无数的男人已经拿这句话做QQ签名向心仪的女孩表达了！试问哪个女孩听了这样的话不心动呢？

为什么男人的花言巧语总能得逞？男人的话说得实在漂亮是一个原因，女人的爱听漂亮话更是一大原因。这就好比周瑜打黄盖，一个打得愿意，一个挨得欢喜。很多女孩不仅不理解男人的这种禀性，甚至还把男人的花言巧语当作真理的标准，多么天真！恋爱前迷情，恋爱后清醒，或是婚前骄傲，婚后自卑，这是不明就里的女人常犯的错误。

女孩一定要聪明，将男人的花言巧语各个击破，才能使自己免于受伤害。现实多么残酷，带着伤口生活，一生都会很累。聪明女孩要活得轻松，就必须识破男人的谎言，去结交一个真好男人，这样才能拥有真好命运。

男人多在什么时候设下花言巧语的陷阱呢？大概有三个阶段是他下套的时机：追求阶段，猎取阶段，猎后阶段。下面一一分析，恋爱中的女孩一定要看仔细：

1.男人在追求阶段的花言巧语

“我只喜欢你，你是我生命里的唯一。”“如果没有你，生命还有什么意义。”“拥有你，我今生别无他求。”“这一生我只牵你的手，因为有你已经足够。”……

这些话，女孩大概都不陌生，男人说出这种话，要么是无意的表达，要么就是有意作秀。毫无女性经验的男人可能是真心的，而对那些经验老到的男人就须当心。听到类似的话，男人的真诚并不可知，不要从这些话中找证明，要从“人”里找说法，人好便是好；人差，这种花言巧语只是用来骗你的手段而已。

2.男人在猎取阶段的花言巧语

“你知道什么是爱吗？爱是责任，我是一个男人，我会对你负责任。”“直白地说，你很漂亮，可是这并不是我爱你的原因，我更爱的是你的心。”……

男人在追求女人遭遇阻力时，多会采取两种办法，要么直接表白，要么欲擒故纵。一般男人都会采取直接表白的方式，而出色的男人则会采取欲擒故纵的聪明策略。

男人的直白到底是否诚恳，说实话很难辨别，要凭理性来判断。说这个话的男人如果对你有足够的了解，他可能对你是认真的；如果你们相识不过三天，他就向你大吐爱意，那么这“爱意”多半含着水分。

懂得欲擒故纵的男人一般都很自信，他们能不卑不亢地从女孩在意的教养上打动女孩，这也是那些让女孩着迷的“坏男人”常用的“伎俩”。

3．男人在目的达到后的花言巧语

“每天打电话并不代表着爱，不打电话也不能说明不爱。爱是相互的感觉，这点我心里有数。”“爱情当然很重要，但不是最重要的。要是我真的天天和你厮守，却天天饿肚子，你愿意吗？”……

当然，生活中也未见得所有男人说的这种话，都是对女人采取的手段，但有一点，只有在他不断用行动示爱的情况下，才能证明他对你更深的爱意。

善解男人的心意

男人喜欢什么样的女人，这也许是女人们私下里最热衷的话题了。一般女人认为，男人们喜欢的女人应该是漂亮、洁净、温柔、贤惠的。但是，男人心中最最渴望的其实是那种善解人意的女人。

有位聪明可爱的女士在和一位男士约会时，在男士请客购买电影票后主动买了美味的冷饮请男士品尝。这一举动赢得了男士的心。冷饮虽小，但透过一丝惬意的清凉感觉，男士感受到的是女孩聪明、体贴及善解人意的一面。这样的女孩谁不爱呢?

我们每个人都期望找一个完美的另一半，但事实证明，最后真正能找到幸福的永远是那些能善解人意，经得起时间考验的人，他们不见得一定都很美丽或富有，有的甚至很普通。人都不傻，当你不愿意付出，太现实或太注重结果时，你会发现幸福会和你擦身而过，会渐渐离你远去。“天上不会掉馅饼”这句话我们都太熟悉了，有所付出才会有所得，有时不经意的付出往往会带给我们丰厚的回报。

作为女人，千万不要忽视了道德，因为它是做人的根本。从小的地方做起，找寻幸福生活吧！你要是不漂亮，那你要有气质；你要是没气质，那你要温柔；你要是不温柔，那你得善解人意。

善解人意的女人是对人生已经有了一定的领悟。她知道躺在身边的这个男人虽然是她今生今世的至亲至爱，但这个男人作为一个个体，他那颗心在属于她的同时，更多的还是属于他自己；她知道，对于男人来说，外面的世界的确比家里要大得多；她还知道这个男人对她很爱恋，但男人对事业的追求还是胜过爱情。因此，善解人意的女人无论在什么时候都不会把男人当成私有财产，要男人对自己言听计从，不会在男人忙于工作时抱怨男人不顾家，也不会要求男人时时刻刻牵挂着自己。善解人意的女人知道好的男人就像是在高空中盘旋的鹰，只有当这鹰很累了想要休息的时候，才会回到女人身边，才会想起享受她的爱慕。

善解人意的女人知道男人既很刚强又很脆弱，而且，有的男人是把荣誉和脸皮看得比生命还重的。因此，善解人意的女人知道在男人的精神世界里有哪些禁区，她总是很小心地不去跨入那些禁区。假如有一天，两人因某些事情吵架了，善解人意的女人绝不会和男人斗气斗勇，绝不会像泼妇一样把男人打得像只斗败的公鸡。

男人们多数都是极具理性的，他们会对善解人意的女人心存感激。

不动声色地“耍诡计”

正值豆蔻年华的女孩怎可以没人爱？都说“恋爱中的女孩最美丽”，要想将自己美丽的潜质更充分地挖掘出来，恋爱绝对是一剂良药！但是真正的爱情可不是那么容易就能得到的，现实的爱情往往错综复杂。通常那个榆木疙瘩、铁石心肠的男孩，怎么也领会不到你的心意，而你因为女孩天性的矜持，也有所顾虑，难以启齿。

爱之深则思之切，你爱他，但是不知道怎样表达你的心意；你想他，但是不知道他是否同样想着你……彷徨、期待、矛盾，难道你可以做的只有等待？答案无疑是否定的，聪明的女孩对待爱情，也一样张弛有度、收放自如。当她爱上一个人的时候，不会食不甘味、睡不安寝；她不会让这件事占据大脑的全部位置；她更不会蠢到拿着一枝玫瑰花一边撕着花瓣一边反复念叨：他爱我，他不爱我……

这样做，无疑只会让你的思念更重，爱意更深，却于事无补。要知道，爱情是要讲计策的，不能因为丘比特的缺席而耽误爱情大计。

聪明的女孩不是完美的女孩，但一定是最快乐的女孩。那么，从现在开始让自己做一个聪明的女孩，在爱情中掌握快乐的秘诀，充分利用手中的资源，将自己认准的如意郎君一举拿下吧！

下面一些爱情小计策可以参考：

1.知己知彼，百战不殆

古人打仗，讲究知己知彼，唯有知己知彼，了解到对手的弱点，才能以此弱点为引爆点，从而一举将其突破。恋爱，也是同样的道理——熟知他有什么不为人知的癖好，有什么未了的心愿，然后就很简单了，就可以像守株待兔中的那个人一样，立根桩子，等这傻男人自己撞过来吧！“投其所好”是爱情中最常用的手段，但是也最实用。冬天来了，他经常冻得缩脖子，给他织条围巾，暖暖他的心，再瞧他的眼睛里是不是尽是你的影子了？

2.拉开距离，保持神秘

大凡男人，都有猎奇心理，你只有让他对你产生了浓厚的兴趣，他才会想要接近你。但是，这里有一个度的问题，若是你冷若冰霜给了他拒人千里之外的感觉，那么便适得其反，达不到预期的效果了。好比有雾的天，如果能见度太低，人们大多会选择等雾消散而不是冒雾强行，要是雾气只是一层透明的纱，人们就会自信满满、心情愉悦地在雾中穿行，这样在行进过程中会有隐匿的快感和大获全胜的成就感。

3.欲取之，必先予之

恋爱时，多是男人主动，然后女人有了反应，于是双双坠入爱河，在爱河里畅游尽欢。但是男人不主动，女人就该自己想点儿办法了，总不能坐等好男人成为他人夫吧？那么就做出点事情给他看吧，对他好点儿，而且刻意地表现出来，哪怕你什么都不说，每天给他递杯水，请他吃根棒棒糖，有什么好事都给他预留一份，不消两三天，再蠢的男人也知道你心里打的什么小九九了。这时，你的春光灿烂的好日子可能就来到了。

4.若即若离，欲擒故纵

聪明的女孩一定要将这个招数学会，这的确是让他对你着迷的最好方式。他搞不懂你在想什么，你就像雾里的水仙花一样，越有阻力，越有障碍，他就越想进一步接近你、了解你，然后爱上你，这其实便是顺应了男人的征服欲。聪明的女孩绝不能轻易地将自己交出去，给他点儿难度，满足他的成就感，这也能转换为他对你的忠诚度。

软硬兼施，让“猎物”无处可逃

对于女人，幸福并不是一场王子与公主的浪漫故事，也不是天天做河东狮吼状就能简单地把一切掌控在自己手中的电视剧情节。

聪明的女人都有一种明谋暗算、软硬兼施的天分，而只有这样才能让聪明女人的这种天分发挥到极致。这样的女人，出门时形象绝对是一丝不苟地娇艳；与人交谈，总是频频点头，微笑地看着对方的眼睛；个性而又动听的手机和弦铃声响起时，会礼貌地跟对方说抱歉。

何以“软硬兼施”的女人更加容易掌握幸福？因为她们知道从细节之处表现自己的冰雪聪慧，她们知道如何恰如其分地运用女人的小手腕，自然会得到比别人多一点点的幸福。

要想使得自己的“猎物”无处可逃，软硬兼施是首要条件。因为永远不会发脾气的女人就如同一杯白开水——解渴，却无味。但男人都喜欢温柔的女人，一味发脾气的女人，就是冰块儿了。女人要善于理解他，例如不要他一迟到，就冲他发脾气。男人有很多应酬，不得意的时候很多，要面子的时候更不少。你记住他的生日，好男人知道回报；你忘记他的生日，他向你发脾气，是因为他对你有所期待，他并不会要求一个陌生人记住他的生日。女人还要学会为爱松绑，保持若即若离的状态。

“二八佳人体似酥，腰间仗剑斩愚夫。虽然不见人头落，暗里叫君骨髓枯。”这出自《金瓶梅》的警世恒言的意思是说，别看漂亮女人玉体柔软如酥，但她的腰间却好像带着一把杀人的剑。然而，历史上那些可怜的男人们明知如此，却仍然对女色趋之若鹜，乐此不疲。因此使得那些有才有识的女子们不得不使用旷世绝招，来阻止丈夫的出轨。

对于这样的情况不少女子采取了强硬的办法。唐朝宰相房玄龄的夫人卢氏就是一个很好的例子。房玄龄晚年时，唐太宗多次赐美人予他，但总是被房玄龄拒绝。唐太宗便让长孙皇后劝说房玄龄的夫人卢氏。卢氏回说：“妾宁妒而死！”听此言，唐太宗便派人给卢氏送去一坛酒，说：“你若如此坚决，那就把这鸩酒喝了。”卢氏果真宁愿喝鸩酒也不愿有其他女人和她分享房玄龄，让唐太宗无奈地说：“我尚畏见，何况于玄龄。”

女人除了采取强硬办法避免与他人分享爱人之外，也有采用软硬兼施之法来掌控自己的命运的。管道升就是这方面一个典型的例子。

元朝书画家赵孟頫娶了浙江吴兴美女管道升。管道升不仅貌美如花，还写得一手好诗词，画得一手好画，但依然没把赵孟頫牢牢拴在自己身边。没过多久，赵孟頫就另觅新欢了。

管道升为了让丈夫重新回到自己身边，并没有像其他女人那样哭闹，只是写了几句诗：“夫君去日竹初栽，竹子成林君未来。玉貌　衰难再好，不如花落又花开。”《论语》虽说“诗可以兴”，即可以感动人心，但真用此方法感动得“负心汉”回头的并不多。当然，一招不行可以再来一招，据明代蒋一葵《尧山堂外纪》中记载，管道升曾作了一首非常著名的《我侬词》，答对即将纳妾的丈夫：“你侬我侬，忒煞情多。情多处，热似火。把一块泥，捻一个你，塑一个我。将咱两个，一齐打破，用水调和。再捻一个你，再塑一个我。我泥中有你，你泥中有我。与你生同一个衾，死同一个椁。”

每当打不动、骂不灵时，女人往往硬的不行来软的。“花在时，人在势”，天下没有不老的貂蝉、不死的西施，所以丈夫是否精神出轨或者身体出轨，主要还在于他自己，女人使用的是何种招数，皆治标不治本。

很实在的一句老生常谈："改变能改变的，接受不能改变的。"男人只要爱你，肯在家里守着，你就知足地快乐，就像快乐的小鸟一样相夫教子，去收拾家务吧。如果有了比较多的闲暇时间，那就去看看书，看看电视，做做健身。不要觉得这样不快乐，既然做家庭型女人是你理想的生活，那就把这些都当成幸福。难道不是幸福吗？把为自己的男人创造一个让他觉得舒适的能在家里随心所欲的环境，当成你最大的成功和快乐。把被男人主宰的生活看作幸福，而不是把主宰男人的生活看成幸福。如果你当初选择这个男人是因为这个男人身上有男人味，就别怕这种男人味会有这样那样的缺憾。

做个知足的女人，做个能给男人空间，能让男人爱自己又能让男人快乐的女人，软硬兼施，让"猎物"无处可逃，你就会是一个最幸福的女人。

柔声细语征服男人心

女人征服男人的因素很多，有美貌，有身材，有学识，有气质。但是，其中最重要的就是声音。声音对男人尤为致命，声声入耳，防不胜防。这种声音的特点就是要有女人味，要有点暧昧。

男人纵然是钢筋铁骨，听到了女人的柔声细语，往往就会心甘情愿地陷落自己的城池，醉倒在女人温柔的声音里。20世纪四五十年代，银幕上的玛丽·黛德丽与劳伦·巴考尔的低沉沙哑、果断而又婉转的语调，让女人们爱妒交加、魂不守舍，一时成为女士们争相模仿的对象。

不幸的是，有许多女人并不知道温柔是女性特有的力量，也不知道温柔是一种可以克刚的武器，她们害怕失去自己在男人心目中的地位，为了维护这种地位，她们常常抛弃温柔，对男人颐指气使，显示出女性最粗糙的一面。殊不知，回归到自然和柔美的声音，才是捕获男人心的一件看不见的利器。

有很多男人本身就非常迷恋女人的声音，他们对女人的声音记忆特别深刻，深刻到可以穿透灵魂。很多历经沧桑的男人在记忆深处都有一个女人的声音，这个声音可以让他在自己最隐秘的思绪中细细咀嚼。

李晓磊在一家杂志社上班，坐在他对面的是一个女孩，长得算不上漂亮，皮肤有点黑，眼睛也不大，但很文静。尽管李晓磊抬头就能看到她，但是两人说话并不多。

午休的时候，同事们经常凑在一起聊天，她有时也会参与其中，说得不多，却总是一脸认真。李晓磊则坐在一旁，有时说上三言两语，品评人物与时事，以及一些文学作品，每次都发现她很小心地听，眼睛盯着他，那眼神似乎有点复杂。说不清，但李晓磊确定她有一点儿崇拜他，这让他有点暗自高兴。

有一天下班了，她怯生生地向李晓磊借一本书，声音细细的、柔柔的，李晓磊心想她的声音真好听，像音乐一样……正想着，忽然又听她说："是不太方便吗？要不就算了。"听到这儿，李晓磊才回过神来，忙答应道："没有什么不方便，我早就看完了，明天给你拿来。"她如释重负。

后来，李晓磊离开了杂志社，忙着为自己的事业打拼，渐渐地疏忽了那个曾经坐在他对面的女孩。他们用电子邮件聊了几次，偶尔也打个电话。

再后来，李晓磊去了北京。一个人无聊时，会想起给她打个电话，打到家里，常常是她家人接的，不一会儿，就能听到她跑过来接电话，气喘吁吁的。他责怪她道："干吗跑那么急，先喘喘气再说。"

她柔声道："没什么，怕你多等。"李晓磊的心就像被什么撞了一下，他很喜欢听她说话，她的声音很柔和，流露着一股温顺。

渐渐地，他们通电话和电子邮件的次数越来越多，却一直没有再见面。春节的时候，李晓磊回家过年，在一天傍晚约她见面，那时距他离开杂志社已有一年半。重新坐到一起，他给她讲在北京的见闻，她则给他讲他离开以后杂志社的变化。李晓磊发现自己其实是喜欢她的，尤其喜欢看她羞涩的样子。但是他想自己也只是喜欢她而已，还谈不上爱，于是什么都没说。

直到北京闹"非典"，她发短信给他，让他多多注意。李晓磊骗她说："太晚了，我已感染，被隔离了。"信息刚发出去，手机就响了，李晓磊拿起手机，听到她急切地问："真的吗？你怎么样了？"李晓磊笑着说："骗你的，我没事，挺好的。"她在那边一句话不说，李晓磊向她道歉。其实，李晓磊知道她是关心自己的。

当北京疫情越来越严重的时候，李晓磊回了老家，到家的时候，发短信给她，说他回来了。她惊喜得声音都变了："你真的回来了！我要见你！"

李晓磊犹豫了一下，答应了。那时候，各地把“非典”之可怕传得耸人听闻，他刚从北京回来，除了家人，所有人对他都避而不见。

见面时，李晓磊问她：“你不怕我身上有病菌传染你？”她柔声道：“怕。但你回来了，我想见你。”李晓磊心里很感动，他明白她的心思。他们并肩散步，过马路的时候，忽然来了一辆车，他揽过她的肩，把她让到了另一边。她只是看了看他，没有说话，但她的眼神里多了一丝甜蜜和喜悦。

然后，李晓磊大胆地牵了她的手，她要挣脱，但是李晓磊抓得更紧了。她的手很小，很软，很温。李晓磊就这样一直拉着她的手，再没有松开，直到她嫁给他，成为他的妻子。“柔情似水，佳期如梦。”多么令人迷醉。

对男人来说，温柔是酒，只饮一滴，就可回味一生。你温柔的细语就是维护婚姻最有力的武器，就像一只纤纤细手，只是轻轻一扶，再强悍的男人也会被征服的。

能攫取男人心的都是细语柔声、甜言蜜语。最受男人欢迎的女人的声音是温顺、轻柔的声音。聪明女人会在悦耳的声音中注入精彩的人性，让声音形成迷人的风景。这样的声音是最有力的，它能够融化男人的钢筋铁骨。

温柔是你的制胜法宝

太阳慢慢地躲到了山后面，微风出来了，天气变得凉爽起来。小区的林荫道上，慢慢地走过来一对老人。他们每天都牵着一条白色的“贵妇”小狗出来散步。

那天，老太太牵着小狗走在前面，老先生拿着一件衣服跟在后面。一会儿，老先生走到老太太跟前，跟她说了句什么，老太太把头扭了过去，好像很生气的样子，继续往前走。

过了一会儿，老先生又走到老太太身边，又说了句什么。老太太把嘴巴噘得老高，开始跺起脚来。老先生把衣服披在她身上，也被她甩开了。

老太太撒起娇来，像个孩子，还挺可爱的。一会儿，老太太把脸侧向一边，微微一笑，但笑得很谨慎，生怕被身边的老先生发现。然后，当她把脸转过去的时候，她又恢复了紧绷的神情。

那偷偷的一笑，证明了她是幸福的。

温柔是一种情趣，是女人与爱人对话的一门艺术。其弦外之音是“你要让着我、宠着我”。即使有少许耍赖的成分在里面，男人们也会心甘情愿地听从差遣。

温柔更是一种无形的力量。这种力量在不知不觉之间，有着“润物细无声”的效果。

有一天，英国女王伊丽莎白与丈夫闹别扭，丈夫很生气，关门不出。很久之后，女王怕丈夫在里面闷坏了，心疼地叫他开门，说：“快开门，我是女王。”对方硬是不开门。

于是，女王很礼貌地说：“我是伊丽莎白，请开门。”丈夫还是没有理睬他。

女王灵机一动，温存地说：“亲爱的，开门，我是你的妻子！”整天生活在女王影子下的丈夫，受压抑很久，听到如此温柔的话，如浴春风，叫他如何不开门。“进来吧！夫人！”他眉开眼笑地开门迎妻。

这个故事未必是真实的，听起来却很有道理。一个女人无论在外面表现得多么的精明能干，在家庭中，她都应充当一个温柔的妻子。

温柔，首先是一种善良。一个温柔的女人，会为路边的流浪小狗暗自流泪，她的善举能感染身边的每一个人。她待人彬彬有礼，从不骄傲自大。柔弱的女人是幸福的。

女孩佳佳其貌不扬，爱打扮自己，不爱做家务，男友却身材魁梧，英俊潇洒。相貌平平的她却常常把她的男人哄得团团转，做完家务还能心悦诚服地为她捶腿。

这让思想保守的母亲一直觉得难以理解。在家好吃懒做的女儿，居然还能降住男人，真是不可思议！“你说她长得漂亮吧，可也不算漂亮呀！”母亲经常嘀咕。殊不知，懒人自有懒人的福气。

“去把碗洗了！”“把电脑关掉！”“跟你说了多少次了，要把柜门关紧！”没有“福气”的女人，总是用最直接的方法处理问题，用生硬的口气命令男人，而忽略了男人的心理感受，即使男人听从了她的吩咐，心里也不一定是情愿的。

而有“福气”的女人就懂得如何驾驭男人，佳佳就是这样的女人，她会采取一些迂回手段，让男友心服口服地听命于自己，于是支使起男人来，易如反掌："亲爱的，你去把碗洗一下，好吗？我明天做更好吃的给你补身子！"必要的时候还配上丰富的肢体语言，她的目的达到了，气氛仍然融洽。

会温柔的女人，让男人身上有使不完的劲儿。反过来，如果妻子直眉瞪眼，对男人河东狮吼："还不赶紧去做饭？我也一样上班，凭什么让我伺候你！"一场家庭战争在所难免。女人要懂得，当女人对男人温柔时，男人会在此时领略到被爱的自我价值而获得高度的心理满足，从而使夫妻间的亲密升华到一个更高的层次。因此，未有此种体验的女人，不妨收起冷漠的面孔，温柔一下，千万不要觉得不好意思，因为温柔也是女人的一种智慧。

在《红楼梦》中，贾宝玉说"女儿是水做的骨肉"。水做的女人，应该有水一样的温柔。女人在恋爱时表现出来的温柔，有一份朦胧、一份羞涩、一份浪漫，时刻诱惑着对方；在婚姻中表现出来的温柔，则有一份母性、一份责任、一份温暖，时刻让对方牵挂。

男人大多是刚烈之人，情绪颇好激动，情绪激动则很容易使人缺乏理智，仅凭一股冲动去做或不做某些事情。这便是男人的特点，恰恰也是其致命的弱点。

俗话说："牵牛要牵牛鼻子，打蛇要打七寸处。"应以己之长，克彼之短。对待刚烈的男人如果以硬碰硬，势必会使双方都失去理智，头脑发热，做事不计后果，最终，各有损伤，事情也必然闹砸，过犹不及，悔之晚矣。

倘若以柔和之姿去面对刚烈火暴之人，则会是另一番局面，恰似细雨之于烈火。烈火熊熊，细雨丝丝，虽说不能当即将火扑灭，却能有效控制住火势，并一点点地将火灭去。但若暴雨一阵，火灭去，又添洪水泛滥之灾，一浪刚平又起一浪，得不偿失。女人，请谨记，柔弱是你的制胜法宝！

保留一点神秘感

两个刚认识不久的人一定会非常迫切地希望知道对方的事情，尽管这是理所当然的愿望，却也会造成不利局面。因为对方一旦了解了你的全部事情，对你的兴趣也会随之冷却。因此，要使每次约会都有新鲜感，并使他对你持续抱有兴趣，聪明的女人一定要在恋爱期间保留一点神秘感。

有一座寺院，院里小和尚少，寺院不卖门票，游客自由出入，刚建成时人满为患。但时过境迁，游客越来越少，香火越来越弱，其清冷凋敝之状自是不难想见。寺内和尚们大多另谋高就去了，只剩一个和尚看家护院。无奈之下，该和尚只好闭门谢客，无所事事。但时间一久，竟有人不断地扒着门缝往里窥探，而且人数越来越多。该和尚并非呆头之鹅，搬了一把椅子坐于山门之前，谁欲一瞧，必须“孔方兄”伺候。此招不但没把那些偷窥者吓退，队伍反而排得越来越长。后来寺里又引进一“半语者”（该老兄话只说半句）和尚，寻吉问凶者皆由该老兄接待。再后来，民间传说这位老兄道行颇深，话极灵验。于是，虽然寺院始终呈闭门谢客状，但香火旺盛得足以令那些古刹名寺的住持们羡慕得吐血。

美国著名电台主持人谢里·阿尔戈在她风靡全美的畅销书《坏女人有人娶》一书中总结，女人在男人面前保持魅力的秘诀就是：只给一点，即刻收回；再给一点，再收回。这就有点像小孩子们在学校玩的追人游戏，你就是那个被追的，如果你老是配合他，他就懒得追你了，但如果你总在跑，他则会总跟着你。即使你们结了婚，每当他对你不来电时，就要想方设法给他的电池充足电。一部美剧中，一个结婚20年都很幸福的女人对付丈夫有一绝招，每当他有点自鸣得意、漠不关心时，她就独自收拾行装去旅行，临走时总会扔下一句让丈夫回味良久的话：“亲爱的，我要走了。至于为什么？呵呵，这是我的秘密！”

神秘感之所以能够成为爱情的源泉，是因为人都有好奇心。对自己不甚了解或根本不了解的东西，都怀有一种非把它搞个清楚不可的冲动。比如，前面如果走着一个身材苗条、穿着得体、优雅大方的女人，大多数男人都会本能地认定她的脸蛋肯定也是漂亮的，于是必然立马产生一种赶到前面看个究竟的冲动。这就是神秘感带来的威力。一旦搞清楚了，神秘感就立刻消失了。下面就是一个这样的例子。

吕女士从第一次恋爱开始，就有这种思想：“古典好女孩”不能轻易和男孩子交往；与男孩子交往中的言谈举止必须保持典雅、温柔的风范；一旦和男孩子建立了亲密的关系，她就必须始终不渝地去爱这个男孩，并希望结下终身姻缘。

吕女士为了实现这种愿望，时常在很短的时间内就将自己的情感完全付出。她可以为男友做任何事情，诸如做晚餐招待他，买一些时尚的礼品送给他，请他看电影、品咖啡，甚至替他安排日常生活的作息。

一些与她“拍拖”过的男孩，起初被她的热烈的情感所感动，都还是想与她好下去。可是，一次约会之后，正当他们准备对她发起追求攻势时，吕女士却表现出迫不及待的阵势，以致将自己的情感付出太多。可想而知，男孩们的兴趣很快都消失得无影无踪，对她兴味索然，一个个都逃得远远的。

吕女士很是苦恼，后来一位密友向她点破了其中的秘密。吕女士终于明白了她以前的作为在男孩的眼中几乎和落翅的凤凰没两样。后来，吕女士也有了应付男性的经验。

此后，再有男孩邀请吕女士外出游玩，吕女士就告诉他，自己很想去，可惜先有其他约会。吕女士的这种做法，大大刺激了男孩对她的兴趣。以前对她不屑一顾的男孩，发觉她竟然成了男孩子们的众星之月，纷纷献殷勤取悦她。

总之，女人的神秘感对男人是一种吸引力，令男人神魂颠倒。为了满足自己的好奇心，男人们会乐此不疲地去探索和发现神秘女人的秘密。而且，在男人眼里，具有神秘感的女人难以驾驭，更富有挑战性。男人为了能最终征服和陪伴她们，赴汤蹈火也在所不惜。

心理学中有一种升值规律，即越是得不到的东西，越是值得朝思暮想。异性之间的情恋尤甚。保持陌生感不仅仅能产生和谐，还能产生神秘感和敬畏感，绝对是恋爱关系中的一个“撒手锏”！

神秘感是女人的武器，也是女人的魅力之所在。聪明的女人要好好使用这种武器。因此，不要对男孩子有求必应，而要适时地拒绝他，以保持一份神秘感。

第9章 让心仪女神温顺体贴的攻心术

利用时间的变化

在美国电影名作音乐片《上流社会》中，两位男演员展开了一场爱情争夺战。值得注意的是，每当他们想要说服女主角时，一定选择傍晚这段时间。

为什么这类谈心要选择傍晚时分呢？因为，一般女性对这段时间的感觉是十分脆弱的。而从心理学的观点来看，自有其深刻的缘由。

任何人的身心都可能受到一种所谓的“生物时间”的支配，每当到了黄昏时分，这种现象更为明显。

“生物时间”即主宰着人的精神和肉体的自然节奏。当这种节奏显出不协调时，任何人的身体都会感到疲倦，因而思考能力就会降低，紧张感也会薄弱，甚至失去控制。所以，往往在黄昏时分比较容易发生交通事故。

许多情况下，女性较男性更为情绪化，当受了“生物时间”不协调的影响时，也较男性更易于陷入不安和感伤状态。如此说来，攻破女性的心理防线最好是在黄昏时分，也不无道理。这也可以说是男性的智慧之一吧！

当然，“生物时间”的变化使紧张感极度薄弱，不仅对女性如此，对男性也具有同样的作用。众所周知，希特勒这个法西斯头子就是个很会利用气氛使人陶醉的人。他的演讲会总是选择在天气很好的黄昏时刻，也就是在人的气氛要从阳转为阴的黄昏时刻才编织一些激动人心的演说。这样，让听众产生一种虚幻的满足的感觉。因为，这时人的判断力渐渐降低，有些人工作了一天很疲劳，所以听他的演讲会更容易陶醉其中。希特勒实在是很会利用人类的共同心理来攻心。

像这种巧妙利用“生物时间”的变化来影响对方的做法，在商业谈判上也很有效。比如，我们认为此次商谈颇感困难时，最好就选择傍晚时分开会，或将会程拖延至傍晚等。平常在会议中难免会出现许多疑问或意见等，但在傍晚时刻，每个人由于精神上的不安定，加上思考能力减弱，对会议的提案很少深入地探讨，多同意了事，于是便很容易上别人的圈套。所以，选择这个时候进行交涉或举行会议，是实现自己计划的理想时刻。

由此扩展到环境气氛、天气对人生理的影响，也是不可忽视的。

女性对环境气氛的感触相当敏锐。例如，在眺望绮丽夜色的高楼窗前，听男朋友的温柔情话，就会显得格外听话。如果把女人带到豪华的餐厅或酒吧，女方就会陶醉在另一种气氛中。

其实，不光女性对气氛敏感，男性也是同样的。比如，连续几天的阴雨就会使人感到沉闷，相反，艳阳高照的大晴天就会使人想到户外活动。

下雨天的晚上是进行心理战的最好时机。下雨时，人的心理活动水平降低。例如，下雨天谁都不想出门，待在家里也很沉闷。如果大家要分手或离开，就选择在下雨天的晚上，把自己要说的意见提出来，这样，就可能很顺利地如愿以偿。女性比男性更会受到天气等自然条件的影响。下雨时，沉闷的气氛很自然地就降低了对不易接受的条件的抵抗度。雨水就像一张包装纸，把一些不易接受的现实包起来，因此，本不易接受的事实也会被人勉为其难地接受了。

如何二者选择其一

日本心理学家多湖辉说过这样的话：根据人们选择后者的思维习惯，在有两个以上的选择时，将你所期待的问题放在最后，才能获得满意的回答。

有人说，女性的心理真是难以捉摸。在邀请女孩子时，如果你先问：“去吗？”然后再问她：“不去吗？”可能百分之八十的女孩子会拒绝说：“算了吧！”因为女孩子总是比较含蓄和留有余地的，对于没有把握的事往往会选择“不”。

知道了女孩子的这种心理，你在邀请女孩子时就不妨运用一点攻心技巧，即不妨先问她：“不去吗？”然后再问：“去吗？”增加她考虑答应的概率，情况就可能整个改观。

也有些女性总是难以开口说“不”，让你搞不清她的意思。你问她：“怎么决定？是去，还是不去？”她沉默不语。有位心理学家是这样说的：“女孩子的沉默不语，就表示答应。”因此，你不妨这样问她：“怎么样，还是去吧！”除非她很快地开口说“不”，否则就表示默许了。

某男演员是一个著名的花花公子。有一次，他在一家杂志上发表自述，其中泄露对于如何说服一名女性留下过夜，他用了这样的问法：“你是要回去呢？还是要住下来？”而绝不会问：“你是要住下来，还是要立即回去？”

你看了上文后，大概也会觉得这家伙攻心确实有一手。

因为，当一名女性被自己喜欢的男性问及“是否要回去”时，心里便有安全感，因为对方似乎颇尊重自己。同时又因为期待落空而略感失望，但紧接着对方的“还是要住下来”的问话，又使其失望感顿时消失，即使是不回答，也等于是答应了。

如果我们反过来先问“你是要住下来”的话，一般女性必定会产生警戒心。而接着又问“还是要回去”，使对方直觉感到是要回去，即使原本是愿意留下的，此时也不好说出口。

当然，在实际生活中，即使两个人的交往已经到了极为密切的地步，“是否住下”这一问题对女性而言，也还是一个很大的问题，必然会产生紧张心理。第一种说法，表面上看似乎尊重对方，却不过是诱使女方上当的一种说辞，让女方不经意间掉入陷井。

我们在日常生活中也时常会遇上二者选择其一的情况。若是你想让对方选择自己所期待的，问话时最好是将它置于后方。例如，在商店，当一位客人买了许多东西正要回去时，你便问他：“是要我帮你送过去呢？还是你自己带回去呢？”大多数客人听了都会说：“还是我自己来好了。”如此提问不但达到了你对他的关怀之意，同时又替自己省去了许多的时间和劳力。

创造“偶然”的机会

女性一般比较相信命运，相信一切男女之情都是缘分，“偶然”对她们更有说服力。

有一个女孩才貌双全，许多条件很好的男人向她求婚，都被她拒绝了。并非她不想结婚，而是她想到结婚以后，必须走进厨房，每天为柴、米、油、盐之类的事情烦心，就退缩了。但是有一年，突然出现了一个让她决定出嫁的男士。

这个男士既能干又有钱，只是长得不英俊。每一次约会她都是在不知不觉中答应的。后来渐渐地了解了他的工作，也和他的家人见了面。

当有一天她突然觉醒时，已经太迟了，因为订婚戒指已牢牢地套在了她左手的无名指上。

别人问她怎么会嫁给他时，她总是开玩笑地说：“我是上了他心理战的当。”有时又会说，“可能一切都是命。”

他们第一次约会时对话是这样的：

“网球和电影，你喜欢哪一种？”

“我喜欢看电影。”

“国产片和外国片，你是喜欢外国片？”

“是的，但是现在正在上演王宝强导演的新片，虽然是国产片，我也很想看。”

“这样好了，这个礼拜天我们一起去看。”

这个女孩不假思索，轻松地答道：“好吧！我们去看。”

然后，他们就经常一起看电影。刚开始时，这个女孩根本没有想过要和这个男士约会，但事后想起来，当时男士问的问题中，她好像没有回答“不”的余地，都是说“行”或“好”的。

虽然，她在这场心理战中失败了，所幸的是她建立了一个幸福的家庭，所以也就没有什么关系。话虽如此，不过这个女孩的聪明是人所皆知的，为什么她会让他的计谋得逞呢？

某保险公司的一名女推销员的推销成绩在公司来说是数一数二的，但她并无特殊外貌，口才也平平，实在看不出她有什么能耐。据她说，每当她向女性推销时，一定会强调命运。例如："本来我也不相信什么命运，可是我有一种预感，你非加入保险不可。"先说了一段开场白后，接着又说，"前一阵子我向一位太太推销保险，她也入了保，但奇怪的是当她入保后第二个月，她的家人突然发生了事故，而她也因此获得了保障。在我向她推销保险以前，就曾多次在路上遇见她，这些虽然都是偶然，但为何反复出现，而且在同一个地方，因此我也不得不相信偶然与命运有所关联，就是因为偶然，间接促使她买了我的保险。"当然她说的那些话并不是捏造的，只是时间上稍作更改，因为那是多年前发生的事。

一般女性对所谓的命运或算命都较有感觉，所以这一类说法对她们自然十分有效。据说这位保险推销员每次都是用这种方式对女性促销，并且是十拿九稳。

男人要结交女友时，也可将偶然与命运同时运用。比如某男子归还一条拾到的心仪女子的手绢时，便可这样对她说："你的长相与我初恋的女友真是太相似了。"以后便可经常故意制造一些"偶然"与她碰面，并且要让她感觉这些偶然都是命运的安排，更须时常强调说："难道我们之间真有这么多的偶然吗？或许是上天有意安排。"相信这对男女在不久的将来定会走上红地毯。

找出值得赞美的地方

每位女性都希望受到别人的称赞，希望自己被认可，尤其是希望得到男性的认可。她们虽然处在极小的天地里，但仍然会认为自己是小天地里的重要人物；对于肉麻的奉承、巴结会感到恶心，然而却渴望对方发自内心的赞扬。鉴于此，我们不妨遵守"黄金原则"："希望朋友对我们如何，我们就对他们如何。"——发自内心地称赞她。

有人说："对美女和丑女要赞美她们性格上的优点，而对不美不丑的女人就要赞美她们的容貌。"事实上，当你赞美漂亮女性的容貌时，对方一定认为这是理所当然的，也就不会感谢你。当你对长得很丑的女性说“你很漂亮”，对方也许会认为你有意跟她过不去，说不定会当场发脾气。但是对于容貌平常，不美也不丑的女性，情况就完全不同了，她们往往自我感觉和美女差距不太大，由于这种潜意识的影响，当你说“你很漂亮”时，一定会受到对方的欢迎。

简单地采用这种办法赞美现代女性，效果却并不明显。现代女性一般都有独立的经济能力，时常翻阅取悦女人心理的小说或报刊，或看电视上的各种心理讲座，现代女人所受到的教育和参加社交活动的机会远远超过以往的女人。所以，几句简单的赞美是很难打动现代女人的芳心的。

要使女性对你产生好感，必须拿出很多方法。方法之一就是赞美女人本身没有感觉到的优点。一位高明的摄影师正给一位女明星拍照。摄影师虽然清楚面前的女明星神情紧张，依旧不失时机地说：“你的耳朵真是漂亮极了。”女明星听到对方赞美自己意想不到的部位，严肃的表情一下就松弛了许多。这也许是因为对面前的这位摄影师产生了信赖感的缘故。

以女性而言，不但会对能发现自己美丽之处的男性产生好感，还往往可能一见钟情地和这名男性交朋友。这种例子不胜枚举。

当你采用直接的方式赞美女性时，女性一方面感到高兴，另一方面又感到难为情。这种难为情或者害羞的感觉往往会很快变成对你的警戒心，甚至会怀疑你有不可告人的企图。

对女性的服饰或携带物品进行赞美，也是间接赞美的方法之一。这种方法能顺利而自然地被女性接受，讲话方式越间接，女人就越缺乏警戒性。

在各种对女性的赞美方式中，赞美其气质是最好的方式。因为，有关容貌的赞美，对女性而言，非常敏感。虽然表面的称赞，美丽、可爱、魅力等，会让对方觉得有一丝喜悦，但是赞美本来就不简单，尤其是赞美女性更难——在她情绪不好时，你的一句“小胡，你今天特别漂亮”也会使她会觉得“那么以前我天天都不漂亮”。

赞美是发自内心的喜悦，并非逢迎或违心阿谀，因此，真心的赞美，除了对其外在的称赞之外，不妨赞美其内在美。比如你对一位女性说：“你的眼睛像星星那么明亮，像泉水那般清澈。”就不如说：“你的举止高雅，谈吐中肯。对了，你是如何进修、充实自己的呢？”后面的这种赞美会使对方更加喜悦。

一个容貌吸引人的女性，对其外在的赞美实在听得太多了。如果你细心地赞美她特有的气质，或者把你的欣赏换成一种特有的赞美方式，效果则会好得多。你很可能会受到女性的青睐，成为她的好朋友。

该道歉时就道歉

当你犯错了，请记得用负面形容词描述你所犯的错。人心都是肉长的，当你自知错处，必定搔到对方的痒处，得到原谅。以下是几个男人向女人道歉的例子，看看他们是怎样得到女人原谅的。

男人："很抱歉，我迟到了，我真是太不体贴人了。"

女人："没错，你真的很不体贴人。既然你知道我的感觉，我心里就好过多了。只要不是每次都迟到就好了。你不需要凡事完美，只要你能想到我在等你就好，没什么，我应该原谅你。"

男人："我很抱歉说了不该说的话，我太冲动了。"

女人："你太冲动了，所以根本听不进我说的话。我想我也有错，你至少是在乎我，所以试着听我说话，我应该原谅你。"

道歉与原谅就像飞鸟的双翼，没有它们，爱情就无法飞翔；道歉与原谅就像人的左臂右膀，没有它们，人生之路将暗淡无光。道歉与原谅是相辅相成的。当一方勇于道歉时，另一方要原谅就很容易；当一方常常心胸宽大地原谅对方时，对方自然愿意诚心地道歉。如果一个人知道自己不会被原谅，他就不会有道歉的勇气；如果一个人总是不肯原谅他人，他永远不会得到别人的道歉。以下是几点有关道歉的建议：

1. 先说你很抱歉

先说你很抱歉，简短地向对方说你抱歉的原因，不要做任何解释，越简短效果越好，越能得到对方的原谅。

2. 认真倾听她的反应

你说抱歉时，要表示你关心对方的感受，愿意听对方表达自己的感觉。对方表达完后，千万不要解释或争辩。如果对方还有更多话要说，就让她说个够。只要你尽力而为，一时的忍耐或许可以避免几个礼拜的不愉快。当然，对方在发泄完后，也会原谅你。

3. 用负面形容词进行道歉

在以上例子当中，男人用了几个负面形容词：不体贴、冲动。女人对于男人用这些形容词来道歉，永远不嫌烦，就像男人听到——谢谢你，很有道理，好主意，感谢你的耐心……也永远不嫌烦一样。

恋人之间，只要肯道歉或原谅，就能互敬互让，迎来甜蜜的春天。

辑四

职场心理学：让你轻轻松松混职场

为什么你工作努力，你的上司、同事却偏偏看不见？为什么你劳心费神，你的下属却吊儿郎当？与同事沟通离不了语言交流，但你会不会“说话”？为什么有的人在办公室里左右逢源，而你却处处碰壁？怎样才能被老板赏识？怎样才能与同事融洽相处？怎样才能让下属人尽其才？……或许每一位身在职场的人士都正在被上面的问题搞得焦头烂额。如何从众多竞争者中脱颖而出？如何理顺办公室里千丝万缕的人际关系？如何破解自己职业成长的瓶颈？……或许任何一个职场人都无法回避这些问题。然而，有的人在职场中游刃有余，而有的人却处处碰壁。其实，职场生存是一门高深的学问，它不仅需要过硬的业务能力，更多的时候还要懂一点灵活的职场心计。

场景：

部里下达了一个关于质量检查的通知后，要求各有关部门届时提供必要的材料，准备汇报，并安排必要的检查。

某局收到这份通知后，照例是先经过局办公室主任的手，再送交有关局长处理。这位局办公室主任看到此事比较急，当日便把通知送往主管的某局长办公室。当时，这位局长正在接电话，看见主任进来后，只是用眼睛示意一下，让他把东西放在桌上即可。于是，主任照办了。然而，就在检查小组到来的前一天，部里来电话告知到达日期，请安排住宿时，这位主管局长才记起此事。

这位办公室主任见此情况并没有反驳，而是老老实实地接受批评。他立即到局长办公室找出那份通知，连夜加班、打电话、催数字，很快地把需要的材料准备齐整。

这样做的结果，就是主任得到了局长的器重。

第 10 章 如何让领导器重你提携你

领导面前“会说话”

许多在同事、亲友面前滔滔不绝的人，一到上司面前便结结巴巴的，甚至语不成句，许多想好的话也不知从何说起。造成这种情况的原因很多，如上下级地位的差距，客观上造成了感情上的距离，人们担心自己的“命运”“前途”掌握在领导手里，若讲话出了差错，会影响今后的发展。而会说话的人，在上司面前泰然自若、有理有节。

有一次，拿破仑得意地对他的秘书说：“布里昂，你也将永垂不朽了。”布里昂听了这句话，不知是什么意思。

拿破仑看着他，进一步解释道：“你不是我的秘书吗？”

这句话的意思是说，布里昂可以因沾他的光而显名于世。布里昂是一个非常有自尊心的人，他不愿意接受子虚乌有的恩惠，但又不便直接对拿破仑的话加以反驳或者拒绝。于是，他反问道：“请问亚历山大的秘书是谁？”

这句话问得十分“刁”，拿破仑还真的没料到布里昂有这一手，他愣了一会儿。不过，拿破仑毕竟是英雄胸怀，他没有责怪布里昂，而是为他鼓掌喝彩：“好，问得好！”

“请问亚历山大的秘书是谁？”布里昂十分巧妙地暗示了拿破仑，亚历山大名垂史书、风流千古，但他的秘书却鲜为人知，那么，拿破仑的名气再大，也不会让他的秘书布里昂显名于世了。这巧妙的暗示以及巧妙的拒绝，使拿破仑明白了自己的失言，又维护了双方的尊严。这种机智的部下，自然能赢得上司的信赖和赏识。

与上司说话是要注意分寸的。讲话的时机、场合、方式不当，语言不得体，或者语言不谨慎，信口开河，都会惹来上司的反感。相反，如果和上司说话，能做到逻辑严密，语言得体、幽默而不失庄重，会赢得上司的好感。

领导面前如何会说话、说好话？可以从说话态度、说话方式、语言风格等方面不断修炼。

与领导交谈时，不可锋芒毕露。

君子藏器于身，待时而动。你的聪明才智需要得到领导的赏识，但在他面前故意显示自己，则不免有做作之嫌。领导会因此而认为你是一个自大狂，恃才傲物、盛气凌人，而在心理上觉得难以相处，彼此间缺乏一种默契。与领导相交，须遵循以下原则：寻找自然、活泼的话题，令他充分地发表意见，你适当地做些补充，提一些问题。这样，他便知道你是有知识、有见解的，自然而然地了解了你的能力和价值。

不要用领导不懂的技术性较强的术语与之交谈。这样他会觉得你是故意难为他，还可能把你看成书呆子，觉得你缺乏实际经验而难委以重任。

与领导交谈，不可夸大其词、说大话。弄虚作假者，往往失信于人。通过欺骗领导而暂时得到的好感和荣誉是不可能长久地维持下去的。当然，诚实有诚实的艺术，一般要考虑时机、场合、领导心情、客观环境等因素，否则诚实也会犯错误，招致领导的反感和不满。

无论是谁，都会喜欢听一些话，而讨厌听另一些话，喜欢听的就容易听进去，心理上就会觉得舒服。你的领导也不可能摆脱这种情绪。部下要掌握领导的特点，倘若在汇报中插入一些领导平素喜欢使用的词，就会让他另眼相看。

此外，对领导的工作习惯、业余爱好等都要有所了解。如果你的领导是一个体育爱好者，你就不应在他的球队比赛失败后，去请示一个需要解决的问题。一个精明老练的、有见识的领导是很欣赏了解他并能预知他的愿望与心情的下属的。

与领导进行良好的沟通

在现代办公室里，许多非常优秀的员工并没有得到老板的赏识，主要原因是与老板过度疏远。有些人到一家公司上班几年了，老板对他们都没有什么深的印象，这就在于他们对老板有生疏及恐惧感。他们见了老板一举一动要么不自然，要么遇上老板就躲开，或者装作没有看到，这样老板又怎么可能留意到你呢?

要想在办公室得到老板的赏识，就需要平日多与上司接触和沟通，懂得主动争取每一个机会。事实证明，很多与老板匆匆一遇的场合，可能决定你的未来。

比如，在电梯间、走廊上，吃工作餐时，遇见你的老板，你要主动迎上去并微笑着谈几句，或者说几句工作上的事。千万不要极力避免让老板看见，即使与老板擦肩而过也一言不发。

如果你自信地主动与老板打招呼，主动与老板交谈，你大方、自信的形象，会在老板心中留下印象。

刚毕业的陈娜和另外七八个年轻人一同被一家正向集团化迈进，急需大批新生骨干力量的公司聘用。为了表示对这批“新鲜血液”的厚望和鼓励，老板决定单独宴请他们。

酒店离公司不远，新人们三三两两结伴而行，唯独将老板抛在了一边。陈娜看在眼里，不禁替老板尴尬。

进入酒店落座之前，陈娜借故先去了趟洗手间。回来一看，果然不出她所料，同事们正襟危坐、谨口慎言，不仅没人上前跟老板搭话，更将其左右两边的座位空了出来。

看见老板强挤出笑容的样子，陈娜赶紧说：“我建议咱们都往一起凑凑吧！”说完，便很自然地坐在了老板左边的座位上。老板对她投来赞许的目光。

当陈娜不止一次地在电梯里与老板“不期而遇”时，她没有像其他人一样硬着头皮和老板没话找话，而是笑吟吟地和老板打着招呼。老板问她最近工作如何，她有条不紊、对答如流。平常老板和她聊一些轻松休闲的话题，她也总是表现得很健谈。通过与老板的交往，陈娜了解了老板的许多爱好，更以此加深了老板对她的印象。

人与人之间的好感是通过实际接触和语言沟通才能建立起来的。员工只有主动与老板面对面地接触，让自己真实地展现在老板面前，才能让老板充分认识到你的才能，你才会有被赏识的机会。不主动与老板交往，是一种对自己的前程和发展不负责的态度。一个不在老板视线范围内的员工，根本就没有担当重任的机会，又何来成功呢？一个不能主动为自己争取机会的人，如果被提升，将来管理公司、面对客户或参加为公司争取利益的谈判时，又怎么能有魄力和手段呢？

而每一位老板也是愿意给员工留下一个和蔼可亲的印象的，他也希望员工对他亲近。有的人因为自卑和恐惧在作祟，见到老板避之唯恐不及，殊不知老板面对一个拘谨无措的员工也会觉得尴尬的。

所以，你应该抓住每一次亲近老板的机会，不要战战兢兢或者故意躲闪。远离上司的做法不利于个人才能的发挥。如果换个角度思考，能经常有意无意地亲近老板，让他记住你，让他了解你的意见和想法，你才有可能收获意外的惊喜。

帮助老板完成目标而不是争辩对错

在职场上要想获得领导的器重，应记住的一点就是，你的使命是帮助你的老板完成他的主要目标，而不是与领导争辩是非曲直。

主动和领导辩论是非、讨说法的人虽然不多，但有时候会遇到领导主动和员工谈是非——比如领导批评员工某个地方做得不对，可是员工却觉得自己没有错；领导提出并执行某个方案，员工却觉得另一个方案更好。于是，当领导的期望目标与员工的想法出现不一致或冲突时，就会出现领导与员工之间的解释、质问、辩论甚至是争执。

有时，我们终于证明了自己的正确，但是你高兴之余会发现领导不高兴。他往往扔下一句“难道你就一点责任都没有”或“你就不能做得再好一点”，而后悻悻而去。有时，我们争论了一番却发现是自己错了，而领导却很宽容地笑笑说："没关系，下回注意就行了。"所以，我们在与领导探讨问题时，心里要有一个底线，就是不要与领导争辩。要知道，领导有责任让你跟着他的思路走。因为一切的问题和讨论都是围绕最终目标而展开的，在领导看来，最主要的问题是实现目标。

里杰是一家纺织公司的销售代表，他对自己的销售纪录引以为豪。曾有几次，他向老板莎罗解释说，他如何卖力工作，劝说一位服装制造商向公司订货。可是，老板只是点点头表示赞同。一次，里杰忍不住鼓起勇气问老板："我们的业务是销售纺织品，难道您不喜欢我的客户？"

莎罗和他的态度一样，直视着他，答道："里杰，你把精力放在一个小小的制造商身上，可他耗费了我们太大的精力。请把注意力盯在一次可订3000码货物的大客户身上！"

里杰这才恍然大悟，于是他把手中较小的客户移交给一位经纪人。虽然他只收到少量的佣金，但更重要的是，他明白了自己的真正职责，帮助老板实现他的目标——找到主要客户签大订单。

尊重和支持你的老板

在工作中，你应做的是支持、爱戴你的上司。自己常常站在他的立场想一想，你会发现对方有许多不得已的苦衷。无论遇到任何工作上的困难，对上司都不要过分依赖，避免与他发生任何正面的冲突。尊敬你的上司，你会发觉对方慢慢开始接纳你的意见，并最终成为你可以依赖的靠山。

雷姆赛是国际市场副总裁的助理，他接到了一项紧急任务：根据老板的笔记，准备好业务进展曲线图表。起草图表时，他注意到老板写道："美元坚挺，则出口就会增加。"雷姆赛明白，事实恰恰相反。于是，他便通报老板，说已经纠正了这一错误。

老板感谢雷姆赛及时发觉了他的疏忽。第二天向上呈报未出丝毫纰漏后，老板对雷姆赛做出的努力再次道谢。

尊重和支持老板，反映在适应不同上司的工作方式上。你可能与你的上司性格、做事习惯、见解等都有不同，但处处表示你对他的支持，可以得到上司对你的尊重。比如多考虑以下问题：上司最需要什么资料？怎样可以帮助他？你以往犯过什么错，将来可以避免吗？这对你的职业发展必有裨益。只要本着诚意去与对方接触，同样也能赢得上司对自己的尊重和支持。

你可以多种方式表达对老板的忠诚，赞美就是其中的技巧之一。很少有哪个领导不喜欢被下属恭维，这是由领导强烈的自我价值肯定愿望所决定的。但赞美领导也要讲究艺术，过分的溢美之词只能让领导反感。

领导处境不利，缺乏自信，或不为他人所接纳和赞许的情况下，他最需要的是肯定性的评价和支持。这时下属恰当的鼓励性称赞就恰如“雪中送炭”。

有时候，善于拍马屁反而不如诚恳的批评更能受人信赖。春秋时期有一个故事：赵简子有个臣下叫周舍，他表示“愿为谔谔之臣”，每天记下赵简子的过失。赵简子发现在众多只会奉承拍马的臣下当中竟有这么一个与众不同的“直士”，很是喜爱，以后出入都与他在一块。后来，周舍死了，赵简子像丧子那样悲恸，他还明确地对众大臣说：“众人之唯唯，不若直士之谔谔。”由此可见，诚恳的批评常比廉价的赞扬更让人喜爱，这样的下属往往更能让领导倾心喜欢。

有目标、有计划地工作是支持领导的良好方式。有序高效地完成任务，必定赢得上司的青睐，而盲目、杂乱无章地工作，只能给人一种添乱的印象。当领导交给任务时，应认真踏实地做好。但是当领导向我们提出无力承担的某些工作要求时，我们可以在赞美领导业绩和能力的同时暗示此类工作只能由领导亲自完成，作为下属无权或无资格参与其中，否则只会把事情搞糟。这样领导也会体谅员工的苦衷的。

在职场中，任何时候都要对领导表示尊重，一切抢白、不服从、功高盖主的行为都不能有。一般而言，上司在各方面都比下属高出一筹，如工作经验丰富，有较强的组织、管理能力，看问题有全局观念等，也有的上司具备个性方面的优点，如性格直爽、办事果断、工作细心等，这些都是值得下属尊重和学习的。

尊重和支持老板，同样能赢得老板对自己的信任和尊重。而只有这样，才能与上司建立良好的工作关系，自己的职场之路才能平坦顺利。

为领导排忧解难

要想使上司对你另眼相看，除了要能在工作上独当一面之外，还能为领导的其他琐事排忧解难，这样的下属才能得到更多的器重。

例如，上司经常找不到需要的文件，你能尽快替他将所有档案和文件系统整理好。要是他对某客户处理不当，你可以得体地代他把关系缓和。他讨厌做的一些工作你不妨代劳。这样，上司觉得你是一个好帮手，你自己也可以多储存一些工作本钱。

卡尔是某学院的部门助理，他的老板罗格负责管理学生和教职员工。极其糟糕的签到系统使学生们常常还未上课就被记名，许多班级拥挤不堪，而另一些班级却又太小，面临被注销的危险。想到罗格已承受着改进系统的压力，卡尔自告奋勇组织攻关，负责开发一个新的体系。老板高兴地同意了他的意见，于是这个攻关小组开发出一个大有改进的系统。之后的一次组织机构改组中，罗格升任了主任，随即，卡尔被提升为副主任。对罗格开发并成功地完成的这个系统，罗格给予了高度赞扬。

帮助老板解决难题，就不应该只满足于做好自己分内的事，还应在其他方面争取经验，提升自己的工作“价值”，即使是困难重重的任务，也要勇于尝试。那些劳烦上司的事或难题，你都应该想想有没有什么好的建议。当自己有了好的建议时，与上司保持良好的沟通，给上司简洁有力的报告。只有重要的事才向他请示，切莫让浅显和琐碎的问题烦扰他。

为领导排忧解难，就是正确领会领导的意图，减少工作中的麻烦。当上司向你下达任务后，先了解对方的真实意图，更要衡量做法，以免因误会而招致不必要的麻烦。任何工作都要力求妥善，确认没有错漏再交给上司。谨记工作时限，若不能准时做好，应预先通知上司，这样可以使上司信任你能准时完成工作。必须圆满地把工作完成，不要等上司告诉你应该怎样去做。

尽管上司没有要求你把过去的工作记录拿给他看，你也应该把它们整理妥当，主动呈交给上司过目，让他明白你的工作能力。对上司忠心耿耿，他自然不会挑剔你的工作方法，会对你增加好感。

小张是某县委办公室的科员，经常会遇到上访者要求见领导解决问题的事情。领导精力有限，如果事事都去惊动领导，势必影响领导集中精力做好全局工作。每当有来访者吵闹着要见领导时，小张总是勇敢地站出来，分清情况，解决纠纷，进行协调，把问题处理好。对一些重大的问题，他也是先调查清楚，安抚好上访者之后再向领导请示，从不让领导直接面对棘手的问题。无论大事小情他总能处理得有条不紊，不但令众人心服，也获得了领导的赞扬。

像小张这样的下属，哪个领导能不需要呢？这就是领导所赞美的实干家，他比整天跟在领导后面只知道看领导脸色行事，遇到点大事就往领导后面跑的人要好得多。

总之，上司愿意选择你做他的下属，他对你的印象自然很好，你必须事事替他着想，把他的事当成自己的事。

学会替领导挡驾和解围

主动为上司揽过，是职场生存的必备智慧。要想与领导相处融洽，就要学会替领导保住面子，维护领导的尊严，说话办事不让领导难堪，最聪明的做法就是主动承揽错误，适当地背点“黑锅”。关键时刻，要为领导挺身而出，领导才会真正地认识与了解你。

挡驾是一门艺术。下属如果善于主动出面为领导挡驾，处理掉那些不必惊动领导的事情，使领导把有限的精力用在谋大事上，领导便会愈加器重他。在某些特殊情况下，出于对工作和领导负责的目的，下属要敢于负责任，敢于面对问题，本着认真负责的原则，对情况予以核实和整理，最后征求领导的处理意见。

领导出于种种考虑，有些问题不宜出面解决或公开表态，这时不要怕麻烦，协同领导一起把问题处理好。要注意的是，一要得到领导的授权和指示，二是不论结果如何，要以恰当的方式向上级领导汇报。

学会为领导辩护，充当他人和领导之间的缓冲器，有助于稳定职场人际关系。当听到别人对领导有抱怨时，要勇敢地提醒这些人，不要忘了领导的优点。要学会鼓励抱怨的人采取具有建设性的方式来表达意见，不要只是宣泄不满。

若自己也是抱怨的人之一，应该检讨自己，很可能是由于自己在工作上的挫折感，而把责任推到领导的头上。

在职场中，你不但要尽量避免因自己的不慎造成领导下不了台，而且要学会在领导可能不好下台时，巧妙地为其提供一个台阶，及时地圆场。

适时地提供一个恰当的台阶，使领导免丢面子，是圆场的一大原则。这里有以下几点要注意：

要注意不露声色。既要使领导体面地下台阶，又尽量不使在场的旁人觉察，这才是最巧妙的台阶。

注意用幽默语言作为台阶。幽默是人际交往的润滑剂，一句幽默的语言能使双方在笑声中相互谅解和愉悦。

注意尽可能地为领导挽回面子。有时某种意外情况使领导陷入了尴尬境地，这时，你在给领导提供台阶的同时，如能采取某些妥善措施，及时为领导面子上再增添一些光彩，那是最好不过的了。

领导有树立自己权威和形象的心理需求，尤其是在自己的下属面前。良好的形象是上级经营管理的核心和灵魂。因此，下属要在充分了解这个心理需求的情况下，学会维护上级的形象。当上级了解到你维护他的形象的良好心理动机时，就会在内心里对你表示感激，从而更加器重你。

记住：是领导在拿主意

身在职场，自然免不了和领导打交道。然而，下属在与领导相处的过程中，容易犯又不易自省的错误就是替领导做主。

决策，作为领导活动的基本内容，处于不同层次上的领导者其权限是不一样的。有些决策可以由下级领导做出，有些决策则必须由上级领导做出。有些主管不能充分认识这一点，明明应该由上级领导做的决策，他却超越权限，擅自做主。

在有的企业中，职员可以参与公司和本部门的一些决策，这时就应该注意，谁做什么样的决策，是有限制的。有些决策，你作为下属或一般的普通职员可以参与，而有些决策，下属还是不插言为妙。“沉默是金”，你要视具体情况见机把握。有些问题的答复，往往需要有相应的权威。作为职员、下属，明明没有这种权威，却要抢先答复，会给领导造成工作中的干扰，也是不明智之举。

有的下属可能认为，帮助领导做决定是在替领导分担工作，会得到领导加倍的赞赏。事实却相反，你的这种“大包大揽”的行为并不会赢得领导的好感，因为你私自下决定等于是对领导的权威进行挑战。职场中的分工是明确的，下属应该尽职尽责地做好分内的事，一些关系到整体利益的大事还是由领导亲自掌控，作为下属的你还是不要随便乱“插手”。

做好本职工作，也不等于对别人的事漠不关心，在做好自己的工作的同时适当地为他人分担一些事情，能够为你赢得好人缘。在工作中多做一点，帮助同事做一些力所能及的事，表达对对方的关心，有利于融洽同事间的关系。而和领导相处，就要多注意，什么事情能够主动分担一些，什么事情不能擅自“夺权”，否则不但不会得到领导的表扬，而且你的盲目添乱有可能给集体造成损失。

在与领导相处中，避免不了和领导一起共事，因此你可以这样做：

在领导遇到难处时，你可以主动地帮助他分忧解难。在领导对某件事犹豫不决、举棋不定时，主动表示理解和同情，并诚恳地做出自己的努力，减轻领导的负担。适当地提出一些建议和想法，和领导共同商量解决问题的方法和对策，对领导的想法和意见不要表示排斥和满不在乎，更不能固执己见而反对领导，把领导的决策权“抢”到自己手上。

遇到冷静型的领导，一切工作计划你只负责执行就好，不要自作主张。执行的经过必须有详细的记载，即使是最细微的地方，也不能有疏忽。严谨细致的工作态度是所有领导都喜欢的。如果执行中遇到困难，你最好能自行解决，然后事后口头报告当时是如何应付的，领导就会很高兴。但要注意的是，事后报告要力求避免夸张的口气，无论当时的处境多么难办，也要以平静的语气表达。

每个领导都有自己的职权范围和工作职责，要处理好和其他领导的关系，首先是你不要侵犯对方的“领地”。你要时刻牢记“不在其位，不谋其政”

的古训，因为无论多么开放的职场，界线永远存在。

你不要越权去替领导做决策、下决定。遇到重大问题的决策时，你不妨问问上司，“关于某件事，某个地方我不能擅自下结论，请您定夺一下”，或者“这件事依我看不这样做比较好，不知您认为应该如何”，等等。

总之，在办公室里，你需时刻牢记一条：上司永远是决策者和命令的下达者，无论我们有多大的把握相信自己的判断力，无论你代替上司决定的事情有多细微，都不能忽略上司同意这一关键步骤。

低姿态提建议，赢得上司的关注

下属提出一个建议，试图让领导接受，这不仅取决于建议内容本身是否合理，还往往取决于下属提出建议的方式。

注意提建议的方式方法，就是要时刻注意领导的心理感受和变化轨迹，就是要求下属在提出建议的时候首先要获得领导的心理认同。

许多经验表明，以请教的方式提出建议更易让领导接受。请教，是一种低姿态。它的潜在含意是，尊重领导的权威，承认领导的优越性。这表明，下属在提出意见之前，已仔细地研究和推敲了领导的方案和计划，是以认真、科学的态度来对待领导的思想的。因而，下属的建议应该是在尊重领导自己的观点的基础之上，很可能是对领导观点的有益补充。这种印象无疑会使领导感到情绪放松，从而降低对你的建议的某种敌意。

请教的姿态，不仅仅是形式上的，更有内容上的意义。这样，你可以亲自聆听领导在这方面的想法。这种想法在很多时候是他真实意志的体现，而他却并未在公开场合予以说明，而且很有可能是下属在考虑问题时所忽略了的重要方面，这样在未提出自己的意见之前，首先请教一下领导的想法，可以使你做到进退自如。一旦发现自己的想法还欠深入，考虑不是很周到，还有机会立刻止口，回去后再把自己的建议完善一下。如果你的建议未能领会领导的意图，那么，你的建议不仅价值不大，而且还暴露了自己的弱点，这对你绝非什么幸事。

向领导请教，有利于找出你们的共同点。这种共同点，既包括在方案上的一致性，又包括你们在心理上的相互接受。美国前总统林肯就是这方面的表率。年轻时，他与他的上司关系并不融洽，为了改善上下级的关系，他得知这位议员很喜欢读书，便三番五次地向其请教学问。由于他摸到了上司的爱好，并能虚心讨教，一来二去，那位上司也改变了对林肯的成见，林肯在后来的仕途上的进步，也得到了他的大力支持。

许多研究者发现，“认同”是人们之间相互理解的有效方法，也是说服他人的有效手段。如果你试图改变某人的个人爱好或想法，你越是使自己等同于他，就越具有说服力。

有经验的说服者，常常要事先了解一些对方的情况，并善于利用这些已知情况来作为“根据地”“立足点”；然后，在与对方接触中，首先求同，随着共同点的增多，双方也就越熟悉，越能感受到心理上的亲近，从而消除疑虑和戒心，使对方更容易相信和接受自己的观点和建议。

下属在提出建议之前，先请教一下自己的领导，就是要寻找谈话的共同点，建立彼此相容的心理基础。如果你提的是补充性建议，那就要首先从明确肯定领导的大框架开始，提出你的修正意见，做一些枝节性或局部性的改动和补充，以使领导的方案或观点更为完善，更有说服力，更能有效地得以执行。

如果你提出的是反对性意见呢？有人会说：这到哪里去找共同点呢？其实不然，共同点不仅仅局限于方案的内容本身，还在于培养共同的心理感受，使对方愿意接受你。

而且，可以说，你越是准备提出反对，就越可能招致敌意，因而越需要寻找共同点来减轻这种敌意，获得对方的心理认同。此时，虽然你可能不赞成上司的观点，但一定要表示尊重，表明你是经过理性的思考的。你应设身处地地从领导的立场出发来考虑问题，并以充分的事实材料和精当的理论分析作为依据，在请教中谈出自己的看法，在聆听中对其加以剖析。只要你有理有据，领导一定会心悦诚服地放弃自己的立场，仔细倾听你的建议和看法。在这种情况下，领导是很容易被说服而采纳你的意见和建议的。

请教会增加领导对下属的信任感，当你用诚恳的态度进行沟通时，领导会逐渐排除你在有意挑刺、你对领导不尊重等这些猜测，逐渐了解你的动机，开始恢复对你的信任。

所以，低姿态的方式不仅仅是一种手段，而且是一种态度。你越会充分地运用这种方法，就越有可能赢得上级的心。

虚心地接受领导的指导和批评

聪明的员工都懂得掌握上司的心理。他不会重蹈覆辙，即使失败，也会积极地借着上司的责罚或教训作为事后的警惕。这种部下在上司的眼中，当然也是很可爱的类型。做上司的，总希望得到部下的信赖和敬爱，身为部下的应该懂得这一点。

小成从事的是会计工作，记账、理账、订账，其间还不断接待来人，或与有业务关系的单位联系。每天早早上班，迟迟下班，忙得像个陀螺，仍觉得活没做完。小成有自慰自解的哲学：因为忙碌才需要你。所以，进单位以来，小成觉得忙的感觉特别好，尤其是每天领导来办公室的几趟，自己都定在座位上，两只手不停地忙乎。

一个上午，领导叫小成到办公室去。落座后，领导用很关切的口吻问他近来的工作情况。小成也不谦虚，把进单位后的忙碌、所做的事务详尽地做了汇报，末了，还即兴发挥地表达了“我忙碌，我快乐”的感想。

领导听了小成的汇报，问：“小成，你这样忙碌，是不是需要休息几天，调整一下？”“那敢情好。”话一出口，就觉得有些不妥，赶忙说，“啊，不，不必了，我年轻，精力旺盛，能扛得住的，不需要休息……”

“在你之前的老王会计，他是单位的总账会计，兼管了下面一个小厂的账目，还不算紧张。你顶替了他的位置后，我怕你一时不适应，就没让你兼职。我观察了些日子，看到你这般忙碌，觉得是不是需要给你些时间思考，校正一下方向再跑？”

“给些时间思考，校正一下方向再跑”，这话什么意思啊？是说我工作能力不强，办事效率不高吗？想到这里，小成刚才的得意无影无踪，后背上开始冒冷汗。

“这样吧，给你两天时间休息和调整，把电话摘了手机关了，天塌下来也不要管，两天后再来上班。”

就依领导的话去做，小成把自己关在家里，断绝了一切与外界的联系，专门思考如何改进工作。第一天下来，他已经悟出自己被别人支配着跑的症结来；第二天，他已经想出自己做主宰，支配别人的工作方案。到了晚上，小成又害怕有什么不妥，特地带上礼品打车到十几里外的老王会计家中讨教，果然得到一些指点。

上班后，小成把近期手头的工作列了个清单，然后排了个时序，用电话一一安排下去，对前来报账、结账的人边接待边告知他们下次来的时间段……又经过两天的调整，小成办公桌前围的人少了，电话也不一个劲地响了，他也有空站起来泡杯茶，跟同事们说说话了……

半个月后，领导再次找到小成，把那个小厂的账目交给了他。

让上司觉得他是被信赖和敬爱着，最直接的表现是部下很愿意听他“教训”。一个上司不愿给予责骂的下级，通常不是极优秀的人才，就是不被重视的人。“责骂”事实上也含有忠告、指示和鼓励的意味。因此，被责骂时应该心存感谢，不辩解地低首倾听。同时切记，眼睛不可随意飘动，姿势要始终保持如一。这样即使做错事情，上司还是会觉得你是可原谅的。

下属能完全接受教训，理解上司的“苦心”，且积极地谋求改善，还对教训心存感谢。这对上司而言是再高兴不过的事了。因为在这一瞬间，让上司深切地感受到他的价值，并且得到指导人的成就感和满足感。如果做下属的人在面对上司的教训时，表现出一副很不耐烦的态度，或有一句没一句地辩驳，不仅无法理会上司的苦心真意，还会招惹上司的嫌恶。所以，对上司的训斥，最好的应对态度是“没有理由”。

受批评甚至受训斥，与受到某种正式的处分，惩罚是很不同的。在正式的处分中，你的某种权利在一定程度上受到限制或剥夺。如果你是冤枉的，当然应认真地申辩或申诉，直到搞清楚为止，从而保护自己的正当权益。但是受批评则不同，即使是受到错误的批评，使你在情感、自尊心上，在周围人们心目中受到一定影响，但你处理得好，不仅会得到补偿，还会收到更有利的效果。相反，过于追求弄清是非曲直，反而会使人们感到你心胸狭窄，经不起任何误解，人们对你只能戒备三分了。

没有人会无缘无故发脾气、批评别人，领导之所以批评你，自然是你犯了某种错误。而要处理得好，你就要坦诚接受领导的批评。

首先，你要搞清楚领导批评你什么。领导批评或训斥部下，有时是发现了问题，促进纠正；有时是出于调整关系的需要，告诉被批评者不要太自以为是，别把事情看得太简单；有时是与部下保持或拉开一定的距离，突出自己的威信和尊严；有时是为了“杀一儆百”，让不该受批评的人受了批评，代人受过，等等。总之，搞清楚了领导批评你的原因，你便能把握情况，从容应对。

其次，虚心接受领导的批评。受到领导的批评时，最需要表现出诚恳的态度，显示出你从批评中确实学到了什么，明白了什么道理。正确的批评有助于你明白事理，改过自新，并以此为戒；错误的批评也有可接受的出发点，因此，批评的对与错本身并无太大的关系，关键是对你的影响如何。你处理得好，会成为有利的因素，会成为你前进的动力；如果你不服气、发牢骚，那么你这种态度很有可能引发负效应，使你和领导的感情拉大距离。当领导认为你“批评不起”“批评不得”时，也就产生了“用不起”“提拔不得”的反感情绪。所以，必须正确看待领导的批评。受到批评不是坏事，通过受批评的过程，你才能更了解领导，接受批评则能体现你对领导的尊重，而这正可以作为和领导拉近距离的途径。

最后，不要把批评看得过重。不要因为领导的一次批评就觉得自己一切都完了，从此一蹶不振，那样会让领导看不起。如果你把每次的批评都看得太重，甚至耿耿于怀，总是不服气地在心里较劲，那么以后领导可能再不会批评你什么了，因为他不会再信任和重用你了。

提升自己，做老板最需要的人

只有时刻让人需要，你才能在别人心中有地位。在工作中也是如此，你所能做的就是一直完善自己，使自己变得不可替代。如果你的公司离了你而无法运转，那你的地位就是最高的。

这就是我们在工作中要做的，让老板知道，失去你，对他来说是一种损失，因为你是别人不可替代的。当然，要确实做到没有人可以替代你，并不是一件简单的事。所以，在工作中你要有意识地培养独立工作的能力，工作上的事不要依赖他人，而要能够独当一面。这样，你才有存在的价值。

你要让老板看中你如下的闪光点：

1. 敬业：认真地对待每份工作

一个人的工作是他生存的基本权利。能力不是主要的，只要有敬业精神，同样会做得出色。把握每一个表现自己的机会，争取更高的职务。不要逃避责任，要主动承担责任。当别人举棋不定时，你要果断地做出决策。领导最喜欢的一个特质就是：愿意做决定，并且承担责任。

2. 学习：学习也是工作能力

文凭只代表你过去的文化程度，它的价值只会体现在你的底薪上。要想得到器重和提升，就必须从小学生做起，积极主动地寻求新的知识。想好你希望获得的工作，开始充实自己。把握公司的在职训练机会，或进修课程。你也可坦白地告诉老板你希望学习哪一项职务，并且感激他的协助。

3. 专业：人才的价值是专业

你要让老板真正地感悟到你是人才，还应在你的专业技能上下功夫。切记，你的智慧体现在专业技术的水准高低上。

随时记住老板的观点，试着从老板的角度看他的工厂、公司或商店，像你的老板一样关心公司的利益。调整你的心态，为老板、上司设身处地地设想，你就会努力思索如何提高产能，降低成本，增加销售额，创造更大的利润，你也会发现自己对于如何达成这些目标有源源不断的灵感。

4. 创意：创意比知识更重要

信息时代是物质性极弱的时代，非物质需求成为人类的重要需求，信息网络的全球架构使人类生活的秩序和结构发生了根本变化。人才，尤其是信息时代所需的人才，最重要的是智慧。

让你的热诚及想象力起飞。不要放过荒谬或大胆的想法。不要让思想消极的人用这些话阻挠你：“从来没有人这么做……”你有足够的理由去尝试。从你现在的工作开始，思考：如何做得更快、更好、更有效率？哪些流程可以简化或合并？如何以更低的成本做出更优良的产品？你的努力必须是出于至诚，不要虚伪做作或逢迎谄媚。如果你真心地帮助公司，上司自然不会忽视你，并且会加倍欣赏和肯定你，而你也能在其中得到很大的满足感。

5. 个性：不循规蹈矩地做事情

人才更多的是指一种心态，是指与传统思维完全不一样的那种人。真正的人才不是看他学了多少知识，而是看他能不能承担风险，不循规蹈矩地做事情。

6. 协作：聪明人的交叉激励

一种协作的文化，在信息流的增强之下，就会使公司的聪明人彼此发生可能的联系。当公司拥有一定数量的高智商人才并能良好协作时，其能量水平将会冲出一条路。交叉的激励产生新的思想——那些不太有经验的雇员也会因此被带动到一个更高的水平上。

第11章 如何让同事喜欢你帮助你

试着成为受欢迎的人

被同事孤立的滋味不好受，被孤立的原因也是五花八门。但每个感到被孤立的人都可以想一想，为什么被孤立的是自己而不是别人呢？

上班之后，每天和我们相处时间最长的人是谁？不是爱人，不是父母，而是同事。早上一睁开眼，便急急忙忙赶去与他们见面；直到夜幕低垂，才满脸倦意地互道“再见”。出来做事的头一天，父母都要千叮咛万嘱咐：在外面，讲究的是一团和气，和同事抬头不见低头见，千万别生嫌隙。但人算不如天算，尽管你小心翼翼地维护着和同事的关系，但有一天却仍可能惊奇地发现，自己怎么被同事孤立起来了。

除了遇上一些天生善妒的小人外，大部分时候，自身的一些缺点是导致被孤立的主要因素。在单位里，飞扬跋扈的人、搬弄是非的人、打小报告的人、爱出风头的人，都是被孤立的对象。假如你被孤立了，赶快检查一下，自己是不是这几类人？下面我们通过三个小例子归纳一下被同事孤立的原因及解决之道：

1.因为薪水过高

黄晓燕自从进了现在这家公司后，就一直被同部门的两个女同事孤立。每天上下班，黄晓燕都会向她们微笑、打招呼，但她们总是面无表情，装作没看见。每每这个时候，黄晓燕的微笑就一下子僵在脸上，别提多尴尬了。

平时，她们也不和黄晓燕讲话，有时黄晓燕凑过去想和她们一起聊天，结果她们像商量好的一样，马上闭上嘴巴，各做各的事情去了，丢下黄晓燕讪讪地站在一边。

在这种环境下工作，黄晓燕的郁闷可想而知。后来，她才迂回曲折地从其他同事那里听到一点风声：自己虽然初来公司，但工资却比这两个女同事高出一大截，于是引来了她们的忌恨。

黄晓燕对现在的工作非常满意，不仅轻松，工资待遇也很称心。她不想因为同事不和就牺牲了工作，可心头的烦恼却一天胜似一天。

解决之道：堡垒都是从内部攻破的，想不被人孤立，关键在于打破敌方的统一战线。黄晓燕可以找机会多接近两人中比较好说话的那个，经常赞美她的服饰、气色，聊聊家常；另一个就只打招呼少说话。时间长了，她们的阵营自然就被分化了。不过，使用这一计，必须有十足的耐心。

2.因为弄错角色

赵蕾在一家国有企业从事财务工作，财务部只有主任、出纳和她三个人。主任不管业务，出纳去年才凭关系进来，于是全部门所有的工作几乎都压在了赵蕾身上。出纳只做有关现金的活计，连最基本的报销都不管，但主任从来不说半个“不”字，因为她有靠山。

在领导的纵容下，出纳工作极其马虎。相反，赵蕾做事努力尽心，可到最后总是吃力不讨好。主任有时还会暗示赵蕾，她对工作太认真，把事情都默默地做完了，不等于把他架空了吗。

赵蕾心里直呼冤枉。主任动不动就甩手把所有的工作都推到她一个人身上，把她累得几乎趴下，到头来，却埋怨她太能干。赵蕾感到自己简直里外不是人。

现在，主任和出纳都明显地表现出不喜欢赵蕾，平时两人总是有说有笑、有商有量，单单把赵蕾排除在外。赵蕾为此郁闷不已。

解决之道：被同事孤立时，我们也应从自身找找原因。如果一个人不喜欢你，可能是他不对；如果所有人都不喜欢你，也许问题就出在你身上。赵蕾对工作兢兢业业，为什么不被主任肯定？很可能是她平时有些越级的举动，令主任不满。她很想把财务部工作搞好，可是三个人中就只有她有这个意识。由此可以看出，她把自己的角色弄错了。做好部门工作是主任的事情，作为下属，应当配合上级完成这一目标，而不是干脆代替上级去思考。她在言谈中，对主任颇为鄙视，主任对此怎么会没有察觉呢？看来，赵蕾还是应该先摆正自己的位置。

3．因为太出风头

许明明是个精明能干的女子，年纪轻轻便受到老板的重用。每次开会，老板都会征求她的意见。她的风头如此之足，公司里资格比她老、职级比她高的员工多多少少都有些看不下去。

许明明观念前卫，虽然结婚几年了，但打定主意不要孩子。这本来只是件私事，但却有好事者到老板那里吹风，说她官欲太强，为了往上爬，连孩子都不生了。这个说法一时间传遍了整个公司，许明明在一夜之间变成了“当官狂”。

此后，许明明发觉，同事看她的眼神都怪怪的，和她说话也尽量“短平快”，一道无形的屏障隔在了她和同事之间。许明明很委屈，她并不是大家所想的那么功利呀，为什么大家看她都那么不屑。

解决之道：在职场中锋芒太露，又不注意平衡周围人的心态，有这样的结果并不奇怪。徐明明并非目中无人，只是做人做事一味高调，不善于适时隐藏自己的锋芒。只要她能真诚地对待同事，日子久了，他们自然会明白，这就是她的真性情。

不做团队里的“异类”

团队是一个大机器，员工就好比每个零件，只有各个零件凝聚成一股力量，这台机器才可能正常启动。这也是同事之间应该遵循的一种工作精神或职业操守。其实生活中不难发现，有的企业因为内部人事斗争，不仅企业本身“伤了元气”，对整个社会舆论也会产生不良影响。

员工作为企业的一员，一方面要有自己的个性，另一方面也要很好地融入集体，而这种协调和统一很大程度上来源于人的协调和统一。所以，无论自己处于什么职位，首先需要与同事多沟通，因为你个人的视野和经验毕竟有限。况且，随着社会分工的越来越细，这种沟通协调也是必须的。不要脱离团队独断独行，有问题应该开诚布公，拿出来大家一起讨论，提倡各抒己见、百家争鸣、群策群力、求同存异。

事实上，每个团队的成员大都对自己的实力非常认可，所以时常会有某些人背离团队的决策，甚至导致各种问题。

1998年，欧倍德德国总部宣布进军中国建材零售市场时，与众多的跨国零售巨头一样，最初也是以一家管理咨询公司的名字进入的。欧倍德总部一直标榜团队决策的“海狸鼠文化”。“当第一只海狸鼠衔着树枝放入巢穴后，第二只也如法炮制，绝不会怀疑第一只放的位置是否正确和稳定。它们之间的默契充分保证了工程的顺利进行，而且它们也不必担心别的海狸鼠偷懒睡觉，彼此非常信任，并且都按照既定目标准时完成工作。在欧倍德的团队里，员工们就是采用海狸鼠的方式来培养默契，建立相互间的信任，以准时达成目标的。”

经过两年多的前期调研和筹备，2000年欧倍德中国的第一家店面在无锡开业。但创业初期的欧倍德中国团队，逐渐背离了欧倍德团体决策的总部文化，形成了事实上的“一只可以发号施令的海狸鼠”。作为欧倍德中国的“开国元勋”，从欧倍德管理咨询公司开始到2000年第一家无锡店正式开业，再到后来欧倍德提出的“十年百店计划”中国市场发展战略，与海尔成立欧海家具合资公司等，几乎所有的重大战略决策，欧倍德中国总裁李凤江都起到了关键的作用。

正因为如此，李凤江进入欧倍德全球最高决策机构，成为七位执委会成员之一，并成为跨国公司中职位最高的中国本土经理人之一，一度风光无限。但是，由于他脱离欧倍德集体决策的总部文化，却使得公司慢慢偏离了航道，直到李凤江辞职，公司才慢慢“回归”。决策者独断专行的做法，给整个公司、整个团队带来了沉重的代价。

身为室内设计师的晓蔚也遇到了同样的问题。晓蔚是位室内设计师，在北京一家很有名的家居设计公司工作。由于她对家具摆设有独到的眼光，运用空间有巧妙的构思，使得她的设计相当受客户的欢迎。

但在这行做了三年多后，她渐渐发展出其他的兴趣来，就是装潢所用的织品——家具和壁毯所用的质料和织法，“只要用对了，整个房间就会变得很有味道，也会很雅致”。她觉得这种兴趣并不脱离本行，研究一下也无妨。

不过，由于太过沉迷于织品设计，她反而忽略了室内设计的工作。尽管晓蔚在大公司工作，团队里的其他设计师都提醒她要注意自己的本职，然而她却认为这件事只是她工作范围的延伸罢了。为了深入了解这些织品的制造，她还自费到织品的生产厂家考察。

然而，织品的学问却大得很，了解一些不同的织品质料结构，只是入门而已，还有更多的东西要学习、要了解。晓蔚发现自己所画的和所想象的，与实际的织品并不相同，但她很有毅力，投入了很多精力。虽然她仍在从事原来的室内设计工作，但她所投入的心思已经远不如前。公司的同事甚至上司多次提醒她，公司的主要方向是进行室内设计和装潢，并不准备涉足装潢用品设计。然而，她却坚持独断专行，甚至私下找工厂生产她设计的织品，认为这样可以给自己、给公司带来新的天地。

不过，事与愿违，织品设计并不像她所想的那么简单，她还得知道流行的趋向，大众的口味，市场所需要的质和量，以及合理的价格，等等。虽然技工能制造出完全符合她设计的成品，但她设计的产品却无法获得消费者的喜爱。销售经理反复地告诉她：“没有人能把这种垃圾卖出去！”

虽然织品生产的耗费由她自己承担，公司没有损失，但她室内设计的工作也出了问题，几个客户需要她的时候却找不到她。她对这份工作的漠不关心，使得客户们异常气愤，以致她的口碑越来越糟，人人都知道她不可靠，没有人愿意再请她设计。

这甚至影响到了整个公司的信誉，害得公司客户量下滑，从而引起了领导的不满。最后，虽然她在室内设计上有不可多得的才华，老板也必须把她这种不考虑团队目标，固执己见，独断专行的人请出公司。

在一个团队中，个人没有做到与团队一致，就会影响到整个集体。而个人的决策又常常会因为考虑不周出现这样那样的问题。所以，不论你是决策制定者之一，还是仅仅是团队中的一分子，跟随团队的步伐，才能保证最大的团队效益，与队友建立良好的关系。

不做没有意义的争论

一个人拥有才智固然可敬，但才智绝不是用来“争强好胜”的。一个修养高深的人，是不会与人计较一事之短长的。

罗斯福总统对于他的反对者总是会和颜悦色地说：“亲爱的朋友，妙哉妙哉，你到这里来和我争执这个问题，真是一个妙人！但在这一点上，我们两个的见解自然不同，让我们来讲些别的话题吧！”然后他会施出一种诱惑的手段来，使对方放弃自己的意见，而去接受他的观点。

这的确是一个好方法，无论那些成功的人采用什么方式去驾驭别人，我们可以注意到的是，他们的第一步是“避免争论”，他们的策略是以“迎合别人的意志”及“避免反对意见”来感动人的。

当你碰到了任何一种反对意见，你应当先自己打算：“关于这一点，我能不能在无关大局的范围中让步呢？”为了使人家顺从你的意见，可尽量表示“小的让步”，有时为了避免这种反对，你甚至还可以将自己的主见暂时收回一下。如果你碰到了特别反对你的主要意见的人，那么最聪明的方法还是把这问题延缓下去，不必立求解决。这一方面使对方得到重新考虑的机会，一方面也使你自己有重新决策的机会。

在会议室里，你可以因为不满意一个方案而反复与人争辩，甚至争得面红耳赤、拍桌顿足，因为你把你的意见陈述了以后，还有别的同事可以考虑你的意见。这是关系大众的权益，值得你用全部精力去争取。可是在私人谈话中，你就千万不可如此了。譬如你昨天和一个朋友争辩了一个下午，你说写一首现代诗应该要押韵，读出来才有音乐的节奏；而你的朋友则反对这个理论，他说和谐的节拍就是诗中的韵律，刻板地押韵，则会损害诗的本质。你们争辩了半天，除了彼此的闷闷不乐，还有什么更好的结果呢？争辩是浪费时间。你们各自去写自己喜欢写的诗好了，诗并无一定的形式，各人可以有各人的见解。

没有几件事情是值得我们拿友谊的代价去争辩取胜的。如果你偏偏这样做，等于你的精力和时间都不值一钱，更不要说感情损害的方面了。

除了彼此都能虚心地、不存半点成见地在某一个问题上专程讨论之外，一切的争辩都应该避免，即使这是一个学理的争辩。虽然你可以为学术问题而争辩，足以表示你治学的精神。譬如哲学，有些理论争了两千余年，至今还没有定论；心理学的争辩也至少有几百年，现在仍然不分高下；甚至自然科学，“生物发生说”的论争，至今无人敢肯定地说哪一派才正确。你有什么比这些更大的题目、更高深的学问根底，以及更长的时间做口头上的争辩呢？就算有，你可以选择著书立说来发挥你的主张，而不必在谈话中做没有意义的争辩。

是否你用议论压倒了对方，就会给你带来很大的利益呢？当然不会，首先在双方都固守己见的时候，你未必能压倒对方。其次，即使对方表面屈服了，心里也必悻悻然。你不仅一点好处都得不到，而且害处还很多。第一，使你损害了别人的自尊心，让别人对你产生反感；第二，使你容易犯专去挑剔别人错漏的恶习；第三，使你变得骄傲；第四，你将因此失掉一切朋友。

你可以实现你的主张，你可以左右别人的计划，但不应用争辩的方法来实现。如果你想借某一问题来增加你的学识，你就应该虚心求教，切不可借助“争辩”来达到目的。如果你能常常尊重别人的意见，你的意见也必然被人尊重。这样，你所主张的，就会得到别人的拥护，而不必把精力花在无益的争辩上。

在当今社会，完成任何一个稍具规模的任务，都需要和众多的人员、资源打交道。这时，秉性各异、资源不同的伙伴正好能够优势互补，带领彼此走得更快、更远。人的行为与心境是交互影响的：如果你脚步轻快，心情必然是轻松的；不管和什么人交谈，只要你保持眼光跟对方平行，精神压力就会减轻不少。这是与人打交道的一个秘诀。

对同事的态度恭敬些

古龙曾经说过：世界上最好的东西是一块银子。但对大部分现代人来说，世界上最好的东西是一个好同事，比一个好同事更好的东西是一群好同事。

年终岁末，某数码产品公司市场部要在一次全国范围的产品展销会上组织一次大规模的产品促销活动。由于人手不够，市场部经理赵峰亟须临时招聘一些促销小姐。于是他让助手打了一份申请，报到人力资源部主管老陈那里，并在电话里跟老陈说："很急！尽快安排。"本来老陈平时就看赵峰不顺眼，这次又是这种态度，老陈心想："你小子平时见了我连招呼都不打，现在又这副德性。你不是急吗？好，我就来个急情缓办，叫你哑巴吃黄连！"结果，老陈憋着一肚子气，完全按照常规招聘流程走了一遍。填表、笔试、面试、岗前培训……等到这十位促销小姐完全到位时，展销会已经接近尾声了。

故事里的老陈坏是坏了点儿，但是他的要求其实并不高。如果赵峰的嘴巴甜一些，平常的态度恭敬一点，可能这个故事就会有另外一个结局。

按理说，老陈作为人力资源部主管，理所应当按照赵峰的要求为市场部招聘促销小姐。这是老陈的本职工作，做到了是他的职责，做不好是他的失职。正因为如此，老陈把人招到了，就算尽了本分了，没人能挑出他的错来。你赵峰急不急是你自己的事儿，我老陈为什么一定就得按照你的吩咐办呢？

其实说到底这都是"利"字在作怪。所谓"人在职场，'利'字当先"。一般来讲，在上下级的沟通中由于存在着权力、地位上的差距，所以往往比较容易解决问题。但平级部门之间，因为没有了权力的挟制，再加上各部门之间的实力、立场、利益都不对等，所以很容易形成一些沟通壁垒。

因此，当部门主管在请人帮忙的时候，要用利益来吸引对方帮你做事。尤其要做到的是，在你的言行方面要让对方觉得，你是值得让他出手相助的。这个事情说着复杂，但真正做起来其实也很简单。只要你能在部门间的沟通中做到平时多主动联络，关键时刻讲技巧、有弹性，处理问题本着平等、互惠、顾大局的原则，相信在工作当中你一定会为自己赢得更多的帮手和同盟，而不是你一唱戏就有人拆台。

在上述例子中，如果赵峰说："老陈，帮个忙，这事儿挺急，促销小姐三天之内就得到位。错过了时机，你我就都白忙活了。在这儿，我也征求一下你的意见，如果你同意，这个活动算咱们两个部门一起合办的。我有把握，这个活动做下来肯定会出成绩。这样一来，你的部门年终考核又可多一项业绩了，你觉得这想法儿怎么样？"听了这话，相信老陈是不会拒绝赵峰的要求的。

有功劳时应与大家分享

在任何时候，独享荣耀都很容易激起他人心中的不满并使其心生恨意。

当大家都为一个目标在努力奋斗时，不料让你抢先得到了这个惹人眼红的功劳，于是相比之下的其他人就明显比你矮了很多，你的存在也不时地给他人造成了威胁。尽管你并未做任何伤害他人的事，但又有谁愿意跟一个让自己没有安全感的人在一起共事呢？自然而然地，独自享有荣耀，还心安理得地把高帽子往自己头上戴的人终究是会成为孤家寡人的，更何谈与人合作？所以，当你和大家一起做出成就时，千万别独享荣耀，要懂得与别人分享。

有位编辑很有才气，他编辑的杂志很受欢迎。有一年他得到了大奖，一开始他还很快乐，但过了个把月，却失去了笑容。他说，社里的同事，包括他的上司，都在有意无意间和他作对。

这是为什么呢？原因是他犯了“独享荣耀”的错误。事情是这样的：他得了大奖，老板还另外给了他一个红包，并且当众表扬了他的工作成绩。但是他并没有现场感谢上司和属下们的协助，更没有把奖金拿出一部分请客，所以大家虽然表面上不便说什么，但心里却感到不舒服，和他产生了隔阂，于是就和他作对了。

就事论事，这份杂志之所以能得奖，这位编辑贡献最大，但是当有“好处”时，别人并不会认为哪一个人才是唯一的功臣，总是认为自己“没有功劳也有苦劳”。所以他“独享荣耀”，就会让同事不舒服。而他的上司，更会因此产生不安全感，害怕失去权力，于是为了巩固自己的地位，领导自然不会给这位编辑好日子过了。由于受不了上司的白眼以及同事间关系的冷漠，两个月后这位编辑就辞职了。

这位编辑造成最后这种局面的根源就在于他忽略了别人的感受，只知道傻乎乎地独自抱着荣耀不放，以致最终失去了人缘，不得不离开公司。

岳飞是我国宋朝时著名的军事家和谋略家，是一个平时作风很低调和谦虚的人。

岳飞治军极严，平素注重操练和校阅，与士兵们同甘共苦。每次军队驻扎休整时，岳飞都会训练将士从斜坡上骑马急驰而下跳跃壕沟，并且让大家穿着厚重的铠甲练习这一项目。一次，他的儿子岳云因练习从斜坡上骑马急驰而下，一不留神，马被绊倒，岳飞就生气地鞭打了他。打仗时，岳飞都冲锋在前，自己担任“旗头”，成千上万兵将的动止进退，唯“旗头”是瞻，每次都是勇往直前。当打了胜仗，朝廷封赏时，岳飞总是说：“全军将士出力，功劳是大家的，我没有什么功劳。”并将犒赏平均分给部下军吏，个人不拿一丝一毫。

士兵夜间宿营，老百姓自愿打开屋门让他们进屋休息，但没有一名士兵敢进民屋。岳家军号称“冻死不拆屋，饿死不抢掠”。一次，一名士兵拿了百姓的一缕麻去捆喂牲口的草，岳飞立即将他斩首以警告他人。士兵有病，岳飞亲自为他们调药。将领们远征，岳飞的妻子询问并慰劳将领们的家庭。将士战死，岳飞伤心地哭泣，并且养育他们的孤儿，或者让儿子娶阵亡将士的女儿为妻。

正是岳飞的这种赏罚分明、以诚待人的作风感动了部属，所以岳家军的全体官兵，在平时都严守纪律，在战时都乐于效命，具有极强的战斗力。金兵的铁骑，多次以排山倒海的密集队形，企图冲垮岳家军的阵容，结果都没有成功。他们连声惊叹说：“撼山易，撼岳家军难！”

由此可见，把功劳和荣耀送给别人是一个聪明的做法，独自贪功则是自私和愚蠢的，它会给你带来人际关系上的危机。

当你得到荣耀时，你需要做好这样几件事：

（1）感谢。感谢同事的鼓励、帮助和协作，不要认为这都是自己的功劳；尤其要感谢上司，感谢他的提拔、指导、授权。如果实际情况果真是如此，那么你的感谢就是应该的；如果同事的协助有限，上司也不值得恭维，你也有必要感谢他们，这样做虽然勉强一些，却可以避免使你成为靶子。

（2）分享。口头上的感谢事实上也是一种分享，这种分享可以无穷地扩大范围。另外一种是实质的分享，别人倒也不是要分你一杯羹，但是你主动地分享却让旁人有受尊重的感觉。如果你的荣耀事实上是众人鼎力协助完成的，那么你更不应该忘记这一点。实质的分享有很多种方式，小的荣耀请吃糖，大的荣耀请吃饭。分享了你的荣耀，就不会有人和你作对了。

（3）谦卑。人往往会一有了荣耀就“忘了我是谁”地自我膨胀，这种心情是可以理解的，但旁人就遭殃了，他们要忍受你的嚣张气焰，却又不敢出声，因为你风头正劲。可是慢慢的，他们会在工作上有意无意地抵制你，不与你合作，让你碰钉子。因此，有了荣耀，却要更谦卑。别人看到你的谦卑，会说：“他还蛮客气的嘛！”当然就不会找你麻烦和你作对了。

谦卑的要领很多，但做到两点就差不多可以了：第一，荣耀越高，头要越低；第二，别再提你的荣耀，再提就变成吹嘘了。

相信把握住这两点，当你下次再获得荣耀后，就不会再平白遭受委屈和挤对了。

让同事说出自己的成就

有些人喜欢在别人面前炫耀自己，总以为这样就会让人高看自己，使别人敬佩自己。殊不知，别人并不愿意听你吹牛。因为你的得意会衬托出别人的倒霉，甚至会让对方认为你炫耀自己便是嘲笑他的无能，让他产生一种被比下去的感觉。特别是失意的人，如果你在他面前炫耀，他会非常恼火，甚至讨厌你。

一次，有人约了几个朋友来家里吃饭，主要是想借着热闹的气氛，让其中一位目前正陷入人生低谷的朋友心情好一些。这位朋友不久前因经营不善，倒闭了一家公司，他的妻子也因为不堪生活的压力，正与他谈离婚的事，内外交迫，他实在痛苦极了。

来吃饭的朋友都知道这位朋友目前的遭遇，大家都避免去谈与事业有关的事。可是其中一位姓吴的朋友因为目前赚了很多钱，几杯酒下肚，忍不住就开始谈他的赚钱本领和花钱功夫。他那种得意的神情，连主人看了都有些不舒服。那位失意的朋友低头不语，脸色非常难看，一会儿上厕所，一会儿去洗脸，后来他猛喝了一杯酒，就匆匆离开了。主人送他出去，在巷口，他愤愤地说：“老吴会赚钱也不必那么神气地炫耀啊！”

主人了解他的心情，因为多年前他也遇过人生的低谷，正风光的亲戚在他面前炫耀薪水、年终奖金，那种感受就如同把针一根根插在心上一般，说有多难受就有多难受。

如果你不想失去同事或客户，就要时刻注意把得意放在心里，而不是放在嘴上，更不要把它当作炫耀的资本，否则只会令你失去更多。

法国哲学家罗西法古说："如果你要得到仇人，就表现得比你的朋友优越；如果你要得到朋友，就要让你的朋友表现得比你优越。"

当我们让同事表现得比我们优越时，他们就会有一种得到肯定的感觉；但是当我们表现得比他还优越时，他们就会产生一种自卑感，甚至对我们产生敌视情绪。

在这个世界里，那些胸怀豁达的人总能赢得更多的知己；相反，那些小看别人、高看自己的人总是令别人反感，最终在交往中使自己到处碰壁。

何先生是人事局的骨干，且为人很好，按说搞人事调配工作很难不得罪人，可他却是个例外。

在他刚到人事局时，几乎在同事中连一个朋友都没有。因为他正春风得意，对自己的机遇和才能十分满意，所以每天都使劲吹嘘自己在工作中的成绩，每天有多少人找他帮忙，哪个几乎记不清名字的人昨天又硬是给他送了礼，等等。但同事们听了之后不仅不赞赏，而且还极不高兴。

后来还是由当了多年领导的老父亲点拨，他才意识到自己的毛病到底出在哪里。从此以后他便很少谈自己而多听同事说话，只有在同事停下来问他的时候，他才轻描淡写地说一下自己的情况。过了一段时间，有几位同事成了他的朋友，大家在一起相处得十分开心。

我们必须适当地抑制自己的优越感，收敛锐气，学会谦虚。只有这样，我们才会受到别人的欢迎。

卡耐基曾有过一番妙论："你有什么可以值得炫耀的吗？你知道是什么原因使你没有成为白痴吗？其实不是什么了不起的东西，只不过是你甲状腺中的碘而已，价值并不高，才五分钱。如果别人割开你颈部的甲状腺，取出一点点的碘，你就变成一个白痴了。在药房中五分钱就可以买到这些碘，这就是使你没有住在疯人院的东西——价值五分钱的东西，有什么好谈的呢！"

多同流，少合污

小孙进市场部不久，就发现在这个十来个人的部门里，有一个三四个人的小圈子。这几个人相互之间特别默契，但对这个圈子外的人则多少有点不配合，有时甚至暗中使绊。部门经理有时也睁一只眼闭一只眼，而那个圈子的核心人物的无形影响似乎比经理还大。这些天，那个圈子里的马大姐中午有事没事就跟小孙套近乎，昨天问他父母是做什么的，今天问他有没有女朋友。当她知道小孙现在还没有女朋友时，马上表示愿意为他当“红娘”。小孙知道马大姐是想拉自己“下水”，成为他们那个圈子里的人。他有些犹豫：如果自己不进他们那个小圈子，今后自己在工作中难免遭到刁难；但如果进入他们那个小圈子，自己又从心里厌恶这种拉帮结伙的行为，搞得他现在有点不知所措。

其实，不仅在公司，即使在大学里，每个班里也有这么一些小圈子，如老乡之间有圈子，兴趣爱好相同的有圈子，长得帅的同学身边有圈子，等等。虽然那种小圈子更加明显，但它们的作用远远没有这种职场小圈子大。

在现代职场上，几乎所有的公司都存在着两种组织形式。在一个公司内部，由上至下，有总经理、部长、部门经理和普通员工，这种组织形式像个金字塔形，它是有形的和正式的，对于绝大多数白领来说，他们承认这种组织形式的作用。除此之外，在自己公司内部同时还存在着另一种形式的组织，即像小孙所在部门的由那几个人组成的无形小圈子。这类小圈子虽是无形的和非正式的，但它对公司每个员工产生的影响，在某种程度上不亚于那种正式有形的组织。比如，你在办公室过于积极或过于落后，一些同事就会排斥你，在工作中给你制造障碍，逼得你与他们“同流合污”，因此你只能随大流。这就是那个非正式和无形的组织产生的作用。

人们常说关系网，也就是说人际关系像条渔网。是渔网就有经有纬，有纵有横，缺了哪方面都不行。如果把那种正式的有形的组织形式比作纵向的“经”的话，那么这种非正式的无形的组织形式则是横向的“纬”。如果你在工作中眼睛只盯着上司，只注意工作中上下级这种纵向的关系，而忽视与同事之间这种横向关系的话，那么就很难搞好与同事之间的关系，如果与同事搞不好关系，你一样很难做好自己的工作。

很多人都有这样的经验，如果一个人在服饰、言行等方面独树一帜，不能与集体中大多数人的方向和水平保持一致的话，就很容易引起同事的“另眼相看”。

“枪打出头鸟”是中国人的传统，也是因为人们总是会对比自己优异和突出的人产生嫉妒和排斥心理。所以，一定不要以自我为中心，应保持收敛、低调、谦虚、谨慎的作风。

蕊蕊是个爱漂亮又独立性强的女孩，因为刚到新公司上班，因此更加注重自己的形象了，每天打扮得很入时，并且力求标新立异，不随大流。可是，蕊蕊也很郁闷，自己到新单位都两个月了，还是不能和同事接近，甚至大家总是用异样的目光盯着她。

她不明白自己究竟做错什么了。

有一天，蕊蕊实在忍不住，悄悄地问办公室的一位大姐，得到的答案让她大吃一惊。“你呀，挺聪明的小姑娘，怎么就不明白，咱们公司的人，都很保守，你天天打扮得花枝招展，谁看得惯啊！”

蕊蕊一看，可不是吗？大家都穿着很职业的套装，颜色也很正统，只有自己在办公室里显得很鲜艳。于是，蕊蕊按照大姐的嘱咐换了装束。第二天，她穿了一身普通的裙装，并且坚持把那些漂亮衣服放到了柜子里。很快，蕊蕊就和同事打成一片了。

实际上，蕊蕊在做事方法上也没多大改变，只是在穿着打扮上和大多数人保持一致。她就这样轻而易举地得到了大家的承认。总之，重要的是你的口味能不能让大多数人接受。

推而广之，在职场上也一样。你一直生活在自己的世界里，突然被推到一群陌生的同事当中，你的确面临着一个艰难的选择：是保持自己的个性，还是尽快融入这个还陌生的环境？你可能会觉得与其跟一大帮无趣的人混在一起，还不如坚守自己的空间。于是，你坚持“三大原则”，不和同事做朋友，不和同事说知心话，不和同事分享秘密。每天例行公事后，就埋头看书，与同事的关系越来越疏远。但是，你渐渐发现自己的工作越来越困难，虽然自己谁也没得罪，可一些负面评价老是陪伴在你左右。最后，你才明白，其实人的最本质的属性就是社会性。人们总是寻求同类、排斥异己的。所以，与同事多“同流”会帮助你尽快摆脱困境。作为白领，不管你情愿不情愿，你必须与自己办公室的那些小圈子里的人“同流”，因为不管你看不看得惯，他们都存在，他们都会对你的工作产生影响。

所以，即使看不惯同事之间的小圈子，你也得习惯与这种小圈子打交道，敬而远之不是个好办法。

当然，多“同流”只是一个方面，少“合污”才是最重要的。如果一群同事老是算计着老板的资财，整天想着怎么把公司的钱多贪点，那你最好远离他们。因为“同流”是有前提的，那就是不影响公司利益，不毁损个人形象。说白了，就是那些无关紧要的事情上，多“同流”是没有坏处的；但在大是大非的问题上，一定要保持立场，因为一旦出了娄子，可不是你所能控制得了的。

因此，你要切记几个原则：一是你不能对圈子外的同事采取排斥态度，真的“拉帮结伙”；二是如果这个圈子真的开始“结党营私”、牟取私利的话，比如统一口径、虚报加班费等，你就要与他们保持一定的距离。

尽量远离流言蜚语

我们常常被别人误会和指责，如果你事事都去解释还击，往往会使事情越闹越大。不妨把心胸放宽一些，不去理会，难得糊涂，睁一只眼闭一只眼，这才是最好的解决方法。

某公司的几个女同事聚在一起吃午餐，聊着聊着，就开始发挥某方面的专长，批评起这个部门的主管不好，那个部门的主管看起来色迷迷的，甚至连董事长的儿子、女婿也难逃一劫，一个一个被拿出来评头论足一番。

几个女人七嘴八舌的，东一句西一句，越说越起劲，炮火隆隆。正当她们聊到精彩部分时，看到行政部门的小刘拿着饭盒走过来，就热情地叫他过来一起用餐。

多了位听众，女人聊闲话的功力更是发挥到了极致。陈小姐正在批评刚上任的男经理，她悻悻然地说："哼！什么都不懂，还老是摆个臭架子，依我看，我们小刘都比他强多了。小刘！你说是不是啊？"

小刘正低着头吃饭，却无端地被卷入这场话题里，感到很无奈。为了阻止这个话题继续，小刘忽然抬起头来，望望四周，神秘兮兮地说："我听经理说过，他非常欣赏你，还想约你出去看电影，到底他约了没？"大家听了，原本一肚子的话顿时卡在喉咙里，众人眼光不约而同地集中在陈小姐泛红的脸上。这下子，陈小姐可成了八卦新闻的最佳女主角。

新上任的经理，人才和品德都出类拔萃，暗恋他的人数不胜数，哪里会去喜欢一个成天在背地里说人是非、唯恐天下不乱的女人呢？这只不过是小刘为了耳根清净，虚晃一招罢了。

小刘的这招还真管用，接下来的时间里，大家都低着头默默无语，几个狐疑的目光轮流在陈小姐脸上打转。说人者人恒说之，陈小姐终于尝到被人在背后论长论短的滋味了。

当八卦制造机成为八卦中的主角，这台机器的运转功能一定会大大削减。在工作的空当说些无关痛痒的是非，可以有效地促进同事间的情谊，为平淡的工作增添一些色彩。但是这种行为一旦变成了不实的谣言，就是把自己的快乐建立在别人的痛苦之上了。

报载，某市对"上班族"进行了一次抽样调查，其中当被问到"什么是吸引你每天上班的理由"时，竟有相当一部分人在"不上班，就听不到许多小道消息、谣言、传言"后面打了对号。

这个结果既让人啼笑皆非，又令人深思。

搬弄是非的人，就是那些把不该传的话有意传来传去并品头论足的人。虽说"谣言止于智者"，但智者毕竟很少，谣言总是会被不停散播。言者捕风捉影，信口开河；传者人云亦云，添油加醋；闻者半信半疑，真伪不分；被害者莫名其妙，有口难辩。

搬弄伤害他人的是是非非，不是出于嫉妒、恶意，就是为了哗众取宠、自抬身价。不论是哪种情况，都应视为不光彩的行为。

同样，同事间相处，大家整天在一起聊天说话、谈论问题的时机多得很，谁能保证这种交谈就一点也不涉及人与人之间的关系呢？又有谁能够做到每说一句话都思考再三，每一句话都是绝对与别人无关，且对别人一点褒贬都没有呢？关键是要实事求是、心地纯正。同事在特定场合说的话，不能全盘照“搬”；对于同事无意中说出的话也要“不当回事”。

在办公室里，一定要做到不听是非、不说是非、不传是非、不理是非，任凭再多的流言蜚语，都要装作不知道。这样才能保证自己的职业生涯一路顺利，不被一些家长里短的小事所牵绊。

辑五

办事心理学：事半功倍才是硬道理

中国古代铜钱铸造成“内方外圆”的造型是充满智慧的，外圆可减少阻力，便于流通携带；内方则可一线贯通，秩序井然。其实，今天我们做人做事的道理也尽包含在其中。做人有方的准则在手，就会方寸不乱，千变万化不离其宗；做事有圆的技巧在胸，就会浑圆玲珑，世事人情一通百通。外圆内方，可谓做人做事的最高境界。做人有方，就能堂堂正正；做事有圆，就能得心应手。有圆无方则不立，有方无圆则拘泥，可方可圆则无往不利。方就像是做人的脊梁，而圆则可以说是做事的锦囊；方是平天下的宏大气度，圆是适应社会的行为准则。我们可以学习和借鉴古人的智慧，将“方圆处事”作为办事的策略和艺术。做事讲究策略、方法、技巧和艺术性，在重要的时候讲究变通灵活，才可不被事情所累所困，更容易获得成功。

场景:

小李刚被任命为部门经理,对他来说这个新职位有许多需要学的东西。因为没有经验,当下属有问题询问时,他往往会自己花费大量时间搜寻各种资料来解答。其实他自己明白,如果他问一下同级的其他经理或是一些老员工,问题解决得会更方便和快捷,自己也不用这么忙碌。但他没有这么做,因为他担心在自己任职的初期,向同事寻求太多的帮助,会让领导认为提升他是一个错误。小李所面临的问题,身在职场的你是不是也遇到过呢?

第12章 面对苦难，勇于开口求助

求助方式有技巧

一列商队在沙漠中艰难地前进，昼行夜宿，日子过得很艰苦。

一天晚上，主人搭起了帐篷，在其中安静地看书。忽然，他的仆人伸进头来，对他说："主人啊，外面好冷啊，您能不能允许我将头伸进帐篷里暖和一下？"主人是很善良的，欣然同意了他的请求。

过了一会儿，仆人说道："主人啊，我的头暖和了，可是脖子还冷得要命，您能不能允许我把上半身也伸进来呢？"主人又同意了。可是帐篷太小，主人只好把自己的桌子向帐篷外挪了挪。

又过了一会儿，仆人又说："主人啊，能不能让我把脚伸进来呢？我这样一部分冷、一部分热，又倾斜着身了，实在很难受啊。"主人又同意了，可是帐篷太小，两个人实在太挤，最后主人只好把桌子搬到了帐篷外边。

当对方先接受了你一个小的要求后，为保持形象的一致，他可能接受你一项更大、更不合意的要求，这叫作登门槛效应，又称得寸进尺效应。

登门槛效应通俗地说，就像我们登台阶一样，我们要走进一扇门，不可以一步飞跃，只有从脚下的台阶开始，一个台阶一个台阶地登上去，才能最终走进门里。

心理学家认为，一下子向别人提出一个较大的要求，人们一般很难接受。如果逐步提出要求，不断缩小差距，人们就比较容易接受。这主要是由于人们在不断满足小要求的过程中已经逐渐适应，意识不到逐渐提高的要求已经大大偏离了自己的初衷。

因此，让别人做一件事，如果直接把全部任务都交给他，往往会使其产生畏难情绪，拒绝你的请求；而如果化整为零，先请他做开头的一小部分，再一点一点请他做接下来的部分，别人往往会想，既然都开始做了，就善始善终吧，于是就会帮忙到底。

在美国，有两个人做过一个有趣的调查。他们去访问郊区的一些家庭主妇，请求每位家庭主妇将一个关于交通安全的宣传标签贴在窗户上，然后在一份关于美化加州或安全驾驶的请愿书上签名，这些都是小而无害的要求。很多家庭主妇爽快地答应了。

两周后，他们再次拜访那些合作的家庭主妇，要求她们在院内竖立一个倡议安全驾驶的大招牌，保留两个星期。该招牌并不美观，应该说这是一个大要求。结果答应了第一项请求的人中有55%的人接受了这项要求。

他们又直接拜访了一些没有接触过的人，这些家庭主妇中只有17%的人接受了该要求。

是啊，既然已经在刚开始时表现出助人、合作的良好形象，即便别人后来的要求有些过分，自己也不好推辞了。在生活中，要想让别人答应自己的要求，就需要借鉴登门槛效应。

西方二手车销售商卖车时往往把价格标得很低，等顾客同意出价购买时，又以种种借口加价。有关研究发现，这种方法往往可以使人接受较高的价格；而如果最初就开出这种价格，则顾客很难接受。

有一个人得了高血压，夫人遵照医嘱，做菜时不放盐，丈夫口味不适应，拒绝进食。后来夫人将医嘱折中了一下，每次做菜少放一点盐，每次递减的程度很小，后来丈夫逐渐习惯了清淡的味道，即使一点盐不放，他也不觉得不好吃了。

上述这些都是成功运用登门槛效应的案例。在人际交往中，当你要求某人做某件较大的事情而又担心他不愿意做时，可以先向他提出做一件类似的、较小的事情，然后一步步地提成更大一些的要求，从而巧妙地影响他，最终达到自己的目的。

别怕给朋友添麻烦

很多人不肯寻求帮助的理由是怕给别人添麻烦，或是怕被别人拒绝丢了面子。其实你的心理完全不必这么脆弱。对于你的求助，大多数人还是很乐意帮忙的，给他们一个机会帮助你，他们也会感到开心。即便真的遭到拒绝也没什么，大不了还是自己动手。为什么不尝试一下呢？

小雨换了新工作，要搬到另一个城市居住。这份新工作需要她投入大量时间去熟悉，可新租来的房子还没来得及粉刷和装修，她实在抽不出时间。这时她想到了好朋友妮妮。妮妮是个自由职业者，最近恰好工作不忙。最重要的是妮妮不断地更换居住地点，对装修房子经验颇多，自己还可以趁机向这个能工巧匠多学几招。可是她一直在迟疑，始终犹豫不决：“这事看起来不太合适吧？让妮妮从一个城市飞到另一个城市，花好几天时间为我的新家干活。”她为此做了一星期的心理斗争，终于鼓起勇气拨通了电话：“妮妮，是我，小雨，我想问问你，你最近忙吗？”小雨把这句在心里默念了千万遍的话迟疑地说出来了。

“不忙啊，啥事？说吧。”妮妮爽快地回答。

“哦，是这样，我想，你能不能，能不能过来帮我看看房子怎么装。要是你没时间就算了，真的没关系。”小雨一口气把这些说完，紧张地等待着答案。

“好啊，没问题，我正好出去散散心，就当旅游了。还有人管我食宿，多好。”妮妮愉快地回答。

听到这里，小雨心中的一块石头落了地。

事情就是这样简单，她根本不必如此紧张，因为这个决定最终将由对方来做。你的要求是否可行，对方自会进行判断和决定。大部分人都非常热心，尤其是你在过去曾经给予过帮助的人。如果你并不确信对方是否会答应，担心听到“NO”，那不妨先问问自己，你们的友谊是否已经足够坚固并经得起拒绝。

当然，如果不想遭到拒绝，你也需要适当注意一下表达方式。当你在寻求对方帮助的时候，要让对方感觉你寻求的帮助非常必要而且对你非常重要：“这事可能有点麻烦，但对我来说真的很重要。”并且也要懂得给对方台阶下：“我很理解，这件事对你来说可能有些难度。做不了没关系，我再想想别的办法。”当然，在寻求帮助的时候，最好能让对方觉得日后当他们有困难的时候，你也一定不会袖手旁观。即便没有永远的朋友，也会有永远的利益。

平时多烧香，急时有人帮

有这样一个寓言：黄蜂与鹧鸪因为口渴得很，就找农夫要水喝，并答应付给农夫丰厚的回报。鹧鸪向农夫许诺它可以替葡萄树松土，让葡萄长得更好，结出更多的果实；黄蜂则表示它能替农夫看守葡萄园，一旦有人来偷，它就用毒针去刺。农夫并不感兴趣，对黄蜂和鹧鸪说：“你们没有口渴时，怎么没想到要替我做事呢？”这个寓言告诉我们这样一个道理：平时不注意与人交往，建立关系，等到有求于人时，再提出替人出力，未免太迟了。

你有没有这样的体会：当你遇到某种困难，想办某件事的时候，想找个朋友帮你解决，却突然想起来过去有许多时候本来应该去看他的，结果却没有去，本来可以关心一下的，却没有表示。现在有求于人家就去找，会不会太唐突了？会不会遭到他的拒绝？在这种情形之下，你免不了要后悔“平时不烧香”了。

中国人讽刺临事用人的做法，最简练的话就是“平时不烧香，临时抱佛脚”。俗话说得好，“平时多烧香，急时有人帮”。真正善用求人攻心术的人都有长远的眼光，早做准备，未雨绸缪。这样，在急时就会得到意想不到的帮助。

因此，我们为人处世的原则就是不要与朋友失去联络，不要等到需要获得别人帮助时才想到别人。有时候，半年以上不与某个朋友联系，就有可能失去这位朋友。

因此，主动与朋友联系十分重要。试着每天打 5~10 个电话，不但能扩大自己的交际范围，还能维系旧情谊。如果一天打通 10 个电话，一星期就有 50 个，一个月下来，便可达到 200 个。这样一来，你的人际网络每个月大概都可增加十几个“有力人士”，他们很可能会在未来帮你打通某个关节。

现代很多人都有忽视“感情投资”的毛病，一旦交上某个朋友，就不再去培育和发展双方之间的感情了，长此以往，两个人的关系自然就淡薄了，最后甚至会变成陌路人。

我们中国有许多礼节，碰上婚丧嫁娶等大事，亲戚朋友就要参加，有许多场合还得送礼。这是几千年来的传统，是很有必要的，因为这是亲朋好友经常保持联系的一种方式。如果你常年关闭门户，既不“出去”，也不欢迎别人“进来”，那就孤立了自己。

遇到朋友的人生大事，如果有空尽量参加，如果实在脱不开身，也要写信或托人带点什么，以表达自己的心意。

常常与朋友保持无事相求时也能轻松地相互联络的关系，才是最理想的状态。真正可以亲密往来的朋友，越是无事相求时越能尽情地交往。反之，遇上有事相托时，即便三言两语，对方也能明白你想说的话。此时，对方会真心诚意地尽己所能来帮助你。

第 13 章
眼泪和微笑是最好的武器

用眼泪打动人心

据动物园的饲养员介绍，凶残的鳄鱼在吞噬猎物时，总要流下一串串“伤心”的眼泪。因此“鳄鱼的眼泪”常用来比喻那些虚伪的坏人。（其实鳄鱼流泪是一种自然的生理现象。）但从另外一点折射出了鳄鱼的狡诈之处。现实生活中，有的人为了升官发财，竟然也用哭来达到目的。翻开历史，会哭的男人、女人不少，哭得妙的人哭出了天下，次一点的也能哭出个财运亨通。

林肯出身于一个鞋匠家庭，而当时的美国社会非常看重门第。林肯竞选总统前夕在参议院演说时，遭到了一位参议员的羞辱。那位参议员说：“林肯先生，在你开始演讲之前，我希望你记住你是一个鞋匠的儿子。”林肯看看他，没有表现出愤怒的样子，而是深沉地说：“我非常感谢你使我想起我的父亲，他已经过世了，我一定会永远记住你的忠告，我知道我做总统无法像我父亲做鞋匠那样做得那么好。”听了林肯这一席话，参议院陷入了沉默，林肯又转头对那个傲慢的参议员说：“就我所知，我的父亲以前也为你的家人做过鞋子，如果你的鞋子不合脚，我可以帮你改正它。虽然我不是伟大的鞋匠，但我从小就跟随父亲学到了做鞋子的技术。”然后，他又对所有的参议员说：“对参议院的任何人都一样，如果你们穿的那双鞋是我父亲做的，而它们需要修理或改善，我一定尽可能帮忙。但是有一件事是可以肯定的，我无法像他那么伟大，他的手艺是无人能比的。”说到这里，林肯流下了眼泪，所有的嘲笑都化成了真诚的掌声。后来，林肯如愿以偿地当上了美国总统。

作为一个出身卑微的人，林肯没有任何贵族社会的硬件。他唯一可以倚仗的只是自己出类拔萃的扭转不利局面的才华，这是一个总统必备的素质。正是关键时的一次心灵燃烧使他赢得了别人包括那位傲慢的参议员的尊重，创造了生命的辉煌。林肯在关键时刻的眼泪，让人们看到了他的铁汉柔情，赢得了最后的成功。

男儿有泪不轻弹，只因未到伤心处。对于一位情感丰富的男子汉来说，哭未必就是罪过。只要哭有缘由，并且能巧于用哭，善于用哭，用“哭”办成了事情，就是值得高兴的。

鲍尔温交通公司总裁福克兰，在年轻的时候因巧妙处理了一项公司的业务而青云而上。他当时是一个机车工厂的普通职员，由于他的建议，公司买下了一块地皮，准备建造一座办公大楼。居住在这块土地上的100户居民，都得因此而搬迁。但是居民中有一位爱尔兰老妇人，却首先跳出来与机车工厂作对。在她的带领下，许多人都拒绝搬走，而且这些人抱成一团，决心与机车工厂一拼到底。福克兰对工厂领导说：“如果建议通过法律途径来解决问题，就费时费钱。我们更不能采用其他强硬的办法，以硬对硬驱逐他们，这样我们将会增加更多仇人，即使建成大楼，我们也将不得安宁。这件事还是交给我来处理吧！”

这一天，他来到了老妇人家门前，坐在石阶上独自地流起了眼泪。这种行为自然引起了老妇人的注意。良久，她开口发问：“年轻人，有什么伤心事吗？说出来，我一定能帮助你。”福克兰趁机走上前去，他擦擦眼泪，没有直接回答她的问题，却说：“您在这无事可做，真是天大的浪费呀！我知道您有很强的领导能力，实在是应该抓紧时间干成一番大事业的。听说这里要建造新大楼，您是不是准备发挥超人才能，做一件连法官、总统都难以做成的事：劝您的邻居们，让他们找一个快乐的地方永久居住下去。这样，大家一定会记得您的好处的！”

从第二天开始，这个强硬顽固的爱尔兰老妇人便成了全费城最忙碌的妇人了。她到处寻觅房屋，指挥她的邻人搬走，并把一切办得稳稳妥妥。办公大楼很快便开始破土动工了。而工厂在住户搬迁过程中，不仅建楼的速度大大加快，而且所付的代价竟只有预算的一半。

福克兰用哭声打动了老妇人的心，使她心甘情愿地为福克兰办成了一件大事。这里的成功和眼泪就是不可分离的，福克兰终于使老妇通情达理，从而也为自己打开了成功之门。

用眼泪表现真情与淳朴

在找人办事时，激发对方的同情心是十分重要的。当你巧妙地点醒对方，触动他心灵的柔软地带的时候，再难办的事情也能办得成。

1952 年，艾森豪威尔竞选美国总统，年轻的参议员尼克松是他的副总统搭档。

正当尼克松为竞选四处奔波时，《纽约时报》突然报道尼克松在竞选中秘密受贿的丑闻，消息不胫而走，给共和党的竞选带来极为不利的影响。为摆脱困境，共和党不惜花数万美元，让尼克松利用媒体向全国选民做半个小时的公开声明。

显然，能否澄清事实，取得选民认同，此举是关键。当时，全美国电视台、电台都把镜头、麦克风对准了尼克松。

而尼克松万万没有料到，在走进全国广播公司的录音室之前，他被告知，助选的高级顾问已决定要他在广播结束后提出辞呈。

这意味着艾森豪威尔和共和党已经在最关键的时刻抛弃了他。

于是，尼克松只好采取了一个在政治史上少见的行动：他把自己的财务状况全部公之于选民，先是公布了他的财产，再公布他的负债情况。接着他详细地说明自己目前的经济状况，连同怎样花掉每分钱都如实地告诉大众，这几乎是每天发生在大家身边的事，听来那么熟悉，那么真切可信。最后他声泪俱下、满怀感恩地说："我还应该说，就是我太太帕特没有貂皮大衣……还有一件事，也应该告诉你们，获得提名之后，我们确实收到一件礼物。得克萨斯州有一个人在无线电台中听到帕特提到我们的两个孩子很想要一只小狗，就在我们这次出发进行竞选旅行的第一天通过巴尔的摩市的联邦车站送来一只西班牙长耳小狗。这只狗带有黑白两色的斑点，我 6 岁的小女儿西娅给它取名叫切克尔斯，她爱死了那只小狗。现在我只要说明这一点，不管别人说什么，我们都要把它留下来。”

就这样，连尼克松自己都没有想到，他的演讲获得了巨大的反响。当他走出录音室时，到处是欢呼声，有数以万计的人打来了电话、电报或寄来信件，几乎每个著名的共和党人都给尼克松来电表示赞扬，从邮局汇来的小额捐款就达 6 万美元。

就这样，事实澄清之后，尼克松反而赢得了大批同情选票。后来，人们评论尼克松这次演讲成功的关键，就在于他的演说具有两大特点：一是“真诚”；二是“淳朴”。当时，处于绝望边缘的尼克松，竟然不以副总统候选人的身份，而是以一个普通人的形象出现在公众面前，与大家话家常，而他讲述的生活细节富有人情味，所以才能说服别人，获得他们的信任。

人人都有一颗心，那是一颗貌似冷酷无情，实则充满同情的柔软之心。只看你如何以真诚轻柔的触角去触动他人的薄弱点，从而以点带面，震撼他人的心，让他人因此而感动并站到你这一边。

用眼泪冲垮他人的心理防线

在过去的一年当中，某公司人事部经理已经与一位领班会晤了四次，希望向领班传达公司要辞退他的意思，但每次都在尚未进入主题时，这位领班就已经泣不成声了。他未必有演戏的天分，但是对付这位人事经理已达到了绝佳的境界。因此每次经理都回复公司说道：“如果必须开除他，你们自己去说吧，我办不到。”就这样，领班一直在那家公司做了下去。本来，经理是想说服领班离开公司，但是领班运用了效果极强的哭术，攻破经理心理防线，成了这场说服战中的赢家。

哭或者哀怨，在某些场合并不是懦弱的表现，而是最强大最有效的能够冲破对方心理防线的工具。

在日本的一次国会议员选举中，有一位田中派的候选人，由于田中形象的阴影使他处于不利的形势，虽然后来当选了，但恶劣影响一直都在。于是他就采取“我被沉重的田中事件的十字架压得透不过气来”等低姿态，以流泪的神情来争取民众的同情，而他的夫人也立于街头，向来往的行人哭诉，因此获得了多数民众的同情。

此外，告状的时候，眼泪这招也很管用。有人说女人告状比男人强，因为女人说着说着眼圈儿就红了，眼泪就不由自主地淌了下来，听者就是铁石心肠，也免不了会动恻隐之心的。

这话颇有道理。可是，事实上，大多数告状者都是心里有气，积郁已久，一旦有了诉说机会，总是难抑内心激动，往往情绪愤懑，言辞激烈，给人的感觉倒不像是一个受害的弱者，而是一个咄咄逼人的强者了。

一位遭人欺凌的受害者在向领导告状时十分冲动，口出狂言污语，使这位领导很是反感，因而将他的问题拖着，迟迟不予解决。后来，此人绝望了，痛苦不堪，几欲轻生，反倒引起了这位领导的同情与重视。

当然，这并不是说，凡是说服别人都要摆出一副可怜兮兮的样子，流下几滴眼泪。而是说，凡是说服者在说服别人时，应该设法调动对方的同情心，使对方首先从感情上与你靠近，产生共鸣。这就为说服的成功打下了基础，人非草木，孰能无情，只要你将“情”字文章做够，说服别人时别人是会动心的。

在你来我往的攻心较量中，并不一定处处都要是蛊惑人心的激昂辞令，偶尔声泪俱下的真情告白更能显示出攻心者真挚的一面。

微笑是全世界通用的语言

一名大学生去应聘。这家公司刚刚成立，设施简陋。大学生见状，满脸愁容，精神不振。老板一看他的神态，便失去了继续交谈的兴趣。而另一位大学生没有因为公司设施简陋而感到沮丧，他微笑着对老板说：“如果能够来到这里工作，我会很高兴，我一定努力做好工作。”老板笑逐颜开，表示热烈欢迎。

真诚的微笑，其效用如同神奇的按钮，能立即接通他人友善的感情，因为它在告诉对方：“我喜欢你，我愿意做你的朋友。”同时也在说：“我认为你也会喜欢我的。”

钢铁大王安德鲁·卡内基的高级助理查尔斯·史考伯说过：“我的微笑值100万美金。”这可能有些夸张，因为史考伯的性格，他的魅力，他那种富有吸引力的才能，都是他成功的原因。而他那动人的微笑确实让人有好感。微笑常常比语言更有力。

威廉·史坦是位股票经纪人，在知道了微笑的神奇作用后，用了一个星期做了专门的训练，每时每刻都对身边的人微笑。他在给朋友的信中谈到了这件事：

“我已经结婚18年了，在这段时间里，从早上起来到上班，我很少对我太太微笑，或对她说上几句话。我是百老汇最闷闷不乐的人。

“当我听到微笑的作用后，我就决定试一个星期看看。因此，第二天早上梳头的时候，我就看着镜中我的满面愁容，对自己说：‘你今天要把脸上的愁容一扫而空。你要微笑起来。你现在就开始微笑。’当我坐下吃早餐的时候，我说：‘早安，亲爱的。’结果我的太太说我微笑的时候，充满了慈祥。

“我还改掉了批评他人的习惯。我现在只赏识和赞美他人，而不蔑视他人。我已经停止谈论我想要的，而试着用别人的观点来看事物。这一切真的改变了我的生活。我变成一个完全不同的人，一个非常愉快的人，一个更富有的人，在友谊和幸福方面都过得很满足，而这才是真正重要的。”

微笑是一种令人愉悦的表情，是一种含义深远的体态语，在公关活动中有很重要的作用。微笑可以大大地缩短人与人之间的心理距离，迅速增加亲近感。生活里，不管是和相识的还是和不相识的人在一起，不管是去找人办一件事还是想结识一位新伙伴，一个热情的微笑，都会像一缕霞光，给人以温暖，使人感到轻松愉快；而冷漠的、古板的态度，只会让人感到难堪，产生被人拒之于门外的隔膜心理。

大家都知道狗是非常受人欢迎的，这主要是因为狗见到人后，那种从躯壳里跳出来的高兴劲足可以让人感动，从而引起人狗情感互动：人喜欢狗，狗喜欢人，都是发自内心的。如果人与人之间也能建立起这种愉快的情感互动，无疑是给自己开了一张通往成功的介绍信。

艾米莉是某化妆品公司的直销员，她入户推销的成功率高得不可思议。她的制胜法宝其实很简单，在她每次敲用户的门之前都拿出镜子，面对镜子微笑，当微笑遍布整个脸庞，渗透到每个毛孔时，才带着微笑去敲门。无论遇到什么样的主人，都不忍心拒绝她那张灿烂的笑脸。

微笑还含有另外一层意义：你值得我对你微笑。波纳罗·奥弗斯特曾说："我们对别人微笑，别人也会对我们报之以微笑。也可以说，我们从众人之中选中了他，我们已经承认了他，并给予了他一个特殊的地位。"

一个纽约大百货公司的人事经理说他宁愿雇一名有可爱笑容而没有念完中学的女孩，也不愿意雇用一个板着冷冰冰面孔的哲学博士。由此可见，微笑是一种多么令人愉悦的表情。

最后，还是让我们记住艾勃·哈巴德这段贤明忠告吧：

每当你出门的时候，把下巴缩进来，头抬得高高的，肺部充满空气，沐浴在阳光中，微笑着招呼你的朋友们，每一次握手都使出力量。不要担心被误解，不要浪费一分钟去想你的敌人。

笑容是制服愤怒的法宝

有一个学者喜欢晚上在办公室里写作，每当这时，整座楼除了他和一位管理员外再没有别人。

在学者眼里，那位做杂务的管理员不过是个微不足道的小人物，他从未想过此人跟自己有什么关系。但他没想到，这个小人物居然会给他制造很大的麻烦。

不知什么原因，每回他刚刚进入写作状态，灯就灭了，于是他就什么也干不成了。到楼下一问，原来是管理员关掉的。问他为什么关灯，管理员总是说："我以为楼上没人了呢！"

学者告诉管理员，他晚上通常会在这里工作到很晚，因此这层楼的灯可以不必关，他走的时候会关灯的。他这样提醒过好几次，但管理员的记忆力似乎很成问题，照样关灯不误。

有一次，学者灵感迸发，正写得入神，灯突然灭了。他不禁勃然大怒，气得跳起来，像个疯子一样奔到一楼，一脚踢开值班室的门，指着管理员的鼻子破口大骂："你这个白痴，我已经告诉你无数遍不要关灯，可你还是让你那颗愚蠢的脑袋指使你干这种愚蠢的事……"

学者尽可能选择最恶毒的词语发泄自己的愤怒，直到骂得口干舌燥，才不得不停下来喘一口气。那个管理员呢，他一直面带微笑地听着学者长篇大论式的叫骂，好像他听到的不是最恶毒的攻击，而是最真诚的赞美。眼看学者骂得声嘶力竭，这才温和地问："您感觉好一点了吧？"

学者一闻此言，有如胸口挨了一记重拳，顿时气血翻腾，面红耳赤。他像一只斗败的公鸡，落荒而逃。他踉踉跄跄奔上楼，坐在椅子上，难过地想：作为一个学者，应该是我面带微笑向他说那句话，但结果恰恰相反。他越想越惭愧，感觉被楼下的大老粗彻底打败了。

过了许久，学者的心情才平静下来，进而反省自己的不是之处。他想：管理员在下班后关掉电源，是他应尽的义务。虽然在有人的情况下他不必这样做，但他并没有违反自己的职责。

此外，他本来可以早一点休息，由于我的原因，他却不得不每天承受额外的负担，而我却连一句感谢的话也不曾对他说过，根本无视他的存在。如果我受到相同的对待，能够心平气和地不表示出任何不满吗?

想到这里，学者心里充满了歉意。他再也坐不住了，立即下楼，为自己刚才的粗鲁无礼向管理员道歉，并对管理员为自己付出的额外劳动表示真诚的感谢。自此，学者和管理员的关系变得融洽了，停电的事再也没有发生过。

面对一名暴跳如雷骂声不绝的人，大多数人的反应都会是自卫式地拿起自己的武器，以血还血，以牙还牙，其结果只能是谁也不服谁，还惹了一肚子气，甚至发生令人遗憾的暴力冲突。而管理员却表现出极高的修养，他只是微笑着听着，温和地问了一句："您感觉好一点了吧？"即将对手击败，可谓"谈笑间，樯橹灰飞烟灭"。

人生不是战场。把太多的时间浪费在争执与纠纷中，势必会影响事业的成长。但是，意见和利益的冲突却是在与人交往中无法避免的难题，以笑容面对指责，不战而屈人之兵，无疑是最有利的选择。

以“笑”坦然面对困境

建安十三年（208年）冬，曹操兵败赤壁。

这是一场令史家扼腕的惨败。经此一役，雄霸北方的曹操永远失去了一统天下的机会。

83万雄兵压境啊，却在一夜间被蜀吴兵打败了。曹操从一个统兵近百万的主帅变成仓皇逃命的走卒。但败走途中，他却笑了。

乌林，树木丛杂，山川险峻，操仰天大笑不止。众将问何故，操曰：“吾不笑别人，单笑诸葛亮无谋，周瑜少智。若是我用兵，先在此处设下一支伏兵，吾辈只得束手就擒矣！”一语未毕，两边鼓声震响，赵子龙来了，好一阵掩杀，曹操仓皇逃得性命。又行一段，却听他再次仰天大笑。众将问何故，操曰：“吾笑诸葛、周瑜毕竟智谋不足。若是我用兵，在此也伏一彪军马，以逸待劳，我等纵得逃命，也不免重伤矣，彼见不到此，我是以笑之。”正说间，喊声四起，山口一军摆开，为首一人横矛立马，正是燕人张翼德，自然又是一阵掩杀。操迤逦奔逃，终于逃到华容道上，曹操第三次仰天长笑。众将皆惑，曹操说：“若使此处伏一旅之师，吾等皆束手受缚矣。”言未毕，一声炮响，关云长来也。

曹操一次比一次笑得勉强，但也显示出他山穷水尽之时也不会绝望的心态。曹操是一个从不肯认输的人，这性格是值得我们学习、研究的。人失败了而唉声叹气，可能再也爬不起来；只有像曹操那样不肯认输，才有可能败中求胜，反败为胜，做到今日失败明日胜利，一时失败一生胜利。

首先，曹操要用笑声来驱除失败的痛苦，为垂头丧气、失魂落魄的手下打气。其次，曹操通过讥笑周瑜、诸葛亮“无谋”“少智”，来掩饰自己的失算，维持自己在精神上的优越感，以求恢复自己的心理平衡。同时，这笑声显示出他不愿意认输，不会从此一蹶不振，决心东山再起，日后再与周瑜、诸葛亮一决雌雄的英雄气概。曹操的笑声，是大丈夫的笑声，是真正的英雄的笑声。他简直把战争当成了艺术，虽然输了，却还在为对手的作品的不尽完美处感到遗憾，直到三笑笑出了三支兵马，才消除了他的遗憾。

尽管他一溃千里，但他还能不为失败而丧失雄心壮志，非大英雄岂能如此潇洒地笑对人生？

笑，也可以说是曹操的一种“威慑力量”。关键时刻大笑，可以使人出人头地，出类拔萃。《三国演义》第四回写董卓专权，汉朝社稷危在旦夕之时，“王允设宴后堂，公卿皆至”“酒行数巡，王允忽然掩面大哭”，随后“众官皆哭”。这时，“坐中一人抚掌大笑曰：‘满朝公卿，夜哭到明，明哭到夜，还能哭死董卓否？’允视之，乃骁骑校尉曹操也。允怒曰：‘汝祖宗亦食禄汉朝，今不思报国而反笑耶？’操曰：‘吾非笑别事，笑众位无一计杀董卓耳。操虽不才，愿即断董卓头，悬之都门，以谢天下。’”这一笑，显示曹操高人一筹，有胆有识，有勇有谋。设想，曹操如果不笑，而是和满朝公卿一起哭个不停，他能引起大家的佩服和敬重吗？

宰相肚里能撑船。面对困难与挫折，面对惨淡的人生，开怀大笑正是胸怀广、度量大，能容人、能容事的表现。

第 14 章 求人办事的不败定律

兴趣、利益诱惑法

人们在办事时，对方能不能答应你的要求，能不能全力帮助你把事情办成，关键在什么？关键在他心里是怎么想的。他的心理世界是怎么想问题的，就决定了他对你提出的事是给办还是不给办。心理学家告诉我们，人们怎样想一件事情完全是外在情趣和利益诱惑的结果。他对 A 感兴趣或者想从 A 那里获得一些东西，他就会说对 A 有利的话，也会做对 A 有利的事；反之，他便具有原始的不自觉拒绝的心理。所以，人们在办事时，要想争取对方应允或帮忙，就应该设法引起对方对这件事产生积极的兴趣，或者设法让对方感觉到办完这件事后会得到自己感兴趣的利益。

很显然，人们对什么事有兴趣或认为做什么事会有满意的回报，就会乐于对什么事投入感情，投入精力，甚至投入资金。这种办事方法就叫作兴趣、利益诱惑法。

利用兴趣、利益诱惑法必须让对方感到自然愉悦，深信不疑，大有希望。只有利用兴趣或利益把对方吸引住，对方才肯为你的事付出代价。

兴趣、利益诱惑法在具体运用时也有一些小窍门。

1. 用兴趣让对方跟着自己

利用那些新颖的东西来引起对方强烈的注意，引起对方的好奇心，使对方常常情不自禁、穷追不舍地要弄个明白。这时对方就会对你产生强烈的兴趣，不由自主地跟你“黏”在一起，再进一步，就可能会被你牵着鼻子走了。

但要注意的是，当我们很谨慎地根据对方的经验、兴趣，而设法接近对方时，除了拿出“新颖”的东西之外，还得掺和着一些对方“熟悉”的成分即与对方的经验接近的东西。

因为我们的目的是不但要抓住对方的注意，还必须把握住对方的注意力而使对方折服。

2. 诱之以利让对方感觉到希望的牵引

吊人胃口，也可以说是“利而诱之制人术”，是“诱之以利，将欲予之，而先不予”，让想要得到利益之人长期生活在隐隐约约的希望之中。这样，就会让这个抱着希望的人死心塌地地为你办事。

这一心理规则能够给要办事的朋友一个很好的启示：首先，要想达到自己的目标，就必须刺激起对方的欲望，暗示只要能办成事，好事就在后头，并不时地给些甜头，让他相信你所说的并非是一句空口大话。于是，在不断的刺激下，他的欲望也就被挑了起来，这时就是你牵着他鼻子走的时候了。

而资本全在自己开发，一无所有本身就是资本：你有宝贵的生命，你有一个发达的大脑，你有无牵无挂的潇洒。于是，你会根据那时那刻的种种条件设计出一个最有效的办事方案，付诸行动，保证你能成功。

此外，我们大可不必有求于人便感觉低人一等的被动消极想法，而应利用本身的资本去吸引他，去打有动他，这才是办事的最高境界。

天下熙熙，皆为利来

古时候，孟尝君田文受国君宠爱时，一大批人投奔到他的门下，最多时食客有好几千人。后来，国君对他起了疑心并撤掉了他的职务，他只好离开国都，回到自己的封地上去。让他万万没有想到的是，那几千个平时口口声声仰慕他、愿意终生追随他的食客，一下子走得没影了，只有一个名叫冯谖的人愿意继续跟着他。后来，在冯谖的策划下，国君重新信任田文。田文官复原职，那些当初弃他而去的食客，都表示出很懊悔并想继续追随他的意思。田文恨恨地对冯谖说：“他们当初弃我而去，现在还有脸回来？谁好意思走到我面前，我一定要将唾沫吐在他脸上！”

冯谖劝道：“一个人富贵了，宾客自然多；贫贱了，宾客自然少，这是必然的道理。以前，人家争先恐后地投奔您，是因为您这儿有他们需要的东西；后来他们离开您，是因为您这儿已经没有他们需要的东西了，有什么可抱怨的呢？”

田文恍然大悟，心里的怨意顿消。后来，那些食客陆续前来投奔，他一如既往地接待他们，并且毫无芥蒂。

不少人认为，真挚的感情必须超脱利益关系，否则就不纯洁了。

其实，从广义上来说，利益不仅包括金钱，还包括其他具有吸引力的东西，比如财富、权势、才能、相貌、品德、力量、健康等都是有形或无形的利益。一个人爱上另一个人，一定是喜欢他拥有的某种利益，要想得到超越利益关系的“纯洁”的爱，根本是不可能的。一个漂亮姑娘会爱上一个穷困潦倒、胸无点墨，还有酗酒和赌博等恶习的老叫花子吗？这是根本不可能的。

从单项利益来说，爱财或爱才并无差别。无论爱财还是爱才，到最后一个女孩喜欢的还是能满足她真正利益需求的。

某些人不管自己这方面是否有值得爱的地方，便要求得到对方超脱利益关系的真爱，是不现实的。

如果问需要爱他们什么，他们会说，“爱我的心。”但是，如果他们的心里没有善意只有恶念，没有温暖只有冷酷，没有宽厚只有自私，又有什么可爱之处呢？

所以，超越利益关系的爱是不合逻辑的，推断起来，它的结论是：“因为是我，所以你应该无条件地爱我。”这是小孩子对父母的要求，不适合现实的成人世界。

大人物都知道，世上没有无缘无故的爱，因此他们也从不要求别人无条件的爱。要求别人无条件的爱，就像买东西不给钱一样，是不合理的。我们只有不断提升自己，让自己有值得别人去爱的东西，才会永远不乏别人的爱。

利益均沾，一荣俱荣

美国南部某州，每年都要举行一次南瓜大赛。有一位农场主年年都夺得金奖，而且每次得奖后，都会把种子分给邻居。有人问他为什么如此好心，他说："我这样做其实是在帮自己。为什么呢？如果别人家的南瓜品种很差，蜜蜂在传花授粉时，势必会使我家的南瓜受到污染，这样就培养不成优质南瓜了。"

天下事都是如此：一荣俱荣，一损俱损。所以，无论你如何努力发展自身能力，都比不上三个以上的人合作产生的力量大。如果你想要取得成功就要设法帮助身边的人一同强大起来，而不是削弱他们以显示自己。所以要想合作制胜，就一定要培养"利益均沾"的理念，抛弃"独享其功"的思想。

有一位男士，从小成绩优秀，考试总是班上头一名，大家都夸他将来一定大有出息，只有他的班主任摇头表示这个孩子将来不一定有出息。为什么呢？因为他的竞争心理太强，而且比较自私。同学们有不懂的问题想请教他，他要么置之不理，要么敷衍应付。因为他不愿为别人花自己的时间，而且总是担心别人超过自己。

老师劝他："全国有几百万考生，你的竞争对手不是你的同学，而且帮助同学并不会浪费你的时间，在给同学讲解问题时，也会加深你对这些问题的理解。"

对老师的话，他置若罔闻。后来他考上了一所著名大学，毕业后供职于一家大公司。正如老师所说的那样，十年过去了，他并未表现出有出息的样子。因为他老是将身边的同事当成竞争对手，没有合作意识也没有合作能力。他从不跟同事分享信息和经验，人际关系也很糟，工作也没有起色。很多能力不如他的人都升职了，他却总是得不到重用。

小人物并非都是没有能力的人。他们的问题是，只追求自己的成功，不管别人成功甚至不希望别人成功，所以他们不能将自己的能力跟团队很好地融合在一起以获得升华。

我们需要切记的是，只有优秀的团队，没有优秀的个人。处在一个失败的团队，个人再优秀，也是失败者。所以，我们要考虑的不仅仅是自己如何成功，同时也要考虑如何帮助他人、帮助团队获得成功。

孙武“率三万军，横行天下无敌”，不是他自己有多么神勇，而是他懂得用上乘兵法约束部下，使团队潜力发挥得淋漓尽致。项羽不愿学剑法，要学“万人敌”的本事，因为他知道，虽然自己天生神力，能举千斤重鼎，对付三五十个人不成问题，但遇到千军万马也还是没戏。

毛泽东也是一个合作专家，他的“团结一切可以团结的力量”，就体现了一种高瞻远瞩的合作制胜的思路。他最喜欢用的“诱敌深入，集中优势兵力歼其一部”的战术，就是典型的“靠合作取胜”。即集合自己的优势力量，打击敌方合作意识薄弱的冒进者。

总之，合作意识、分享意识是一个想成功的人所必须具备的。

投其所好，巧灌“迷魂汤”

第二次世界大战后期，日军在南太平洋战场上节节败退。一次，美军攻占了一个日军驻守的岛屿，日军残余部队退缩到一个山洞中负隅顽抗。美军喊话让他们投降，并许诺优待他们，决不伤害他们的性命。但日军不为所动，继续朝洞外开枪。因为他们满脑子武士道思想，不像美军士兵那么爱惜生命。

这时，一位美军士兵开玩笑说：“如果投降，可以带你们到好莱坞瞻仰女明星的风采。”话音刚落，枪声便停了。接着，日本兵一个个爬出洞穴缴械投降了。

那位美国兵真是说到点子上了，这群日本兵不怕死，但却仰慕明星。听说能有机会见识神话般的女明星，便又有了生的欲望。后来，美军司令部为了维护信誉，真的安排他们到好莱坞一游，让他们大饱眼福。

有一句话说得好：“了解人性人情，你就无所不能。”了解对方喜欢什么，讨厌什么，渴望什么，害怕什么，你就能控制对方的心情，牵着他的鼻子走了。

人的正常心理是：尽量逃离自己害怕的事物，而趋向自己渴望的事物。你只要知道对方害怕什么，喜欢什么，并施展适当的手段，你就能拿住他的七寸。

懂得控人之术，能使对方像喝了“迷魂汤”一样，随着你的指挥棒转。下面介绍两种“灌迷魂汤”的技巧。

第一种是，调动对方内心的欲望。人的欲望不尽相同，根据不同对象，找出他心中最渴望的事，重点突破，就能撕开他的心理防线。

人既有个性，又有共性。“饮食男女，人之大欲存焉”，这是共性。就个性而言，就要根据具体对象来考察，没有定规。要调动对方的欲望，最好从个性入手，探知他心中最渴望的东西，并提供恰如其分的诱饵，然后他就会上钩。

第二种是，找准对方的兴趣点，投其所好。投其所好就是关注对方的兴趣，从对方的兴趣出发，谈论对方感兴趣的事，以达到自己的目的。

投其所好，是一门艺术、一种智慧，也是一种沟通手段。它需要调动你的知识、才能，向对方发起心理攻势，直至“俘获”对方的心，进而达到自己的目的。

孔子的弟子子贡游说四国的故事，是一个非常典型的例子。

春秋时，齐简公派大将国书率大军进攻鲁国。实力不济的鲁国岌岌可危。子贡自告奋勇，决心以三寸不烂之舌拯救鲁国。他知道国书与齐相国田常是政敌，于是，他来到齐国，对田常说：“忧患在外面，应该先攻弱敌；忧患在内部，应该先攻强敌。你现在让国书去攻打弱小的鲁国，不是让他建立功劳，培养势力，削弱你自己吗？”

田常一听有理，忙问怎么办。子贡告诉他，应该让国书去攻打强大的吴国。田常为难地说，齐国大军已向鲁国进发，中途改道进攻吴国，没有道理。子贡表示自己可以为他找到理由。田常欣然应允。

子贡又马不停蹄地赶到吴国。他知道吴王夫差野心勃勃，做梦都想称霸天下。于是，他对夫差说：“假如齐国吞并鲁国，实力增强，必然转攻吴国，大王不如先下手为强，联鲁伐齐。这样大王不但可以获得扶助弱小的美名，又可向诸侯显示实力，称霸天下指日可待。”

夫差一听就动心了，可他又担心大军出发后，越国会乘虚而入。子贡表示愿意为他解除后顾之忧。他知道越国跟吴国有亡国之恨，时时图谋复仇。于是，他来到越国，对越王勾践说：“心中的图谋被敌人知悉，是很危险的事呀！现在吴国想出兵伐齐，却怕越国乘虚而入，是不是对大王有所怀疑？”

勾践大吃一惊，忙问怎么办。子贡劝他出兵帮助吴国伐齐，以打消吴王心中的疑虑。勾践欣然应允。就这样，吴越联军便浩浩荡荡向齐国进发了。子贡知道吴国必胜，到那时，吴国可能会趁势进攻晋国，兼并鲁国。为了消除隐患，他又跑到晋国，劝晋王早做准备。

后来的事一如子贡所料：吴军与齐军大战，大获全胜，齐军主帅国书死于乱军之中。吴军乘胜进攻晋国。晋军以逸待劳，击退吴军，吴王夫差铩羽而归。鲁国之危终于解除。

本例中，子贡抓住各说服对象的兴趣点，施展如簧巧舌，结果把各国首脑人物玩得团团转，实在是深得控人之道。

生活中不乏这样的事例：有些小学毕业生能成为顶尖人士，而有些博士生却终生碌碌无为。原因在于，前者了解人，懂得从他人的兴趣出发考虑问题；后者只了解书，只考虑自己的偏好，企图将自己认为好的东西强加于人。

冯天舒为人热情大方，很善于与各种各样的人打交道。在调到一个新单位后，他首先想到的是如何赢得上司的好感和赏识。在做了一番调查后，他得知上司为人保守，就毅然舍弃了长发、牛仔等时髦装束，而以循规蹈矩的形象出现在上司面前。

在初步赢得上司的好感后，冯天舒就充分发挥自己热情、乐于助人、慷慨大方的优点，主动与上司交往，建立朋友般的友谊。冯天舒并不是经常围着上司转，而是设法去顺应上司的性格特点。他的上司有一个最大的爱好——打乒乓球，于是他就苦练了一段时间的球艺，然后频频在上司常去的一家俱乐部露面，且每次都是和上司一起对阵、切磋球艺。在球来球往中，这位上司与冯天舒成了好朋友。

经过一番交往，上司水到渠成地了解了冯天舒身上的优点和才干，在工作中对他委以重用。冯天舒投其所好与上司交朋友，出色地把自己推荐给上司，从而赢得了事业上的成功。

由此可见，投其所好不仅是一种求人办事的手段，更是一门高超的攻心艺术。

许多大人物，除了在事业上有着超人的智慧和胆略外，在娱乐爱好方面也有着高雅的情趣，有的爱打网球，有的精于牌术，有的擅长钓鱼……从这些人的爱好特长和艺术修养中，可以看到他们丰富的情感世界和对生活的强烈热爱。

遇到品位高雅的大人物，如果你正好与他兴趣相投，那么就有更多的机会结为知交，在请教切磋中增进友谊，加深了解，这也会为今后的办事创造有利条件。物以类聚，人以群分。每个人主观上不自觉地就会喜欢自己的同类。所以，如果想要打动求你办事的人，不妨投其所好。

满足对方的欲望

楚、汉争霸时，在荥阳一带展开拉锯战，谁也没有占到多大优势。于是双方约定，以鸿沟为界，中分天下，其西归汉，其东归楚。

汉四年（前 203 年）九月，项羽解围东撤，刘邦也要引兵西归。张良充分认识到此时的项羽因刚愎自用，到了众叛亲离、捉襟见肘的地步。于是，张良、陈平二人同谏刘邦，希望他趁机灭楚，免得养虎遗患。刘邦从谏，亲自统率大军追击项羽，另外派人约韩信、彭越合围楚军。

汉五年（前 202 年）十月，汉军追到一个叫固陵的地方，却不见韩信、彭越二人前来驰援。项羽回击汉军，刘邦再次败北。刘邦躲在山洞中，不胜焦躁，询问张良道："诸侯不来践约，那将怎么办？"张良是一位工于心计的谋略家，他时刻关注着几个影响时局的重要角色的一举一动，探索着他们心灵深处的隐秘，并筹划着应对之策。

当时，虽然韩信名义上是淮阴侯，彭越是建成侯，实际上却只是空头衔，没有一点封地。因此，张良回答刘邦道："楚兵即将败亡，韩信、彭越虽然受封，却未有确定疆界，二人不来赴援，原因就在于此。您若能与之共分天下，当可立即招至二将。若不能，成败之事尚无法预料。我请您将陈地至东海的土地划给韩信，睢阳以北到谷城的土地划归彭越，让他们各自为战，楚军将会很容易被攻破。"刘邦一心要解燃眉之急，听从了张良的劝谏，不久，韩信、彭越果然率兵来援。十二月，各路兵马会集垓下。韩信设下十面埋伏，与楚决战。项羽兵败，逃到乌江自刎。长达四年之久的楚汉战争，以刘邦的胜利而告终。

无论是伟大领袖，还是圣贤哲士、凡夫俗子，每个人都有缺点，都有被人利用的弱点。为人处世，你掌握了对方的弱点而利用之，处理问题或求人办事就可以被对方认可与接受。这是一种主动出击的战术，如能运用得恰到好处，一切都将得心应手、称心如意。

人们无时不在为名而生存，无时不在为利而生存。世间有为名甚于为利的人，有为利甚于为名的人，有既为名义为利的人。有名义上是为名，实际上是为利的人，有名义上是为利，实际上是为名的人。你需要做精到细致的观察，使利用的技巧恰到好处，不留痕迹。

在处理韩信、彭越索要实惠这件事情上，张良做得十分周到，也充分利用了人性的弱点——好名、好利。划归一些封地给他们，就满足了他们的心愿，使他们各自尽力而战。

在求人办事时，与其让他为你办事，不如让他为自己办事。后者比前者的成功率要高得多。

周文王在渭水的北岸见到了正在直钩钓鱼的姜太公。太公说，用人办事的道理和钓鱼有点相似之处：一是禄等以权，即用厚禄聘人与用诱饵钓鱼一样；二是死等以权，即用重赏收买死士与用香饵钓鱼一样；三是官等以权，即用不同的官职封赏不同的人才，就像用不同的钓饵钓取不同的鱼一样。姜太公接着说："钓丝细微，饵食可见时，小鱼就会来吃；钓丝适中，饵食味香时，中鱼就会来吃；钓丝粗长，饵食丰富时，大鱼就会来吃。鱼贪吃饵食，就会被钓丝牵住；人食君禄，就会服从君主。所以，用饵钓鱼时，鱼就被捕杀；用爵禄收罗人才时，人就会尽力办事。"

如果一个人有特殊的欲望，那么这个特殊的欲望就是他特有的弱点。你抓住了他的弱点，并满足了他的欲望，他就乐于效忠于你。利用人们心中真正的欲望去制约他，让他为我办事，姜子牙的方法可谓恰到好处。

要想办成事，最好事换事

你给人家办事，人家才会给你办事，这就叫以事换事。俗语中的"投之以桃，报之以李"就体现了找人办事的心理原则。你帮我办事，我就给你办事。

在现代社会里，人们办事都希望得到立竿见影的效果，这种事若发生在企业间或一般人际关系之间，似乎情有可原，若发生在权力间，就不妥当了。

著名的社会心理学家霍曼斯提出，人际交往在本质上是一个社会交换的过程，也就是事换事的过程。长期以来，人们最忌讳将人际交往和交换联系起来，认为一谈交换，就很庸俗，或者亵渎了人与人之间的真挚感情。这种想法显然是不适应找人办事的规律的。因为我们在找人办事的交往中，总是在交换着某些东西，或者是物质上的，或者是感情上的，或者是其他的。

假如你去找人办事，就得先估计自己能不能帮对方办事，有没有什么本事作为交换条件。你贸然开口去找人帮忙，只是徒讨没趣而已。

所谓交换条件，可以是物质的，也可以是非物质的。你的某种能力被对方认为很需要，那你的某种能力就是交换条件。你是个有地位的人，对方若认为需要你，那么你的财力、势力或地位就是交换条件。或者你的活动能力特别强，对方认为你的前途大有希望，这也是你的交换条件。

找人办事，让对方知道你有能力为他办事，他能从你这里得到好处，或者知道你有利用价值，或者你已替对方办了什么事，只要你开口，你想办之事，别人就会尽心尽力给你办好。你不给别人办事，就不要奢望别人给你办事。

在生活中不乏这样的现象：在求对方办事时，对方并不情愿为你白忙乎，他希望你也能帮他做些事情，有的甚至希望在他为你办事之前，你得先为他办成某事。如果了解对方的这种心理，主动满足他的欲望，他就会很痛快地帮助你。

求人办事讲究事换事，某些事该不该为你办，首要的是看你能不能帮他办事，或者你有没有帮他办事的潜力，到时能否为他所用。求人与被人求，是一笔人情债。尽管人情债无法精确地计算，但也要心中有数。有时对方没有什么需要帮忙的，此时你就要让对方精神上得到满足，表现出对对方的崇拜和尊敬，不断地夸奖对方的能力。

如果你与对方关系很密切，求他帮忙时，他不会提出条件来，那你也要多为对方考虑，尽量多为对方解决一些困难。不论关系多密切，你总求人家办事，而没有回报，时间久了也就不行了。

有“礼”走遍天下

求人办事，“礼”是缺不得的。一般而言，可从受礼者的年龄、性别、个性、喜好，以及送礼者希望传达的心意来着手，再因人、因事、因地，选择适合的礼物，例如送情人的礼物以具纪念性为佳，送长辈则以实用为主。当然，最好的礼物应是根据对方的兴趣、喜好来选择。同时，在选礼时也不要忘了考虑趣味性、纪念性、艺术性，及适时加上一点创意，如此一来，保证能教人欢喜。

查尔斯是纽约一家大银行的秘书，奉命写一篇有关欲吞并另一小银行的可行性报告，但事关机密，他知道只有一个人可以帮助他拥有他非常需要的那些资料——那人曾在那家银行效力了十几年，不久前他们变成了同事。于是查尔斯找到了这位同事，请他帮忙。当他走进这位叫威廉·华特尔的同事的办公室时，华特尔先生正在接电话，并且听到他很为难地说：“亲爱的，这些天实在没什么好邮票带给你了。”

“我在为我那 12 岁的儿子搜集邮票。”华特尔挂了电话以后解释道。

查尔斯说明了他的来意，开始提出问题。但也许是华特尔对他过去的组织感情颇深吧，竟不很愿意合作，因此说话含糊、模棱两可。他不想把心里的话说出来，无论怎样好言相劝都没有效果。这次见面的时间很短，没有达到实际目的。

起初查尔斯很是着急，不知该怎么办才好。情急之中突然想起华特尔为他儿子搜集邮票的事情，随即想起他的一个朋友在航空公司工作，一度喜欢搜集世界各地的邮票。

第二天一早，查尔斯带了一些以一顿法式大餐为代价换来的精美邮票，坐到了华特尔的办公桌前。华特尔满脸带着笑意，客气得很。“我的乔治将会喜欢这些，”他不停地说，一面抚弄着那些邮票，“瞧这张，这是一张无价之宝。”

于是，他们花了一个小时谈论邮票，瞧乔治的照片，然后华特尔又花了一个多小时，把查尔斯所想要知道的资料都说了出来——查尔斯甚至都没有提议他那么做。他不但把他所知道的全都说了出来，而且当即打电话给他以前的一些同事，把一些事实、数字、报告和信件中的相关内容，全部告诉了查尔斯。

在如今的商业社会中，“利”和“礼”往往是连在一起的，通常是先“礼”后“利”，有礼才有利，这已经成了商业交际的一般规则。在这方面，道理不难懂，难就难在操作上，你送礼的功夫是否到家，不显山露水，却能够打动人心。只有巧妙掌握送礼的技巧，才能把整个送礼过程画上一个漂亮的句号。

令人最头痛的事，莫过于对方不愿接受或严词拒绝，或婉言推却，或事后送回，都令送礼者十分尴尬，赔了夫人又折兵，真够惨的。那么，怎样才能防患于未然，一送中的呢？关键便是借口找得好不好，送礼时说的话圆不圆，你的聪明才智应该多用在这个方面。送礼通常有以下办法：

1. 借花献佛

如果你送土特产品，你可以说是老家来人捎来的，分一些给对方尝尝鲜，东西不多，又没花钱，不是特意买的，请他收下。一般来说受礼者那种因盛情无法回报的拒礼心态可望缓和，会收下你的礼物。

2. 暗度陈仓

如果你送的是酒一类的东西，不妨假借说是别人送你两瓶酒，来和对方对饮共酌，请他准备点菜。这样喝一瓶送一瓶，礼送了，关系也近了，还不露痕迹，岂不妙。

3. 借马引路

有时你想送礼给人，而对方却又与你八竿子打不着，你不妨选受礼者的生日、婚礼等，邀上几位熟人一同去送礼祝贺，受礼者一般不好拒绝。当事后知道这个主意是你出的时，必然改变对你的看法。借助大家的力量达到送礼联谊的目的，实为上策。

4. 移花接木

老张有事要托小刘去办，想送点礼物疏通一下，又怕小刘拒绝驳了自己的面子。老张的爱人与小刘的爱人很熟，老张便启用爱人“外交”，让爱人带着礼物去拜访，一举成功，礼也收了，事也办了，两全其美。看来，有时直接出击不如迂回运动更能收到奇效。

5. 先说是借

假如你是给家庭困难者送些钱物，有时，他们自尊心很强，轻易不肯接受帮助。你若送的是物，不妨说，这东西我家搁着也是闲着，你拿去先用，日后买了再还；如果送的是钱，可以说拿些先花，以后有了再还。受礼者会觉得你不是在施舍，日后可以还，会乐于接受的。这样你送礼的目的就可以达到了。

6. 借鸡生蛋

一位学生受老师恩惠颇多，一直想回报，但苦无机会。一天，他偶然发现老师红木镜框中镶的字画竟是一幅拓片，跟屋里雅致的陈设不太协调。正好，他的叔父是全国小有名气的书法家，手头正有他赠的字画，学生马上把字画拿来，主动放到镜框里。老师不但没反对，而且非常喜爱。学生送礼回报的目的终于达到了。可见，如不能“雪中送炭”，“锦上添花”也是良策。

7. 借路搭桥

有时送礼不一定自己掏钱去买，然后大包小包地送去，在某种情况下人情也是一种礼物。比如，你能通过一些关系买到出厂价、批发价、优惠价的东西，当你为朋友同事买了这些东西后，他们在拿到东西的同时，已将你的那份“人情”当作礼物收下了。你未花分文，只不过搭上点人情和功夫，而收到的效果与送礼一般无二。受礼者因交了钱，收东西时心安理得，毫无顾虑；送礼者无本万利，自得其乐。

第 15 章
以真情打动他人的心

动人心者，莫先乎情

美国《读者文摘》1988 年第一期中的《第六枚戒指》，讲了一个巧用暗示的故事。

那是在美国经济大萧条时期，有位 17 岁的女孩好不容易才找到一份在高级珠宝店当售货员的工作。在圣诞节的前一天，店里来了一位 30 岁左右的贫民顾客。他衣着破烂不堪，一脸的悲哀、愤怒，用一种难以描述的目光，盯着那些高级首饰。

女孩要去接电话，一不小心把一个碟子碰翻，六枚精美绝伦的钻石戒指落在地上。她慌忙捡起其中的五枚，但第六枚怎么也找不着。这时，她看到那个 30 岁左右的男子正向门口走去，顿时，她醒悟到了戒指在哪里。

当男子的手将要触及门柄时，女孩柔声叫道："对不起，先生！"

那男子转过身来，两人相视无言，足足有一分钟。

"什么事？"他问，脸上的肌肉在抽搐。

"什么事？"他再次问道。

"先生，这是我的第一份工作。现在很难找工作，是不是？"女孩神色黯然地说。

男子一直审视着她，终于，一丝柔和的微笑浮现在他的脸上。

"是的，的确如此，"他回答说，"但是我能肯定，您在这里会干得不错。"

停了一下，他向前一步，把手伸给她："我可以为您祝福吗？"

女孩立刻也伸出手，两只手紧紧握在一起。她用十分低柔的声音说：“也祝您好运！”他转过身，慢慢走向门口。女孩目送着他的身影消失在门外，转身走向柜台，把手中握着的第六枚戒指放回原处。

这是一起失窃案，一般来说，人们通常的处理方式，不外乎是设法抓住盗窃者。但是这位女孩却没有这样简单的处理，而是用一席话彬彬有礼地达到了预想的目的。这种巧用暗示的攻心技巧值得人们细细品味。

要知道，这事是发生在美国经济大萧条的时候，很多人找不到工作，常常是一份差事几十个人、上百个人争夺，女孩的这份工作尤为珍贵，如果被盗走了一枚戒指，其后果不堪设想。即使抓住盗窃者，夺回戒指，张扬出去，被老板知道个中原委，女孩也会因工作疏忽而被解雇。何况那是一个落魄者，善良的女孩不想雪上加霜，伤害这个走投无路的失意人。

“对不起，先生！”女孩首先用礼貌称呼语，语气适中，不慌不忙地叫住了这位男子。这样既传递了信息，又制造了一个互相尊重、和谐融洽的气氛。如果当时慌不择语，或者语气过重，可能造成那男子三步并作两步消失在门外，或许会惊动别的同事，那都不是女孩所希望的。而且这样的礼貌称呼不仅制造了气氛，无疑还有两层言外之意：一是你有偷盗戒指的嫌疑；二是你放心，我绝不会用粗暴的方式对待你。

当那个男子接连问了两个“什么事”后，聪明的女孩从他的表情以及问话的方式腔调中肯定了自己的判断，也洞察到他微妙的内心世界。她感到眼前这个男子不是那种惯窃，而是被穷困所迫的一念之差，很可能会接受自己的处理方式。女孩决定继续采取含蓄的暗示——动之以情，晓之以理，以此来达到目的。

“这是我的第一份工作”，暗示我也和你一样，千辛万苦找不到工作，现在是头一回工作，咱们同是天涯沦落人，应该同病相怜才对，借以引起感情上的共鸣。“现在很难找工作”，意在为前一句话做陪衬，言外之意是如果你把这枚戒指拿走，那我就要失去这份差事，再找工作就很困难了，就像你现在一样。这两句话把自己和那男子感情上的距离拉得很近，末了还用了“是不是”这样的疑问句，借以引起男子进一步的思考，加强语意力度，扩大暗示效果。

男子传达出愿意归还戒指的信息时，女孩不失时机地握住他的手，说上一句“也祝您好运”，表达自己由衷的谢意和美好的祝愿，抚慰失意人感情上的失落和内疚。

女孩的真情流露，收到了出人意料的效果。世上没有天生的坏人，即使那些十恶不赦的人内心深处也有真爱。当我们用真情拨动他心中的那根弦时，他就一定会收到爱到呼唤，做出正确的抉择。

为人置梯，以德报怨

一家百货公司的顾客要求退回一件外衣。她已经把衣服带回家并且穿过了，只是她丈夫不喜欢。她解释说：“绝没穿过。”要求退换。

售货员检查了外衣，发现有明显干洗过的痕迹。但是，直截了当地向顾客说明这点，顾客是绝不会轻易承认的，因为她已经说过“绝没穿过”，而且精心掩饰穿过的痕迹。这样，双方可能会发生争执。于是，机敏的售货员说：“我很想知道是否您家中的某位成员把这件衣服不小心送到干洗店去了。我记得不久前我也发生过一件同样的事情，我把一件刚买的衣服和其他衣服一起堆放在沙发上，结果我丈夫没注意，把那件新衣服和一大堆脏衣服一股脑儿塞进了洗衣机。我想您是否也会遇到这种事情——因为这件衣服的确看得出已经被洗过的明显痕迹。不信，您可以跟其他衣服比较一下。”

顾客看了看证据，知道无可辩驳，而售货员又为她的错误准备好了借口，给她一个台阶下——于是顺水推舟，乖乖地收起衣服走了。

当对方已经做出一定的许诺，宣布了他坚定的立场，而自己又不能为了讨人欢心而改变自己的立场时，你要改变他的心理艺术就是以德报怨。首先要顾全他的面子，因为他若同意你的意见，也就等于承认他是故意撒谎，他的自尊心使他难于接受。

精明的攻心者知道怎么以百倍的诚心去感化找碴的人，知道怎样使对方不至于出尔反尔，下不了台阶。比如，你为了给对方铺台阶，可以假定双方在一开始时没有掌握全部事实，例如，你可以这样说：

“当然，我完全理解你为什么会这样设想，因为你那时不知道那回事。”

“在这种情况下，任何人都会这样做。”

“最初，我也是这样想。但后来当我了解了全部情况后，我就知道自己错了。”

一般人总是缺乏勇气正视自己的谎言，你想戳穿这种雕虫小技，不仅必须使他相信你，而且必须懂得如何把他从自我矛盾中解救出来，说得他口服心服，体面地收起那套鬼把戏。

正常的人都会有这样的共同心理：自己做错了事，或者自己有对不起别人的地方，都渴望得到对方的谅解，希望对方为自己开脱，或者给自己一个台阶下。既然我们都有这样的心理，我们也应该“以己之心度人之腹”。

据《续汉书》说，曹腾的父亲曹萌就很会“以德报怨”。他的邻居养了一头猪，长得和曹家养的猪模样相似。有一天，邻居家的猪跑丢了，便到曹家来认，说曹家的这头猪就是他家丢的猪。曹萌当然知道他搞错了，却不和他争辩，二话没说，让他把猪牵走了。后来，邻居家的猪又自己跑回来，他这才知道弄错了，心中“大惭”，赶忙把猪赶还曹家。这时，曹萌仍是二话不说，只是“笑而置之”。曹萌的态度，使丢猪的邻居深受感动。从此以后，他逢人便夸曹萌的为人。

从这个故事我们可以看出，以真诚的心去面对他人的恣意生事，以德报怨，既是对别人的宽厚，也是对自己的宽厚。能以德报怨，最后必然会赢得他人的心。

做一个真诚的倾听者

有一位在报社任职多年的记者，后来成了一家大企业的部门主任，薪水上涨了几倍。认识这位记者的人都知道，他身材矮小，口才一般，又没有任何耀人的学历。这样的人何以在数十个应征者中脱颖而出呢？

原来他在接到面谈通知时，立刻去图书馆查资料，知道了这家企业创办人的生平背景。

从背景资料中，他发现这位企业负责人早年进过牢狱。这位记者将这些不足为人道的事暗记在心。同时他知道，这个大老板在出狱后，从一个路边的水果零售店做起，后来涉足建筑业，最后才有了现在的大企业。

这位记者在面谈时，说："我很希望在这样组织健全的大企业效力，听说您当年只身南下闯天下，由一个小小的水果摊开始，到今日领导万人以上的企业……"

那个大老板有段不堪回首的牢狱生涯，所以从不愿提起过去。不料这个记者能避开那不光彩的一面，直接把出狱后的创业和他南下闯天下连起来。这样他就名正言顺地说起了他的成功史，说得超过面谈时间了，大老板还是意犹未尽。

最奇怪的是，原本面谈应该是应聘的听，招聘的说，而这位记者几乎不用说任何与将来有关的计划，甚至连自己那毫不傲人的学历也不用提到，只要当听众就行了。

如果这个记者滔滔不绝地介绍自己，说自己如何如何，把自己夸耀一番，肯定会出现另一种结局。

能成大事的人最重要的特质之一，就是在人际交往中善于真诚地倾听别人的谈话。他们知道，为了使自己的话语为人重视却又不惹人讨厌，唯一的办法是在别人说话时自己少说话，安静地、耐心地倾听。因为耐心的倾听有时比说话还重要。在倾听时，以下六个原则必须注意：

其一，对讲话的人表示称赞。这样做能营造良好的交往气氛。对方听到你的称赞越多，他就越能充分而准确地表达自己的思想。相反，如果你在听话中流露出半点消极态度，就会引起他的戒备，对你产生不信任感。

其二，全身心地投入倾听。你可以这样做：面向说话者，同他保持目光的亲密接触，同时配合一定的姿势和手势。无论你是坐着还是站着，都要与对方保持适当的距离。我们共同的感受是，只愿意与认真倾听、反应灵活的人交往，而不愿意与推一下转一下的"石磨"打交道。

其三，以相应的行动回应对方的问题。对方和你交谈的目的，是想得到某种信息，或者想让你做某件事情，或者想灌输给你某种观点，等等。这时，你采取适当的行动就是给对方最好的回答。

其四，向对方提出问题。作为一个听话者，不管在什么情况下，如果倾听过程中你不明白对方说出的话是什么意思，你就应该及时用适当的方法使他知道这一点。比如，你可以向他提出问题，或者积极地表达出你听到了什么，以便让对方纠正你听错之处。如果你什么都不说，谁又能知道你是否听懂了？

其五，要观察对方的表情。交谈大多时候是通过非语言方式进行的，那么，就要求你不仅听对方的语言，而且要注意对方的表情，比如看对方如何同你保持目光接触，说话的语气及音调、语速等，同时还要注意对方站着或坐着时同你的距离，从中发现对方的言外之意。

在倾听对方说话的同时，我们还有几个方面需要努力避免：

（1）别提太多的问题。问题提得太多，容易致使对方思维混乱，难以集中精力。

（2）集中注意力。有的人听别人说话时，习惯想些无关的事情，对方的话其实一句也没有听进去，这样做不利于沟通和交往。

（3）别匆忙下结论。不少人喜欢急于对谈话的主题做出判断和评价，发表意见。这些判断和评价，往往迫使谈话者陷入防御地位，为交往制造障碍。

以真情争取他人的理解

市开发公司新竣工了一幢职工宿舍，按照小黄的级别和工龄，他是分不到新房子的，但小黄确实有许多具体困难：自己和爱人、小孩挤在一间10平方米的房里，倒也还凑合，可他乡下的父亲来了，就不方便了。小黄只好去找上司，一开口就对上司说：“纪主任，如果您单位有人把年老体弱的父母丢在一边不管，您认为该不该？”

“当然不该！是谁这样做？这还是人养的吗？”主任一脸的义愤。

“纪主任，这个人就是我。”小黄垂着头，无可奈何地说。

“你为什么这样做？平时我是怎么教育你们的，要你们尊老爱幼，你竟……”

小黄听领导数落完，才缓缓开口说道：“常言说养儿防老，我父母就我姐弟俩。姐姐出嫁了，条件也不好，况且在我们乡下，有儿子的父母，没有理由要女儿女婿养老送终，这是会被人耻笑的，除非他的儿子是个白痴。可我不是白痴，我是大学生，又分在这样一个响当当的单位，在您这位能干、有威信的领导手下工作。一辈子含辛茹苦的农村父母，培养一个大学生多不容易呀，乡亲们都说我父母今后会有享不尽的福。可是我现在一家三口住一间平房，父母亲来了，连个睡觉的地方都没有。想把父母接到城里来，自己又没有条件；不接来，把两个年老体弱的老人丢弃在乡下，我心里时常像刀割般难受。不说给他们好吃好穿的，他们病了，连个端口水的人都没有。我这心里，一想起我可怜的父母……”小黄说到这里，落下了伤心的泪水。

“小黄，可你的条件不够……”主任犹豫着说。

“我知道我条件不够，我也不好强求主任分给我房子。如果主任体恤我那年老多病的父母，分给我一间半间的，我们一家老小都将感激不尽。我也没有多高的要求，我父母来了，有个遮风的地方就行了。如果主任实在为难，我也不勉强，我明天就回乡下去，把我父母送到敬老院去。”

主任沉默不语。

小黄知道主任有所动摇，于是又趁热打铁地说道：“如果我把父母送到敬老院，我在乡人眼里必将落下不孝的罪名。这倒不要紧，只是我担心有人会说您的闲话，说您不体恤下情，说您领导的单位，职工连父母都养不活。您是市代表，那些闲话有损您的威信的……”

“小黄，你不要说了，我尽量给你想办法。”

“真的？主任您不会是哄我玩吧？主任您向来是一言九鼎的。”

“你小子，少给我戴高帽子，忙你的正事去吧！”

“遵命！”

当小黄拿到两居室的钥匙时，高兴得一蹦三尺高。

由此可见，要引起上级同情，必须在人之常情上下功夫，把自己所面临的困难说得在情在理，令人痛惜惋惜。所以，越是给自己带来遗憾和痛苦的地方，则越是应该大加渲染，这样人家才愿意以拯救苦难的姿态伸出手来帮助你，让你终生对他感恩戴德。而他也会因为自己的公正之心、慈悲之心和仁爱之心产生一种济世之感。

所以，“以情感人”甚至比“以理服人”更能打动他人的心，更能促使他人伸出援助之手。

富有激情才能感染人

缺乏情感，你所说的话就会苍白无力，枯燥无味。想打动人心吗？那么，请先倾注你的情感。

世人对林肯1864年连任美国总统的一篇演说赞誉备至，称之为“人类中最光荣而最宝贵的成绩之一，是最神圣的人类雄辩的真金”。其演说内容如下：

“我们对于大战灾祸能够早早结束，都很热诚祈求。但是，如果上帝仍欲使战争继续下去，并把世人辛苦了250年积下来的财富完全化尽，受过鞭笞的身体还要受一次枪刀的残害，那我们还是说：‘上帝的审判，完全是真实而公平的。’不论对什么人，我们都要慈爱而不要怨恨，我们还是遵照了上帝的意思，坚持正义；并继续努力完成我们的工作——整顿我们已经残破的国家，纪念我们战死的烈士，以及因战争而造成的孤儿寡妇，以达到人与人之间的永久的和平。”

有人评价道：“林肯在葛底斯堡的演说已经十分伟大，然而他第二次就职演说，还要伟大……这是林肯一生中最感人的演说，他的这个演说，使他的智慧和精神的威力达到了登峰造极之境。”

还有人说：“这简直是一篇神圣的诗，美国历来的总统，从未对美国的民众讲过这样的话。而且美国的总统，也从未有过任何一位能在他的心底里找出这样的话来。”

每个人都有激情，只是在现实生活中很少有机会能表现出来，加之一般人都不愿将自己的感情当众流露。因此，人们总是通过交流或者参与某种活动，在一个大家都非常投入、十分忘我的氛围中，满足这种感情流露的需要。

其实，日常生活中每个人当众说话时，都会依自己倾注谈话的热心程度而表现出热情与兴趣。这时，我们的真情实感常会从内心里流露出来，这是一种自然的流露，也是一种易感染他人的流露。

在说话和演讲上，如果我们能够调动自身的激情，以情感人，那么听者注意力便在我们的掌控之下，我们也就掌握了开启听众心灵之门的钥匙。

孙中山如果没有推翻专制、建立共和的革命大略，他的演讲怎么会激动人心？

鲁迅如果没有要揭出社会的病苦、引起人们疗救的深刻意图，他的演讲怎么会震动人们的心魄？

丘吉尔如果没有誓与法西斯血战到底、决一雌雄的气概，他的演讲怎么会使人同仇敌忾、热血沸腾？

中国足球队前队长左树声写了一篇自述《男人就该踢球》，其中的深情把许多人感动得流泪：“我回家了，走出天津站不敢抬头。我老想着那标语：‘天津球迷进京助威！’我知道国家队一踢国际比赛，天津球迷就骑车子呼啦呼啦往北京赶。二百多里地啊！看完球随便找个澡堂子一猫，忍一宿，第二天又要跑二百多里地。图啥？盼着中国足球冲出亚洲走向世界呀！这时候，如果哪个球迷认出我，给我左树声两个大嘴巴，我决不还手……我想，人没有下辈子，要是人能有下辈子，我左树声，还踢足球！”

虽然国家足球队仍是不争气，但相信每个看了左树声这番充满激情与真情的内心独白，都会被这袒露心声、发自肺腑、充满热血和泪水的语言所感动，所震撼。这番话是那么的朴实、简练、生动传神，足以打动每一个球迷和每一个血性之人的心肠。可见，若想讲话打动人心，唯一的方法就是以真心换真心！

经常进行感情投资

不少人办事时抱着“有事有人，无事无人”的态度，把对方看成受伤后的拐棍儿，身体康复后随手扔掉。这种人大多数会被别人抛弃。当他求人帮忙办事时，相信没有人愿意帮助他。

人与人之间没有互信互助，则没有互惠互利；没有较深的感情，则没有彼此的信任。在平时与人交往中重视感情投资，不断增加感情的充实，就是堆积信任度，保持和加强亲密互惠的关系。

人是感情的动物。你在感情的账户上储蓄，就会赢得对方的信任，那么当你遇到困难或求人办事，需要对方帮助的时候，就可以得到这种信任换来的鼎力相助。

生当陨首，死当结草；女为悦己者容，士为知己者死。这就是经常进行感情投资的结果。先秦时期的法家著名人物韩非子在谈到驭臣之术时，只说到赏罚两个方面，这自然是主要的手段，但这还不够，有时几句动情的话语、几滴伤心的眼泪比高官厚禄更能打动人。

吴起是一位名将，除了骁勇善战以外，还能与士兵同甘共苦，在士兵中享有崇高威望，这是他成功的重要方面。吴起在军队中总是和下级士兵们同甘共苦，穿一样的衣服，吃一样的食物，睡觉时不铺席，行军时不乘车，自己准备粮食，并且自动分担士兵的苦恼。有一次，一位士兵在阵前因为生了肿瘤而痛苦不堪，吴起见状毫不犹豫地用口将其肿瘤内的脓汁吸出。那位士兵和在场的人都感动不已。后来，士兵的母亲听到这个消息，忽然放声痛哭起来。旁边的人觉得很奇怪，就问她："你的儿子只不过是一个小小的士兵，却蒙吴将军亲自将他身上的脓吸出来，你应该高兴才对，为什么反而伤心地哭泣呢？"那位母亲回答："先夫早年也是蒙吴将军不弃，吸取他肿瘤里的脓，从此他跟随吴将军四处打仗，以此报答吴将军的大恩，最后终于死在战场上。如今吴将军又为我儿子吸出脓汁，这不是说明我儿子也将步他父亲的后尘吗？这叫我怎么不伤心呢？"

人非草木，孰能无情。在吴起"爱兵如子"的情感感召下，他与敌军交战时，都是每战必胜。将士们个个尽心竭力，效命疆场，为吴起带来了不少荣誉。

日本著名企业家松下幸之助也是一个注重感情投资的人，他每次看见辛勤工作的员工，都要亲自上前为其沏上一杯茶，并充满感激地说："太感谢了，你辛苦了，请喝杯茶吧。"正因为在这些小事上，松下幸之助都不忘表达出对下级的爱和关怀，所以他获得了员工们一致的拥戴，他们也将"松下"做成了国际品牌。

敢问情为何物，直叫人生死相许。乐于助人，多主动帮助别人，会不断增加感情账户上的储蓄。在工作上，在生意中，在交际时，对别人多一份相知，多一份关心，多一份相助，当你求人办事时，谁还会拒你于千里之外呢？

辑六

社交心理学：会交际走遍天下都不怕

我们每天都与人接触，与人打交道，我们在不断地有意识或者无意识地影响着他人，同时他人的思想和行为也在影响着我们自己。在人际交往中，这种相互影响的作用是与心理活动密不可分的。比如，为什么我们常常会觉得自己真心地为他人好，可对方却不领情？为什么总有一些人不喜欢我们？怎样才能让别人喜欢跟自己交朋友？怎样才能让别人信服、支持自己？怎样才能让别人接受要求，按照自己的意愿行动？怎样才能让自己更具吸引力？心理决定行为，我们想要让他人做出某种行为，就要了解对方的心理，善于把握人心。在人际交往中增长心智，有助于我们了解现象背后的深层心理原因，能够剖析自我，认识他人，使自己在人际交往中更加如鱼得水。

场景：

有一天晚上，卡耐基参加一个宴会。宴席中，坐在他右边的一位朋友讲了一段幽默故事，并引用了一句话，意思是谋事在人，成事在天。那位健谈的朋友提到，他所引用的那句话出自《圣经》。但卡耐基知道这位朋友错了，他很肯定地知道出处，一点疑问也没有。

为了表现优越感，卡耐基忍不住纠正他。对方立刻反唇相讥："什么？出自莎士比亚的《哈姆雷特》？不可能！绝对不可能！"那位朋友一时下不来台，不禁有些恼怒。

当时卡耐基的老朋友法兰克·葛孟坐在一旁。他研究莎士比亚的著作多年，于是卡耐基就向他求证。葛孟在桌下踢了他一脚，然后说："戴尔，你错了，他是对的，这句话的确出自《圣经》。"

那晚回家的路上，卡耐基对葛孟说："法兰克，你明明知道那句话出自莎士比亚的《哈姆雷特》。"

"是的，当然，"他回答道，"《哈姆莱特》第五幕第二场。可是亲爱的戴尔，我们是宴会上的客人，为什么要证明别人错了？那样会使他喜欢你吗？他并没在征求你的意见，为什么不保留他的脸面？"

是啊，卡耐基为何这么做呢？这么做对吗？

第 16 章
以心换心，吸引人脉

利用从众心理，故意制造群龙之首

四个人一起去吃午饭，你看着菜单，小声嘟囔着："今天吃什么呢？来一份炸酱面吧！"这时同伴中的一个人说："我要一份牛肉面。"接下来其他两个人也都附和说："那就吃牛肉面吧！挺香的。"

在这种情况下，你可能也会说："那我和你们一样吧。"

这种"随大溜"的现象，恐怕在每个人身上都发生过。人们都知道"我行我素"这句成语，而在现实中，却很难做到这么"潇洒"。

在现实中，人们往往不是自己喜欢怎样便怎样，很多时候，甚至可以说是在大多数时候，人们要看多数人是怎样做的，自己才怎样做。

有人在商店门口看见"长龙"，不由分说便排到了队尾，然后才问："这里卖什么？"有人在马路上看见围着一圈人，不管自己有事没事也要挤过去看一看。

在心理学上，个人的观念和行为受群体的引导或压力影响，从而向与多数人相一致的方向变化的现象，叫作"从众"。

从众心理是指人们自觉不自觉地以多数人的意见为准则，做出判断、形成印象的心理变化过程。用我们平常的话来说，就是"随大溜"。

心理学家阿什的一个实验证明了这种心理现象：阿什事先安排了六个大学生，让他们一致把两条不等长的线段硬说成是等长的，去影响一个被试者。结果被试者放弃了自己本来的正确答案，而认同了这六个人的观点。

生活中顺应风俗、习惯和传统等，也就是所谓的“入乡随俗”，以及在吃喝、穿戴、娱乐上赶时髦，追新潮等，都是从众的表现。

有的人懂得巧妙地利用从众心理。美国某餐厅有两位服务小姐，一位叫梅莉，一位叫珍妮。她们为了引发客人支付小费，都各自在收取小费的盘子里先放了一枚银币。不过，梅莉放的是10美分的，珍妮放的是25美分的。结果，两个小时以后，梅莉收到的小费，都是10美分的银币，而珍妮收到的却都是25美分的。这是因为客人支付小费，大多拿不准多少为宜，那么就会以别人的做法作为自己的标准。

在日常的人际交往中，我们可以巧妙地利用人们的这种从众心理，故意制造群龙之首。让他人重视你，关注你，接纳你的观点和主张，亦步亦趋地跟随“龙首”的脚步，迈向合乎你心意的终点。

如果你想举行一场座谈会，但你深知大家是很难吐露自己的真实心声的，出现了冷场该怎么办呢？这时，你可以利用人们的从众心理，预先和其中的几个人通气，让他们提前准备好相关的问题或议题，安排他们在会场见机行事，积极提问、发言，从而制造良好的氛围，鼓励带动其他人参与其中。只要气氛在相当程度上具有渲染力，那些众多原来不打算发言或不爱发言甚至是没有发言习惯的人，也会跃跃欲试，参与进来。

如果你自主创业，打算开家小店（或网店），为了提高名誉度、信用，抓住人们的眼球，吸引人来逛逛、购买。那你最好在开张之时，就邀请你的表哥、表姐、堂弟、堂妹，小学、中学、大学各路同学和各色朋友，围到门店里，进进出出，挑挑看看，进行消费；如果是网店，可以让他们进行购买，发表好的评语，增加星星或钻石（提高知名度）。这样，你就可以招引更多的人来照顾你的生意了。

如果你想要推行你的方案或计划，但是你知道你将面临的阻力会是多么大，很可能大多数人会用无言的沉默来让你无法进行下去。此时，你不妨私下找几个相关人员交流意见，让他们明白你的企图和意向，以便在正式提出并讨论你的方案时，能够顺利通过。

利用人们的从众心理，你可以得心应手地推销你自己的观点、主张，或者商品，让他人赞同你、接受你。

利用心理暗示，使他人按照你的意愿行动

第二次世界大战的时候，凶残的德军曾经对一个俘虏做过一个实验。他们把他绑起来，蒙上眼睛，告诉他要把他的血放光。然后在他的手腕处施加一点刺痛，再用水龙头一滴一滴地放水，发出不断的滴答的声音。想不到的是，过了一段时间，这个俘虏竟然真的死掉了！当时并没有任何致命的措施施加给他，他为什么会死掉呢？

心理学家告诉我们，这是心理暗示发生的作用。

所谓心理暗示，是指在无对抗的条件下，通过语言、行动、表情或某种特殊符号，对他人的心理和行为发生影响，使他人接受暗示者的某一观点、意见，或者按照被暗示的方式活动。

在这个事例中，德军给俘虏的暗示是：要把他的血放光。而这个俘虏相信了他们的话，就是接受了暗示，影响了自己的身体机能，导致自己死亡。

暗示施行起来是非常简单的。暗示者只要给一些现成的信息，使被暗示者无批判地接受，暗示就会发生作用。

暗示不需要讲道理，只靠直接的提示。

有这么一种戒烟电话，当一个人烟瘾上来难以抑制时，就可以拨打它，然后就会听到难听的气喘声和咳嗽声。这就是在暗示你，如果不戒烟，下场也会是这样！这种暗示，往往会比长篇大论的说教还要有效，也许是因为给人的感觉很直接吧。

那么，人为什么会接受别人的暗示呢？难道人们没有所谓的主见吗？

人格心理学家告诉我们，任何人的判断，都是由人格中的“自我”部分，综合了个人需要和环境限制之后而做出的。这样的决定和判断，我们称之为主见。

一个“自我”比较发达、健康的人，是比较有主见的。但是，我们知道，人不是神，世上并没有万能的和完美的人，任何“自我”都不可能在所有情况下都正确。这就导致了完全有主见的人是不存在的。

正是“自我”在客观上的缺陷，为别人的影响和心理暗示留出了空白，提供了机会。

《三国演义》中有一个“望梅止渴”的故事，讲曹操有一次率兵马远途跋涉，天气炎热，官兵们又累又渴，偏偏又找不到一口水井或一条溪水。于是曹操对士兵们说：“前面山上有一片梅林，马上就要吃上梅子了，到时候就不渴了！”

梅子是酸的，人们一提到“酸”，就会分泌大量唾液，这样就可以暂时解渴。士兵们听到曹操说有梅子，一下在嘴里分泌了许多唾液，就感到不那么渴了，也来了精神，不自觉地加快了脚步。

在这里，曹操就巧妙地使用了心理暗示。

在生活中，有许多因为心理暗示的作用，而对人产生重大影响的情况。

有两个发烧、虚弱无力的人怀疑自己得了某种疾病，来医院问诊。该医院由于疏忽，把两个病人的病情诊断单给错了。

一个原本只是普通感冒的病人拿到了已患癌症的诊断单，而那个真正身患癌症却不知情的病人却拿到了一张只是普通流感的诊断单。

结果，不久之后，那个拿到患有癌症诊断单的病人就因为不断地想到（暗示）自己患有癌症，快要死了，而真的死了。另一个拿到普通流感诊断单的癌症患者却认为（暗示）自己只是小感冒而已，没什么大不了的，正常生活，开心工作，反而病情渐趋好转。

在日常生活中，应用这种含蓄的暗示，往往比简单粗暴的命令收效更大。

比如说，简单地吩咐孩子快去睡觉、闭上眼睛，往往并不见效，反倒使孩子更加兴奋。这时，我们不妨在被窝里给孩子讲故事：“有一天，小猫咪要出去玩。妈妈对它说别的小朋友都睡觉了。小猫咪不听，走到河边一看，鱼都睡觉了。走到森林一看，小狗都睡觉了。走到田野一看，小鸡都睡觉了，睡觉了，睡觉了，它们都睡觉了，它们都把眼睛闭上了。小猫咪想，妈妈说得对，我也想睡觉了。于是，它……”

讲故事的过程中，注意用一种单调的疲倦的声音，同时不断重复“睡觉了”“闭眼了”等，声音渐弱，最后似有若无。孩子就会在你的暗示下，平和地睡着。

一名运动员的成绩已经非常接近世界纪录了，这时，他的教练在旁边轻轻暗示道：“你能行，你一定能得第一！”这一暗示，激发了他全部的潜能，使他发挥到最好，在比赛中真的得了第一。

一位老师认真、温和地对一个成绩不好又调皮捣蛋的学生说：“老师早就看出来你是一个很聪明、听话的好孩子，只要你努努力，你就能考上好大学。”这个学生受到聪明、听话、能考好的暗示，真的开始认真努力地学习，最后考上了梦想的学校。

当对方遇到挫折痛苦不堪，想逃避痛苦时，你轻抚着他，安慰地说：“快过去了，快过去了，一切都要过去了。”这种暗示就能有效地减少他的痛苦。

当你想让对方为你做成某件事时，不妨预先为他设想并告诉他做成这事后他会得到哪些美好的东西，让他不自觉地按照你所说的在头脑中勾画出一幅激动人心的美景。

这个美景就会对他构成一种有力的暗示，为他提供动力，提高抗打击、抗挫折的能力，保持旺盛积极的劲头，从而完成你要他做的事。

心理暗示也可以针对自己，如果你经常对自己说：“我能行，我是最好的！”就能调动起很大的能量。

一张海报上分别画着一个蚕茧、一条毛毛虫和一只蝴蝶。底下有一行字：“选择——同样是一生，你愿意当哪一种，一条毛毛虫，一个蚕茧，还是一只蝴蝶？只要你想做，你就能做到。”

有位著名的心理暗示专家说：“你完全可以运用心灵的力量，来决定你的生或死。甚至，如果你选择活下去，你还可以决定自己要什么样的生活品质。”

许多成功学家提到，人要有积极的心态，要善于自我激励就是这个意思。

一个人的强大首先是心灵的强大，运用积极的暗示，让自己变得更强大吧！

巧用禁果效应，吸引对方注意力

土豆从美洲引进法国时，很长时间没有得到认可。

著名的法国农学家安端·帕尔曼切在一块出了名的低产田上开始栽培土豆，并安排由一支身穿仪仗服装的全副武装的国王卫队看守这块地。但只是白天看守，到了晚上，警卫就撤了。

这使人们非常好奇，是什么好东西需要这样煞有介事地看守？一定是好东西，所以才怕别人偷啊。

人们这样一想，就猜测土豆一定是非常美味或很有好处的食品，禁不住要垂涎欲滴。他们于是商量好，到晚上就来偷着挖土豆，种到自己菜园里去。

不用说，土豆得到了很好的推广，人们发现这是一种风味独特的食品，帕尔曼切就这样达到了目的。

人的心理是多么奇怪啊。难道禁果就格外香，格外甜吗？其实这是由人们与生俱来的好奇心决定的。

这种对禁果的好奇心理在人类中是很普遍的。人总是这样，越是被禁止的东西或事情，就越会引起好奇和关注，充满了窥探的欲望和尝试的冲动。这种现象是禁果效应的表现。

《圣经》里亚当和夏娃的故事恐怕是人人皆知。

上帝不让亚当和夏娃吃伊甸园里善、恶树上的果子，可是他们最后经不起蛇的诱惑，吃了那树上的果子。作为惩罚，他们被赶出了伊甸园，过上了艰难困苦的生活。

禁果效应也叫罗密欧与朱丽叶效应，是指一些事物因为被禁止，反而更加吸引人们的注意力，使更多的人参与或关注。俗语说："禁果格外甜。"越是禁止的东西，人们越要得到手。这与人们的好奇心和逆反心理有关。就像罗密欧与朱丽叶的爱情一样，越是有阻力，爱情越甜蜜，所以禁果也被称为"爱情的苹果"。

人们渴望揭示未知事物的奥秘，本来一个平常的事物，如果遮遮掩掩，就会大大吊起人们的胃口，非要弄到手，研究个明白而后快。否则这种好奇心就会一直折磨人们的心灵。

尤其是人们觉得被禁的东西，是某些人想专有的东西，那么它一定是因为太好，而舍不得给所有人用。这就使人们推测被禁的东西是好东西，所以才格外向往。

同时，花费心思和力气弄到的东西，使人们有一种成就感，对待它们比容易弄到的东西更加珍惜。这也是惯常的心理。

在古希腊神话中，有个叫潘多拉的姑娘从万神之神宙斯手里拿到了一个让她带给别人神秘的盒子，宙斯禁止她私自打开。但是这就诱发了潘多拉的猎奇和冒险心理，使她在种种刺激和诱惑下，将盒子打开。于是，灾祸由此飞出，充满人间。

历代统治者经常把他们认为是"诲淫诲盗"的书列入"禁书"之列，如我国的《金瓶梅》和西方的萨德、王尔德、劳伦斯等人的作品。但是被禁不但没有使这些书销声匿迹，反而使它们名声大噪，使更多的人挖空心思想读它们，反而扩大了它们的影响力。

有些家长总是喜欢禁止孩子做这做那，比如不让读不健康的书，不让早恋，不允许玩游戏，不让上网聊天等。但是如果一味严厉禁止，却不讲明利害，就容易产生禁果效应，增加孩子的好奇，越是不做就越是要做。

通常情况下，一个人的某种欲望被禁止的程度越强烈，它所产生的逆反抗拒心理就越大。马克思早就说过："一切秘密都具有诱惑力。"

禁果效应似乎让人头疼，但是，我们也可以利用人们的这种心理特征，把人们不喜欢而有价值的事情人为地变成禁果，以吸引他人的注意力，激起挑战欲，从而影响他们的思想意识和态度行为，最终使他们做出自己希望的举动。

一个孩子报了钢琴班培训课，学习已有半年。从开始的狂热喜欢，到后来逐渐跟不上老师的进度，觉得没有什么意思，开始厌学，想放弃了。

这个时候，聪明的妈妈及时注意到了孩子的这种念头，就买回了一架高级昂贵的钢琴，放在自己的卧室，严令禁止，不许孩子碰它。

孩子急了，大声质问："妈妈，这钢琴不是给我的吗？为什么不让我碰？"

妈妈故意说："反正你也学不会，碰它干吗？"

"谁说的？"孩子叫了起来，"我一定会学会的。"

以后，每当妈妈不在家的时候，她就悄悄地偷着弹琴练习。

这里，妈妈就没有因为孩子的不努力学习弹琴、厌学、放弃而直接对孩子大发雷霆，而是利用了禁果效应——第一，给孩子诱惑（买回一架高级、昂贵的钢琴）；第二，严令禁止（不许孩子碰），成功地勾起孩子那颗跳动的心。

驱赶领头羊，控制整个羊群

羊群是一种很松散的动物组织，平时一群羊在一起也就是盲目地左冲右撞。

但是只要有一只羊动起来，它身边的羊就迅速地动起来，产生连带反应，整个羊群都会不假思索地跟着动起来，全然不顾前面可能有狼或者脚下有更好的草。

在羊群中，领头羊占据了主要的注意力，整个羊群都会不断地模仿领头羊的一举一动。领头羊到哪里去吃草，其他的羊也到哪里填肚子。这就是羊群效应。

所以我们要想控制整个羊群，不用费太大的力气去套牢每一只羊，我们要做的就只是控制领头的那只羊。

事实上在动物界这是一个普遍现象。

比如在马群里，头马一动，其他的马就跟着迅速跑动，头马到哪里，其他的马就跟到哪里。所以我们经常看到牧马人只驱赶领头马，就能控制整个马群。

这是因为其他的马都具有跟从性，它们只会简单重复地跟着前面的那只做同样的动作。

法国科学家让·亨利·法布尔曾经做过一个毛毛虫实验。

他把几条毛毛虫放在一只花盆的边缘，使它们首尾相接，连成一圈。在花盆的不远处，撒了一些毛毛虫平时最喜欢吃的松叶。

结果，第一只毛毛虫开始动起来，它沿着花盆往前走，它后面的那只也开始跟着它的屁股往前走。紧接着，第三只，第四只，第五只……这几条毛毛虫都采取同样的动作，跟着前面的那只走。这一走就是七天七夜，饥饿劳累的毛毛虫尽数死去。

由于第一只毛毛虫（领头毛毛虫）没有改变路线，其他的毛毛虫只是跟从，跟从，再跟从，也就没吃到不远处的松叶。

如果我们想让毛毛虫们吃上松叶，只要逼迫那只领头的毛毛虫改变路线，朝着松叶爬去，后面的小跟屁虫们自然会尾随其后。

即便是在狼群这种高机敏度、协同作战的群体中，头狼的作用也是至关重要、不容小觑的，虽然每一只狼都具有强大的独立生存能力，但头狼是狼群的优秀代表和象征，更是狼群的核心所在。因此在一切群体行动中，其他的狼必须听从头狼的指令和部署。

动物界如此，在人类的许多组织群体中，也是一样。

从小的方面来说，在一个班级里，就有自然形成的三五成群、七八结伙的小群体，或是出于兴趣爱好，或是臭味相投。在这些群体中，总有某个人是大家默认的头儿。

对于班主任老师来说，在管理一个班级时，用敏锐的眼睛，发现这些头儿，并善加使用，通过导引头儿来管理整个班级，是一件既省力又高效的方式。

从大的方面来说，在这个世界上，存在着许多组织严密，有着共同信仰和利益追求的群体，比如像一些宗教组织、人权组织、和平组织、帮派团体等。在这种群体（或者说团体、组织）中，总是存在着一个举足轻重的领袖，他是整个群体的象征和代表，群体内的每一个成员都严格听从着他的命令和指示，或者说教导、导引。

而让这些群体为自己效力的最好方法，就是和它们的领袖达成某种协议，或者利用其领袖，甚至控制其领袖。有时，消灭其领袖，就能让整个群体遭受重创而分崩离析。

在社交生活中，我们就可以利用羊群效应来达成所愿。

学术书出版编辑刚开始约稿的时候，一般最高效的方式，就是在相关的学术论坛上发帖子，邀约作者投稿或者面谈。

只要有一个人成功合作，他就能带动他的同事、师兄弟姐妹们参与进来；甚至很多人会主动和编辑联系，而这些人又会带动他的同事、师兄弟姐妹们，如此无限地扩展下去。

根据250法则，每一个人背后都有250个人和他构成一定的关系。我们要做的就是和这一个人交好朋友，从而以点带面，逐步和他背后的250个人结成关系网。

当我们认识了一个人之后，这个人就会在各种情况下（有些是偶遇，有些则是故意制造），各种场合（正式社交场合或者街头、小店）中，给我们介绍他的朋友，这些朋友也将成为我们的朋友，正合了一句老话："朋友的朋友就是我们的朋友。"

利用负债心理，让他人回报你更多

一只小蚂蚁在河边喝水，不小心掉了下去。它用尽全身力气想靠近岸边，但不一会儿就游不动了，在原地打转，小蚂蚁近乎绝望地挣扎着。

这时，一只正在河边觅食的大鸟看见了这一幕，它同情地看着这只可怜的小蚂蚁，然后衔起一根小树枝扔到它旁边。小蚂蚁挣扎着爬上树枝，终于脱险回到岸上。

当小蚂蚁在河边的草地上晒身上的水时，它听到了一个人的脚步声。一个猎人轻轻地走过来，手里端着枪，准备射杀那只大鸟。

小蚂蚁迅速地爬上猎人的脚趾，钻进他的裤管，就在猎人扣动扳机的瞬间，小蚂蚁咬了他一口。猎人一分神，子弹打偏了。枪声把大鸟惊起，振翅飞远了。

大鸟可怜小蚂蚁帮了它一把，小蚂蚁感恩图报，救了大鸟的命。

对于人类而言，会在得到别人的恩惠后，自然而然产生一种回报别人的负债心理，一有机会，一定连本带利地去报答。

你是否碰到过这样的情况：你主动给别人带了早餐回来，如果在他中午出去吃饭的时候，你请他顺便给你带回来一份，即使外面太阳如火，他也会答应给你带回来。但是在你没有给他任何小恩小惠的情况下，他可能会委婉地对你说："要不，我们一起去吃吧。"或者直接对你吼道："热死人了，我还懒得去买呢。"

俗话说："受人一饭，听人使唤。""吃人嘴软，拿人手短。""滴水之恩当涌泉相报。"通常，人们在接受了他人给予的恩惠后，都会产生一种必须回报的负债感，只要有机会，就会回报给对方，报答对方的恩情，以期达到心理和感情上的自由和平衡。

这些都是人的负债心理在起作用。这种在得到对方的恩惠后，就一定要报答对方的心理，是人类社会中根深蒂固的一个行为准则。

一位心理学教授做过一个小小的实验，证明了这种心理的普遍存在性。

他在一群素不相识的人中随机抽样，给挑选出来的人寄去了圣诞卡片。虽然他也估计会有一些回音，但却没有想到大部分收到卡片的人，都给他回了一张。而其实他们都不认识他！

也许他们想，可能自己忘了这个教授是谁了，或者这个教授有什么原因才给自己寄卡片。不管怎样，自己不能欠人家的情，给人家回寄一张，总是没有错的。

的确，一旦从别人那里得到好处，我们总觉得应该回报对方。如果一个人帮了我们一次忙，我们也会帮他一次，或者给他送礼品，或者请他吃饭。如果别人记住了我们的生日，并送我们礼品，我们也会对他这么做。

中国古代讲究礼尚往来，也是负债心理的表现。正所谓："投我以桃，报之以李。"负债心理可以使人们答应一些如果没有接受恩惠一定会拒绝的请求。

负债心理的威力在于，可以把我们对提出请求的人的印象完全掩盖住。即使对方是一个陌生人，或者是一个不讨人喜欢或不受欢迎的人，如果先施与我们一点小小的恩惠然后再提出自己的要求，就会大大地提高我们答应这个要求的可能性。

为什么负债心理会有如此大的威力？关键就在于一旦受惠于人，就总会感觉亏欠了别人什么似的，如芒在背，浑身不自在，必须回报，才能让自己的心理重压获得解放，让自己的心灵获得自由，心安理得地生活。

我们可以有效地利用人的这种受了恩惠必要回报的心理倾向，先主动给予对方一些好处，非常自然的好处，对方就可能会回报给你多得多的好处和方便。

在生活中，我们经常会见到这种现象：想找别人帮忙，就会先热情地带上一些补品什么的送到他家里去，或者先请他吃饭，往往后面的事情就顺理成章，比较好办了。在没有任何小恩小惠的情况下，要让对方答应帮忙就困难得多，也许事情就没戏了。

"给予就会被给予，剥夺就会被剥夺。信任就会被信任，怀疑就会被怀疑。爱就会被爱，恨就会被恨。"人是三分理智、七分感情的动物。我们送出了什么就会收回什么，给予了什么就会得到什么。付出的越多，得到的也就越多；

越吝啬，也就越会一无所有。

欲有所得，当先给予。

我们经常会在大街上碰到一些散发美容健身之类传单的年轻人，他们会热情地说："免费体验，先去尝试。"而我们大多数人都会直接躲避开，因为我们知道免费体验过后，就该付出了。既然我们不想付出，就不愿意接受这种优惠。这也能证明负债心理的普遍存在，人们的内心都存有负债心理，拿人好处，就得回报，不想回报，最好是不拿人好处。

小牛见母牛在农民的皮鞭下汗流浃背地耕田，感到很难过，就问："妈妈，世界这么大，为什么我们一定要在这里受苦，受人折磨呢？"

母牛一边挥汗如雨，一边无可奈何地回答说："孩子，没办法呀，自从咱们吃了人家的东西，就身不由己了，祖祖辈辈都这样啊！"

在交际中，我们主动为他人提供某些信息，为他人介绍朋友，给他人提供一定的方便，他人通常也会回报给我们类似的或者多得多的信息、朋友和方便。

同时，我们也要谨记，获得别人给自己的小恩惠，就要尽可能地回报他。在不是很熟悉的朋友之间，你求别人办事，如果没有及时地予以回报，下一次又求人家，就显得不太自然了。因为人家会怀疑你是否有回报的意识，是否感激他对你的付出。及时地回报，可以表明自己是知恩图报的人，有利于相互间的继续交往。

当然，在关系很亲密的朋友之间，就不一定要马上回报，那样反而显得生疏。但也不等于不回报，只是时间可能拖得长一些，或有机会再回报。

人与人之间的互动，就像坐跷跷板一样，要高低交替。一个永远不肯吃亏、不肯让步的人，即使真正得到了好处，也是暂时的，他迟早要被别人疏远、抛弃。

运用皮格马利翁效应，使他人满足你的期待

古希腊有一个有名的神话故事。

年轻的塞浦路斯国王皮格马利翁很喜欢雕塑，是个有名的雕刻家。

有一天，他得到了一块洁白无瑕的象牙，就夜以继日地工作，用自己神奇

的技艺加上全部的精力和热情精心地雕刻了一个美丽可爱的少女。

这个雕像实在是太美了。皮格马利翁每天都用深情爱慕的眼神呆呆地凝视她，久而久之，他竟然深深地爱上了这个雕像，热切地希望她成为一个真正的少女。

他给少女雕像穿上美丽的长袍，拥抱她、亲吻她，真诚地期望她能感受到自己的爱。

后来皮格马利翁的诚心感动了天神，天神就使这个雕像真的变成了一个美丽的少女，和他生活在一起。

这就是心理学上著名的皮格马利翁效应，也叫期待效应。意思是，热切的期望能使被期望者达到期望者的要求。

哈佛大学的罗森塔尔博士曾在加州的一所学校做了一个有名的实验。

新学期刚开始，该校的校长就对两位老师说："根据过去三四年来的教学效果显示，你们两位是本校最好的老师。为了奖励你们，今年学校特地从全校挑选了一些最聪明的学生给你们教。记住，这些学生的智商比同龄的孩子都要高。"

校长热忱地凝视着他们，再三叮咛："要像平常一样教他们，不要让孩子或家长知道他们是被特意挑选出来的。"

这两位老师非常高兴，感到自己受到了特别的对待和重视，感受到校长对自己的殷切期望和信任，从此更加努力教学了。

他们在教学过程中，会不自觉地流露出对学生的信任、热情和期望，学生也从老师的眼神和言谈举止中，接收到这种暗示的信息，感到自己就是与众不同的，就是天才，就是高智商，最主要的是感到了老师的期待。

结果，一年之后，这两个班级的学生的成绩是全校中最优秀的，甚至比其他班学生的分数值高出一大截。

知道结果之后，校长不好意思地将真相告诉这两位教师：他们所教的这些学生智商并不比别的学生高。

这两位老师哪里会料到事情是这样的，只得庆幸是自己教得好了。

随后，校长又告诉他们另一个真相：他们两个也不是本校最好的教师，而是在教师中随机抽出来的。

正是学校对老师的期待，老师对学生的期待，才使老师和学生都产生了一种努力改变自我、完善自我的进步动力。

这种企盼将美好的愿望变成现实的心理表明：每一个人都有可能成功，但是能不能成功，取决于周围的人能不能像对待成功人士那样爱他、期望他、对待他。

人们通常这样来形象地说明皮格马利翁效应："说你行，你就行，不行也行；说你不行，你就不行，行也不行。"

当我们希望别人成为我们所希望的人时，就应该给他传递积极的信息，告诉他可以成为这样的人。

你希望他成为什么，他很可能就会成为什么。当他有了天才的感觉，他很可能就会成为天才；当他有了英雄的感觉，他很可能就会成为英雄。

作为老师和家长，如果希望孩子变得更好，就要尽量鼓励他们，夸奖他们，告诉他们："你行。"在你的热切期待中，他们能发生翻天覆地的变化。

如果总是批评他们，暗示他们"马尾穿豆腐——提不起来""朽木不可雕"，那他们就会觉得自己真的不行，就会自暴自弃，不求进取，就真的会堕落下去了。

古人说"用人不疑"。任用别人，就应该相信别人的能力，给别人传达一种积极的期望。要想使你的员工发展得更好，作为一个好的管理者就应该给他传递积极的期望。当然，如果一个管理者认为自己的下属都是饭桶，一无是处，并经常批评指责自己的下属，那么他的下属也可能真的变得一无是处，很难为公司创造价值。

欣赏引导成功，抱怨导致失败。让对方感受到你的欣赏期待，他很可能就会按照你的意愿而变化，成为你期待中的人。

夫妻双方在结婚前想象自己的另一半应该是什么样什么样，但是结了婚才发现对方还是个"毛坯"，离自己理想中的标准还有相当的距离。那怎样才能把对方改造成"成品"，成为适合婚姻的成熟的丈夫或妻子呢？

最好的方法不是批评和指责，而是暗示，用自己的期望去左右对方。鼓励对方做你希望他做的事，当他做到了，你就说他做得太好了，真是个好老公（老婆）。天长日久，他就很有可能被你改造过来。

总之，你不能要求对方一开始就什么都懂，毕竟人们都是在婚姻这个学校里不断学习，从而不断进步和成熟起来的。最重要的就是让对方知道自己的期望，并让对方感到你相信他可以做到。

利用人的对比心，诱使他接受你的要求

有个小孩想养只宠物猫，但是考虑到家里可能不同意，于是就对爸爸妈妈说："我好寂寞呀，没人陪我玩，给我生个小弟弟吧，好不好……"

小孩可怜巴巴地哀求着爸妈，看到爸妈否定的表情（其实，他心里早就知道），装作委屈地说："那要不，就给我买只宠物猫吧。"

于是宠物猫就来了。

本想要让他人答应自己的小要求，却先提出大要求，从而更有利于他答应自己的小要求的心理现象，就是利用了人的对比心。人人都存在对比心。如果最初给出的是一个非常苛刻的要求，然后又提出了一个妥协的要求，即使这个要求也有些苛刻，但是对方会认为这是一个能被接受的要求。

有个妻子在逛商场的时候，看到了一件标价 800 元的裙子很漂亮，想让老公给自己买。但是考虑到老公可能不同意，她于是就对老公说："老公，我们好久没出去旅游了，最近好烦啊，不如我们去欧洲玩一趟吧，希腊、巴黎、伦敦……"

妻子看到丈夫面有难色——装作没听见般地继续看报纸（意料之中），便故作生气地说："那要不，就给我买条裙子吧。"

于是，那件早就看中了的裙子被买回来了。

这就是利用了人本性中固有的对比心。父母觉得与其再生个孩子，不如买个宠物猫更能让他们接受。丈夫觉得与其欧洲游，还不如买条裙子。

鲁迅曾于 1927 年在《无声的中国》一文中写道："中国人的性情总是喜欢调和、折中的，譬如你说，这屋子太暗，说在这里开一个天窗，大家一定是不允许的。但如果你主张拆掉屋顶，他们就会来调和，愿意开天窗了。"

这种本想要让人答应自己的小要求，却先提出大要求的心理现象，就是利

用了人的对比心。

学校的一名学生犯了错误后离家出走，班主任老师和学生家长知道后都急坏了，四处寻找，都找不到。

但是，过了几天，正在大家都一筹莫展、痛苦不堪的时候，学生自己安全地回来了。班主任和家长反倒不再过多地去追究这名学生之前所犯的错误了，只纷纷说道：“回来就好。”

实际上，在这里，离家出走就相当于“拆屋”，是班主任和家长没办法接受的，也是不希望再发生的一种结果；学生之前犯的错误就相当于“开天窗”，虽然原来难以接受，但相对于离家出走就显得可以接受了。

心理研究者查尔迪尼等人曾做过一项被称为“导致顺从的互让过程”的实验。

研究人员将参与实验的大学生分成两组，对于第一组大学生，研究人员要求他们带领少年们去动物园玩一次，需要两个小时，但只有 1/6 的学生答应了这个请求。

对于第二组大学生，研究人员首先请求他们花两年时间担任一个少年管教所的义务辅导员。这是一件费时费力的工作，几乎所有的大学生都谢绝了。他们接着提出了一个小的要求，让大学生带领少年们去动物园玩两个小时。不就两个小时嘛，太容易了！一大半学生都答应了这个请求！

在向别人提出自己真正的要求之前，先向别人提出一个大要求，待别人拒绝之后，再提出自己真正的比较小的要求来，别人答应自己要求的可能性就会增大。

比如商家在卖东西的时候，假如他们的进价是 100 块，而他们一口要价 400 块，最终他们可能会以 200 块成交。但是假如他们直接要价 200 块呢？他们就很难以 200 块的价格卖出去。

我们想向一个朋友借钱，如果想要借 1 万块，我们不妨狮子大开口，先对他说，需要借 10 万块。（假如他直接借给你 10 万块，那可是意外的收获。）

假如他面露难色，说自己这段时间里也不方便、不宽裕，一时拿不出这么多来，那我们就可以利用他的比较心，开口说：“哪怕 1 万块也好呀。”

此时，在他心中，已经有了比较，从 10 万块下降到 1 万块，感觉上就好多了，貌似自己占了便宜，而且已经拒绝了10万块的要求，心里有了一定的内疚感，如果1万块都不借，也太说不过去了。

于是借1万块的预期目标实现了。

利用人的好胜心，激发他人斗志和勇气

艾尔·史密斯曾任美国纽约州州长。一次，史密斯需要一位强有力的铁腕人物去管理最臭名昭著的辛辛监狱，因为那里缺一名看守长。不过，管理监狱是一件棘手的事，经过几番斟酌，史密斯选定了新汉普顿的刘易斯·劳斯。

“去管理辛辛监狱怎么样？”史密斯轻松地问被召见的劳斯，“那里需要一个有经验的人去做看守长。”

劳斯大吃一惊，他知道辛辛监狱是出了名的难管，也知道这项任务的艰巨。这是一项政治任命，他不得不考虑自己的前途，考虑这是否值得冒险。

史密斯见他犹豫不决，便往椅背上一靠笑道：“害怕了，年轻人？我不怪你，这本就是个困难的岗位，它需要一个重要人物来挑起担子干下去。”

这句话激起了劳斯的好胜心，他终于勇敢地接受了挑战，并在辛辛监狱待了下去。后来，他对监狱进行了改革，帮助罪犯重新做人，成了当时最负盛名的看守长，创造了奇迹。

人人内心都有一定的好胜心，只不过在平时的生活中一般没有机会显露出来。

只要我们能够激起他人的好胜心、求胜欲，就能让其按照我们的意图去行动，让其更具责任感，发挥出更大的潜能，这对于目标的达成有十分重要的作用。上面这个奇迹本身，就可以说是史密斯善用好胜心创造的。

在《三国演义》的“赤壁之战”中，蜀吴联手击败了魏，在这其中诸葛亮说服孙权联合抗曹是关键的因素。

当时的情况是刘备已经被曹操打得狼狈不堪，只剩下两万人马，势单力孤，一路往江东逃跑。

曹操统一了北方，又接收了荆州，正是意气风发势如破竹的时候，亲率水

陆雄师83万，排山倒海压江而来。

孙权呢，年纪轻轻，继承父兄的基业，稳坐江东富饶之地，但是军事实力远远不够与曹操抗衡。所以他是既不想投降，但是又怕战败了后果更严重，正在犹豫不决、举棋不定。

就在这种复杂的情况下，诸葛亮只身来到江东。他拜见孙权，先说了这样一番话：

"如今天下大乱，北方的群雄都已经被曹操收拾干净了，连荆州刘琮也已经投降了曹操，现在就只剩下将军和刘备了。

"眼下，曹操雄兵83万势如破竹，所向披靡，咱们光靠英雄气概是对抗不了他的。刘备刚刚又吃了败仗，将军您还是早做准备，好好想想吧。

"如果您觉得东吴的军力能够打赢曹操，就跟他决一雌雄，要是您觉得没有这个实力，还是早点解除武装，俯首称臣，投降算了（谁都知道东吴的军力跟曹操根本就不在一个重量级别上，这诸葛亮明摆着要孙权投降）。"

孙权一听，心想：你原来不是要劝我跟你那个整天吃败仗的刘备联合对抗曹操。刘备都被打成那样了，还不投降，怎么就让我投降？曹老贼83万是多，难道我就该一仗不打举白旗呀？他反问："照你这么说，刘备怎么不赶快投降曹操？"

诸葛亮回答说："瞧将军这话说的。刘备是汉室皇族的后代，那是天生的英雄呀，目前虽然遇到些困难，但是天下的壮士贤才还是源源不断地慕名前来投奔，要效犬马之劳。刘备起兵抵抗曹操，那是天命呀，至于成不成功，那是由天命决定的，怎么可以向曹贼投降！"

孙权听了这话，一时怒发冲冠：他刘备假模假样的是天命，我孙权继承父兄的基业坐镇江东，手下人才济济，拥兵10万，难道就该投降？曹老贼人多势众，我是有点怕打不赢，但是那又怎么样，就打这只老虎。

于是，孙权拔出宝剑，凌厉的剑光耀着他的眼睛，只听他坚定地吐出几个字："打不赢也得打。"

此刻，第一步目标达成。诸葛亮利用孙权的好胜心和不服输的性格，激得他坚决不投降，要和曹贼打这一仗。

但是关于怎么能打赢，孙权内心还是有些不踏实，他知道单靠东吴自己的力量是打不过曹操的。诸葛亮给孙权深入地分析了各方形势，指出曹操之短处，强调了孙刘的长处，最后指出："如果将军集精兵猛将与刘备之军配合，联合作战，一定会击败曹军。天时地利俱在，剩下的只看将军您的决策能力了。"这一番话打消了孙权的不安，坚定了他的信心，最终促成了孙刘联合抗曹。

孙权是一个极其稳重、心思缜密的人，有着君王的心态和气度，要想劝服他谈何容易。

然而诸葛亮摸透了孙权的心理，充分利用了他的好胜心和不服输的性格，激起了他的斗志，下定了誓与曹贼决一死战的决心，成功地完成了刘备交给自己的任务。可见，诸葛亮真是善于利用别人心理的高手。

第 17 章 以心观心，洞察人性

跳出心理定式，用新眼光看待对方

两个小矮人哼哼和唧唧在迷宫中生活。

每天一大早他们就起床，穿上运动鞋，跑出家门在迷宫里寻找可口的奶酪。迷宫中的路线非常复杂，经常让人迷路。有时他们能找到一些美味，有时却什么也找不到。可是他们还是快乐而勤劳地在迷宫中寻找好吃的奶酪。

直到有一天，他们发现了一个特大奶酪站，里面堆满了各式各样的新鲜奶酪。自此以后，哼哼和唧唧就沿着特定路线来这里大吃。每天如此，开心快乐。

然而，突然有一天，当他们再次来到这里时，所有的奶酪都不见了。他们吃惊、愤怒、苦恼。

哼哼认为奶酪就在这里的某个地方，迟早会出现的，他还是每天都来到这里等着奶酪的出现，饿得虚弱不堪；而唧唧在经过了一番害怕和犹豫之后，决定做出改变，重新出发，寻找新的奶酪。经过一路探索和辛苦尝试，唧唧最终找到了另一个大大的奶酪站。

这就是心理定式和超越心理定式的不同所致。心理定式是指人们按照已有的经验和认识去处理现在的问题。它会束缚我们的思维，让我们墨守成规。一旦条件改变，而我们不能做出改变时，就会像哼哼一样饿肚子。

定的反面是变，定式的反面就是改变。做出改变，就是要改变自己，突破自己，超越自己。因为变化总是在发生的，我们必须尽快适应变化，越早放弃旧的奶酪，就会越早享用新的美味的奶酪。

现在我们来做个实验。把四只苍蝇和四只蜜蜂装进一个玻璃瓶中，然后将瓶子平放，使瓶底朝着窗户。

结果，蜜蜂不停地往瓶底飞，试图找到出口，直到力竭而亡；而苍蝇则在不到三分钟的时间里，全部从另一端的瓶颈逃脱了。

蜜蜂基于出口就在光亮处的定式，不停地重复这个合乎逻辑的错误。而苍蝇则没有这种知识与经验的束缚，不断尝试新的方向，终于飞出囚室。

实际上，不管是人还是动物，都难免受到心理定式的影响，用以往的经验、认识或者惯性来解决当前的困境。

一次，一艘远洋海轮不幸触礁，沉没在汪洋大海里，幸存下来的九位船员拼死登上一座孤岛，才得以幸存下来。

但接下来的情形更加糟糕，岛上除了石头还是石头，没有任何可以用来充饥的东西；更为要命的是，在烈日的曝晒下，每个人口渴得冒烟，水成为最珍贵的东西。

尽管四周是水——海水，可谁都知道，海水又苦又涩又咸，根本不能用来解渴。现在，九个人唯一的生存希望是老天爷下雨或过往船只发现他们。

等啊等，没有任何下雨的迹象，天际除了海水还是一望无边的海水，没有任何船只经过这个死一般寂静的岛。渐渐地，八个幸存的船员支撑不下去了，他们纷纷渴死在孤岛上。

当最后一位船员快要渴死的时候，他实在忍受不住扑进了海水里，“咕嘟咕嘟”地喝了一肚子。船员喝完海水，一点儿也觉不出海水的苦涩味，相反觉得这海水又甘又甜，非常解渴。他想：也许这是自己渴死前的幻觉吧。便静静地躺在岛上，等着死神的降临。

他睡了一觉，醒来后发现自己还活着，船员非常奇怪，于是他每天靠喝这岛边的海水度日，终于等来了救援的船只。

后来人们化验这里的水发现，这儿由于有地下泉水的不断翻涌，所以“海水”实际上全是可口的泉水。

谁都知道“海水是咸的”“根本不能饮用”，这是基本“常识”。因此，八名船员被渴死了。正是所谓的经验——这种心理定式害死了他们。而第九名船员则由于敢于突破心理定式，才赢得了最后的生存的机会。

在人际交往中，心理定式就是指人们在认知活动中用“老眼光”——已有的知识经验来看待当前问题的一种心理反应倾向，也叫作思维定式。

不过，有句古话叫作“士别三日，当刮目相看”，用老眼光看人常失之偏颇。

三国时期，吴国大将吕蒙在鲁肃死后继任都督，击败蜀国大将关羽，为夺取荆州立下了大功。

吕蒙本是个武将，不读书，没有什么学识。鲁肃认为他只有勇力，是一介武夫，很是轻视他。后来，当鲁肃再次见到他时，看到他和以前完全不同了，谈起军事问题，很有见地，非常惊异。鲁肃感叹地说：“我一向认为老弟只有武略，时至今日，老弟学识出众，确非吴下阿蒙了。”吕蒙说：“士别三日，但当刮目相看。”

永远不要以老眼光去看待别人，每个人都在不断地变化，甚至变化很大。而这也警惕我们要常学习常进步，免得“逆水行舟，不进则退”。

我们每个人都要不断努力，不断进步，提升自己。你这样做，别人也一样会这样做。所以，打开心门，用新的眼光去看待我们身边的每一个人，你会发现很多让人意想不到的变化。

正如古希腊赫拉克利特所说：“所有事物都是流动的。”每一件事物都在不停地变化、移动，没有任何事物是静止不变的，因此我们不可能“在同一条河流中涉水两次”。当我们第二次涉水时，不论是我们还是河流，都已经与以前不同了。

人也是如此，每个人都在不断地变化中，只要有时间和空间的存在，不论是你我还是他，都与以前不同。

一个“坏孩子”“问题少年”“不良少年”不会总是往坏的、不良的、有问题的方向发展。一个曾经一事无成的人，也许会干出一番大事业来。一个曾经学习不好的学生，很可能在下次考试中就能考出让你意想不到的好成绩。

我们要尊重每一个人，不要因他的富贵权势而卑躬屈膝、阿谀奉承，也不要因他的卑微穷困而歧视他、瞧不起他，甚至给他难堪。须知，富豪也会变乞丐，小人物也终有出头日。

我们要平心对待身边的每一个人，不断发现他们的变化，用新眼光去看待他们。

利用投射心理，洞悉他人心境

一天晚上，在漆黑偏僻的公路上，一个年轻人的汽车抛了锚——轮胎爆了。

年轻人下来翻遍了工具箱，也没有找到千斤顶。怎么办？这条路半天都不会有车子经过。他远远望见一座亮灯的房子，决定去那个人家里借千斤顶。可是他又有许多担心，在路上，他不停地想：要是没有人来开门怎么办？要是没有千斤顶怎么办？要是那家伙有千斤顶，却不肯借给我，该怎么办？

顺着这种思路想下去，他越想越生气。当走到那间房子前，敲开门，主人一出来，他冲着人家劈头就是一句："去你的吧，你那千斤顶有什么稀罕的！"

主人一下子被弄得丈二和尚摸不着头脑，以为来的是个精神病人，就"砰"的一声把门关上了。

人把自己的想法投射到他人身上，是多么可笑，其实人家未必像你想的那样。在心理学上，那种把自己的某些心理特点加给对方的现象，叫作"投射"，也就是我们平常所说的"以己之心，度人之腹"。

投射心理是指以己度人，认为自己具有某种特性，他人也一定会有与己相同的特性，把自己的感情、意志特性投射到他人身上并强加于人的一种心理倾向。

可知你不是别人，别人不是你，你怎知别人与你有同样的感受、想法和意愿，别人又怎知你是如此这般所想。《庄子》里面有一个著名的"濠梁之辩"的故事。

庄子和惠子在濠水桥上游玩。庄子说："鱼儿自由自在地游来游去，这是鱼的快乐呀。"

惠子说："你不是鱼，怎么知道鱼的快乐？"

庄子说："你不是我，怎么知道我不知道鱼的快乐？"

惠子说："我不是你，固然不知道你知不知道鱼的快乐，但是你也不是鱼，你不知道鱼的快乐，却是可以确定的。"

正是由于投射心理的存在，我们就可以从一个人对别人的看法中，推测出这个人的真实意图和心境。

宋代著名词人苏东坡和得道高僧佛印是多年好友。

一天，苏东坡去拜访佛印，两人相对而坐，谈论佛法诗词，甚是欢畅。席间，苏东坡对佛印开玩笑说：“我看你是一堆狗屎。”佛印笑道：“我看你是一尊金佛。”

苏东坡非常得意，以为自己这次终于占了佛印的便宜。于是回家后就迫不及待地向妹妹炫耀此事。

苏小妹说：“哥哥，你错了。佛家说‘佛心自现’，你看别人是什么，就表明你看自己是什么。”

如果一个人经常疑心别人打他的小报告，我们就可以推断出此人心里有鬼，而且很可能，他就是个背地里打小报告的人。如果一个人总觉得别人在骗他，别人心怀不轨、居心不良，我们就可以推断出他是个心地阴暗、撒谎骗人的人。如果一个人看别人都是好人，什么事都往好处想，那他就是个好心、乐观、善良的人。

《吕氏春秋》中有这样一则故事。

宋国有一个农夫，在自己的田地里拾到了一块宝玉，如获至宝，就赶紧把这宝玉呈送给当时的大贤——子罕，请他赏光笑纳。

子罕看了后，并不收这份厚礼，并说：“在你眼里，这个宝玉是至宝，但是在我眼里，不收取非分的财物才是至宝。”

宋国的父老乡亲很不理解子罕的这种做法，于是就有人去请教一位智者，智者答：“人各有志，每个人都是不同的。如果你拿面饼和金钱让小孩子选择，他会选择面饼；如果你拿和氏璧和金银让俗人选择，俗人会选金银；如果你拿和氏璧与至理名言让贤人子罕选择，则他会选择做人做事的至理名言。”

正如智者所说，我们可以从一个人选择的是什么“东西”中，推测出他的真实想法和心境。如果他选择金银，我们就知道他爱好钱财，与他交往，只要让他有钱财的收益，他就乐意为你做事，与你成为朋友；如果他喜欢美女，我们就知道他是个好色之人；如果他选择做人做事的至理名言，那他就如子罕般，是位大贤。

每个人的成长背景、生活环境、受教育程度、人生经历都各不相同，人生观，价值观，对事物的看法，处理问题的方法，看待世间万物的角度都是独特的。别人永远不是自己的克隆，不是自己的完全复制，不可能和自己的所思所想完全一样。正因为此，世界才是五颜六色、多姿多彩的。

我们在日常的人际交往中，要看到这些差异，尊重这些不同，利用人普遍存在的投射心理，揣测出他的真实意图和心境。

摘掉光环，警惕晕轮效应

你是不是喜欢听某个明星唱歌，就喜欢他，觉得他这也好，那也好，样样好，越看越喜欢？

你是不是会因为看了某个电影或电视剧，喜欢里面的某个角色，而喜欢他的一切，不管他参加的什么其他节目，你都喜欢？喜欢他整个人？

这种现象，就是心理学上的晕轮效应，也叫光环效应。晕轮效应是指人们对他人的认知，像日晕一样，由一个中心点逐步向外扩散成越来越大的圆圈，是一种在某一突出特征影响下所产生的以点带面、以偏概全的社会心理效应。

一个人如果被称赞，他就会被一种积极肯定的光环所笼罩，并且被赋予其他一切好的品质。

如果一个人被标明是坏的，他就会被一种消极否定的光环所笼罩，并且被认为具有其他一切坏的品质。

这就是所谓的“一好百好，一差百差”“情人眼里出西施”“看你顺眼越看越顺眼，看你不顺眼越看越不顺眼”。

对于晕轮效应，心理学家戴恩做过一个实验。

让参与者看一些照片，照片上的人有的很有魅力，有的是中等魅力，有的则没有魅力。看过照片后，戴恩要求参与者对照片中的对象进行魅力评定。

结果表明，参与者对有魅力的人比对无魅力的人赋予了更多积极方面的、好的、理想的人格特征，如友善、和蔼、沉着、好交际等。

这种晕轮效应不但表现在以貌取人上，还常常表现在初次与人交往时，以他人的穿着打扮、言谈举止、气度风格等来推断他的身份、才能、品德、性格等。在对不太熟悉的人进行评价时，这种效应体现得尤为明显。

我们在日常的人际交往中，可能会因为个人的喜好而对他人有所偏见或偏爱，但是我们一定要提醒自己全面观察对方，决不能看见美女帅哥就晕了头，须知在人的外表之下，还有更深刻的东西在涌动。

一个影星、歌星，他的可爱之处主要在于他戏演得好，歌唱得好，或在于他的勤奋、坚强、沉稳、勇敢、执着、孝心、爱心等一些个人品质的魅力，甚或在于他的帅气或靓丽。

而他们的“粉丝”，却把他们当成是无所不能、没有缺点的完人来崇拜。“粉丝”们在演唱会上尖声叫喊，如醉如痴，为得一个签名排几个小时的队，这个可以理解，甚至可以支持，因为这体现了年轻人的激情，他们喜欢什么、爱什么，就去大胆地做什么，无可厚非。

但是把偶像的某些突出优点，推及到他们的其他一切方面，认为他们的方方面面都是完美的，就有失偏颇了。

在日常的人际交往中，有些人看起来慈眉善目，温文尔雅，彬彬有礼，待人和善。我们常常会喜欢这样的人，认为这样的人必定善良、友好，有涵养、有层次、有水平，是一个值得结交的朋友，一个优秀的合作伙伴。然而事实未必如此，一些伪君子、骗子，表面一套背地一套的小人常常最具伪装性和迷惑性。

我们往往会因为他们的一些表面突出的“优点”而忽略或者看不到他们的真实缺点，导致上当受骗，最终捶胸顿足，大发感叹：“我怎么会相信这个混浑蛋？！”

为克服晕轮效应，我们应该养成客观全面看待他人的习惯。

要知道事物没有完美无缺的，有优点并不意味着就是完人，有缺点也不意味着一无是处。可爱的优点和讨厌的缺点，很可能在一个人身上并存。不要被光环所迷惑，它笼罩的其实也只是一个普通的人。

慧眼识英雄，看出对方的闪光点

奥托·瓦拉赫是诺贝尔化学奖获得者，他的成才之路非常曲折，却又十分精彩，可谓是一部传奇。

瓦拉赫在开始读中学时，父母为他选择的是一条文学之路，希望他能成为文学巨匠。不料一个学期下来，文学老师为他写下了这样的评语："瓦拉赫很用功，但过分拘泥。这样的人即使有着完美的品德，也绝不可能在文字上发挥出来。"

后来，瓦拉赫爱上了画画，于是在父母的支持下，他改学油画。可是瓦拉赫既不善于构图，又不善于调色，对艺术的理解力也不强，在班上的成绩是让人极度伤心而又无奈、失落的倒数第一，学校的评语更是令人难以接受："你是绘画艺术方面的不可造就之才。"

面对如此"笨拙"的学生，绝大多数老师都认为他已经是成才无望，朽木不可雕也。父母也是忧心忡忡，不知如何是好，对于小瓦拉赫，他们感到美好的愿望和现实总是有差距，而且差距还很大。

只有化学老师认为他做事一丝不苟，具备做好化学实验应有的各项优秀品质，极力建议他去试学化学，父母接受了化学老师的建议。

这次，瓦拉赫智慧的火花被彻底点燃，一发而不可收拾，文学艺术的"不可造就之才"一下子变成了公认的在化学方面"前程远大的高才生"。经过努力和天分潜能的发挥，瓦拉赫最终成为了举世瞩目的化学家。

这就是著名的瓦拉赫效应。每个人的天赋优势、智能发展都是不均衡的，都有优势和弱势，一旦他们的最佳点被发现，并得到充分的发挥，他们就可以获得惊人的成就。

在人际交往中，瓦拉赫效应告诉我们，每个人都有自身的优点和缺点，在个人成长的过程中，都有一些明亮的光点和灰色的污点。我们要多用心观察，用心体会，尊重、信任、关爱他人，发现他人身上的闪光点、优秀品质，真诚地和他人交往。

不能只看到他人暂时的平庸或困境，而忽视其未来的发展潜能，瞧不起、歧视他人。不能心存偏见，因为看到他人一些性情上的瑕疵就对其全盘否定，甚至给其贴上坏人的标签。

有时候眼睛会欺骗我们，让我们一叶障目，只看到他人的平凡，而看不到他人被平凡包裹着的光芒四射的潜能。就像山谷中的一颗石头，外表普通，内中或许就包藏着宝石。而我们大多数人却永远也看不见。

千里马尚需伯乐来发现。一个现在没有钱的穷小子，也有可能经过努力和某些天赐的机遇，而成为富豪。他身上所具备的那份潜能、那份品质，如执着、勇敢、乐观、雄心、宽容和爱，你是否能看见？一个丑小鸭的美丽动人，你又能否看得见？

在与人交往中，我们要善于发现他人身上的可取之处、可学之处、可用之处。

我们可以从学识渊博的学者、教授身上学到丰富的知识，独特的思维方式，科学的研究方法，实用的解决问题的方法等；

可以从商人身上学到精湛的经商之道、做人之法；

可以从一个普通的青年身上感受到对国家的热爱和忠诚；

可以在一个卖饼老人身上看到善良、忠厚和真诚；

更可以在一个赌徒、酒鬼身上发现卓越的文学才能、治国能力或者经济头脑、军事才干（丘吉尔就曾经酷爱喝酒和赌博）。

刘邦的岳父吕太公，在刘邦还是个小亭长的时候，就断言他将来能有大作为、大富贵，非要把女儿嫁给他。后来，刘邦果然成就一番帝业，吕太公的女儿也成了皇后，她就是历史上有名的吕后。这位吕太公真可谓是慧眼识英雄。

在我们的人生中，重要的是能够有一只心眼，透过平静的湖面，看到下面的波涛汹涌，透过凝结的火山口，看到其内藏的烈焰涌动。

通过观察对方的交际圈来了解对方

有个人要买驴，但不知那头驴使唤起来怎么样，就先牵来试两天。

他把驴牵到自家牲口棚，和已有的三头驴系在一起。他十分清楚，这三头驴，一头勤快，一头懒惰，一头善于讨好。

这新买的驴子被牵回家后，不和别的驴子站在一起，只走到那头好吃懒做的驴子旁边。买驴人见状，二话没说，马上又牵着这头驴子回到市场上去。

“你还没有好好试试呢。”卖驴的人说。

“不必再试了。”买驴的人回答说，“现在我知道它是一头什么样的驴了。”

俗话说“近朱者赤，近墨者黑”，意思是接近朱砂的会变红，接近墨的会变黑，在心理学上的这种现象被称为链状效应，它是指人在成长过程中的相互影响作用。

我们每个人都生活在同一个世界上，居住在同一个地球村里。人与人之间总是会存在某种程度上的交往，或在不同的环境中，或在不同的时间、空间下。

我们从出生到死亡，都在不停地与人接触，与人打交道，与人交往。总有自己的朋友，有些是兴趣相投，有些是个性相合，有些是性格互补，有些是利益共生，有些是酒肉朋友，有些是成长需求……

很多时候，我们可以从对方的交际圈中看出对方的为人、品性、身份、层次、背景甚至是其内心世界。

他经常与什么人交往，与哪些人打交道，与哪类人接触，往往能反映出他是个什么样的人。

一个整天和街头地痞小混混为伍，吃喝玩乐，酗酒打架，收保护费的人，通常情况下，就是个恶习满身的小痞子。或许他有一颗善良的心，但是经常在这种不良环境中行走，除非有颗坚韧的心，否则很可能就会丧失本来具有的多种好的品性、习惯，成为人人见了都躲避的小恶霸。

不是人人都像《无间道》里的梁朝伟扮演的警方卧底陈永仁一样，在黑道混几年，和地痞、流氓、毒贩、走私犯在一起，每天打架、酗酒、抽烟、赌博，还能保持自己的本色——“我是一名警察”。然而，他经常失眠，这正是因为他正义的心和他的日常生活的环境、所作所为有着巨大的差异。他也因为经常打架，已经有了暴力伤人的习惯或者说内心欲望，不能自控。

可见，经常接触什么人、做什么事，对一个人的影响是多么大！

我们所见到的更多的情况是，很多人在不良环境的渲染下，在不良朋友的带动下，慢慢沉沦，走上歧途。吸毒的朋友迟早想让你染上毒瘾，嫖娼的朋友终会诱你嫖妓，结交打架斗殴的朋友渐渐会让你习惯于打架，结交巧取豪夺、奸诈的朋友可能会让你变得阴险、不择手段。（当然，我们也不排除有些人因为某些特殊因素，如受到特别的打击或者诱惑而改变，成为面善心毒的小人、伪君子。）

而一个长时间生活在良好正统的环境下的人，受过良好教育，有着温暖家庭；整天和善良的、有涵养有品位的人打交道的人，他本身就处在一个秩序井然、明朗阳光的小环境中，他和他的朋友之间相互熏染，自然会是一个善良、忠厚、有素养、有爱心的人。

所以，日常接触的朋友圈子，真的能影响一个人，能改变其习性和内心。

在古代，孟母为了让孟子有一个好的生长学习环境，经常接触到有文化、有涵养的温文尔雅之士，而三次搬家。今天我们是否也应该多和有能力、有魄力、有文化、有品性的人结交共处呢？经常和单纯善良的人在一起，你也会变得单纯而善良。经常和有文化的人在一起，你也会受到感染，在不知不觉中提升自己的知识素养。

我们同处在这个小小的世界上，随着岁月的流逝，个人的成长，逐渐形成了自己的交际圈，并与圈子里的人共生在一条链子上，总是相互连接。

“物以类聚，人以群分”，“道不同，不相为谋”，从一个人结交的朋友中，可以折射出他是一个什么样的人。

看一个人身边的朋友，看他经常接触的人，通常情况下就能判断出他是一个怎样的人。如果他经常和善良、正直、纯真的人在一起，那他多半是一个善良正直的人；如果他经常和狡诈阴险的人在一起，那他多半也是一个恶毒的小人；如果他经常和爱拍马屁的人在一起，他就多半是一个爱慕虚荣的人；如果他经常和处事果断、有魄力的人在一起，那他多半是一个头脑清醒、有远见的人。

洞察对方性格类型，调整交际策略

每个人的嗜好、想法都不一样，因此我们遇到的交际对象也经常各不相同。

在与人交往时，倘若能够明白对方属于何种类型，我们就能有针对性地与之交往，应付起来也就比较容易了。现在列举九类人以供参考。

木讷死板的人——这类型的人，就算你很客气地和他打招呼、寒暄，他也不会做出你所希望的反应来。他通常不会注意你在说些什么，甚至你会怀疑他听进去没有。

和这种人交往，刚开始多多少少会感觉不安，你要花些工夫，仔细观察，注意他的一举一动，从他的言行中，寻找出他所真正关心的事来。你可以随便和他闲聊，只要能够使他回答或产生一些反应，那么事情也就好办了。接下去，你就要好好利用这一话题，让他充分表达自己的意见。

每一个人都有他感兴趣和所关心的事，只要你稍一触及，他就会开始滔滔不绝地说，此乃人之常情。因此，你必须好好掌握并利用这种人性心理。

傲慢无礼的人——自视甚高、目中无人，时常表现出一副“唯我独尊”的样子。像这种举止无礼、态度傲慢的人，叫人看了实在生气，是最不受欢迎的典型。但是，当你不得不和他接触时，你该如何对付他?

有些人说话虽然客气，眼神里却有些许傲慢，且不带一丝笑意，这种人实在是非常不好对付的。当我们初次会见这种人时，很可能会感觉有一种“威胁”存在。

与这种类型的人交往，说话应该简洁有力才行，最好少跟他啰唆，因为“多说无益”。不过，你要尽量小心，以免落入他的圈套里头。

当然，每个人都有自己的立场和苦衷，上述这类人可能自觉“怀才不遇”，或怨恨自己运气不好，无法早点出头；又由于其在社会上打滚甚久，城府颇深，故尽管不受领导眷顾，也会在“保卫自己”的情况下，与人客气寒暄。因此我们只需同情他，而不必理会他的傲慢，尽量简单扼要地与其交往就对了。

沉默寡言的人——和这样的人谈事情，实在是非常吃力的，因为对方太过沉默，你就没办法了解他的想法，更无从得知他对你是否有好感。

一位新闻记者，为人沉默寡言，根本就不像个记者。不论你和他说什么，他总是沉默以对，你真是拿他没办法。当有人给他介绍广告客户时，他也只是淡然地说声：“噢！是这样啊。”然后手持对方名片，呆呆地看上两眼。

对于这种人，你最好采取直截了当的方式，让他明白表示“是”或“不是”，“行”或“不行”，尽量避免迂回式的谈话，你不妨直接地问：“对于甲和乙两种办法，你认为哪种较好？是不是甲方法好些呢？”

深藏不露的人——我们周围存在着许多深藏不露的人，他们不肯轻易让人了解他们的心思。你根本不知道他们在想些什么，他们有时甚至说话不着边际，一谈到正题就“顾左右而言他”。

当你遇到这么一个深藏不露的人时，最好的应对方式，就是把自己预先准备好了的资料拿给他看，让他根据你所提供的资料，做出最后决断。

人多半不愿将自己的弱点暴露出来，即使在你要求他做出回答或提出判断时，他也会故意装作不懂你的话，或者故意言不及义地闪烁其词，使你有一种“高深莫测”的感觉。其实，这只是他伪装自己的手段罢了。

草率决断的人——这种类型的人，乍看好像反应很快。他常常在交涉进行到最高潮时，忽然妄下决断，给人“迅雷不及掩耳”的感觉。由于这种人多半性子比较急，因此有的时候为了表现自己的“果断”，决定就会显得随便而草率。

倘若你遇到上述这种人，最好按部就班地来，把谈话分成若干段，说完一段，马上征求他的意见，没问题了再继续进行下去，如此才不至于发生错误，也可以免除不必要的麻烦。

顽固不化的人——愚顽固执的人是最难应付的，因为无论你说什么，他都听不进去，只知道坚持自己的意见，死硬到底。跟这种顽固分子交手，是最累人且又浪费时间的，结果往往徒劳无功。因此，在你和他交涉的时候，千万要记住“适可而止”；否则，谈得越多、越久，心里越不痛快。

对付这种人，你不妨及时抱定“早散”“早脱身”的想法，随便敷衍他几句，不必耗时费力自讨没趣地与之纠缠不休。

行动迟缓的人——对于行动比较缓慢的人，最是需要耐心。

碰到这种人，你绝对不能着急，因为他的步调总是无法跟上你的进度，换句话说，他是很难达到你的预定计划的。所以，你最好按捺住性子，拿出耐心，尽可能配合他的情况去做。

此外应该注意的是：有些人言行并不一致，他们可能说得明快、果断，行动却不相符合。

自私自利的人——这世上自私自利的人为数不少，无论你走到哪儿，总会遇到几个。这种人心目中只有自己，凡事都将自己的利益摆在前头，要他做些于己无利的事，他一般是不会考虑的。

当我们不得不与其接触、交涉时，只有暂时按捺住自己的厌恶之情，姑且顺水推舟、投其所好。当他发现自己所强调的利益被肯定了时，自然就会表示满意，如此，交涉就会很快获得成功了。

毫无表情的人——人的心态和感情，常常会透过脸部的表情显现出来，故在交际的时候，表情往往可以作为判断情况的工具。然而，这种人却是毫无表情可言的，也就是说，他的喜怒是不形于色的。这种人若非深沉，就是呆板。

当你和这种人进行交往时，最好的方法就是特别注意他的眼睛。“眼睛是会说话的”，眼睛是灵魂之窗，“观其眸子”自然可以知道他的心思。

第 18 章 打感情牌，情感征服

巧用移情效应，建立双方感情

“感时花溅泪，恨别鸟惊心。”但是花会流泪吗？鸟会心惊吗？当然不会。这是杜甫目睹了百姓因为安史之乱而流离失所的处境和长安失陷后整个国家的荒凉景象，产生的一种忧虑、悲哀的心境。他怀着这种心境来看花，就自然而然地把自己的感情转移到了花鸟上。花溅泪实际上是他的心在落泪，这时鸟儿的鸣叫也会让他心惊，于是有了“鸟惊心”的感情转移。

“一切景语皆情语也”，一切描写景物的语言都是作者感情的转化表述。云能飞、泉能跃吗？我们却常说云飞泉跃；山能鸣、谷能应吗？我们却常说山鸣谷应。这种心理活动通常叫作移情作用，或者称为“移情效应”。

移情效应是把自己的情感移到外物身上，仿佛觉得外物也有同样的情感。自己欢喜时，大地山河都扬眉带笑；自己悲伤时，风云花鸟都在叹气凝愁。

“蜡炬成灰泪始干”，蜡炬自然不会流泪，这只是李商隐怀着痛苦悲切的心境，看到蜡炬燃烧完了自己成为灰烬后才停止滴油的情景，而感到蜡炬也在哭泣流泪，直到生命的终结热泪才会干涸。

李清照在失去丈夫后，独自一人流落江南，过着悲苦、无助的生活。她独自守着窗儿，百无聊赖，愁绪万千，偏偏又是秋雨绵绵，一点一滴落在梧桐叶上，使她产生了一种非常强烈的悲惨、凄凉的心境。于是，便有了“梧桐更兼细雨，到黄昏、点点滴滴。这次第，怎一个愁字了得”的词句。

在人与人之间，移情效应是什么呢？就是换位思考，将心比心，去理解别人的想法和感受，从对方的立场来看事情，以别人的心境来思考问题。

古希伯来有一个国王叫所罗门，是个令后世敬仰的“有道明君”。关于他有一个广为流传的故事。

一次，在国王办公时，有一对老夫妇闯进来，老翁讲他想要离婚。所罗门问：“为什么？”老翁讲出了若干个理由。所罗门边听边点头，最后说：“是的，你是对的，你们应该离婚。”

话音未落，老妇人强烈反对，说绝对不同意离婚。所罗门问她理由，她的理由比老翁还要充足。所罗门同样边听边点头，最后说：“是的，你是对的，你们不应该离婚。”

这时，国王身边的大臣见国王如此断案，忍不住站出来反对说：“大王，你不应该这样断案，你这样断案是不对的。”所罗门同样边听边点头，最后说：“不但他们是对的，你也是对的，确实没有如此断案的，尤其是作为一个国王。”

这个故事启示我们，在交往中，要把自己设想成别人，去体会他们的内心感受，去理解他们真正的想法，从他们的角度考虑问题。用心倾听他人，用心体味他人，这样才有心与心的交流，才有彼此情感的碰撞。

现实中，由于每个人的立场不同、所处的环境不同，对同一个问题的看法和处理态度也会有所不同。所以每当与他人相处时，我们都要问自己一声：“假如我是他，我现在的心境怎样？我最需要的是什么？”

在一个农场大仓库里，住着一只小猪、一头奶牛和一只小羊。一天，小猪被主人抓住，大叫起来，猛烈挣扎。奶牛和小羊听着这撕心裂肺的叫声，非常讨厌地说：“主人常常抓我们，也没见我们大呼小叫，瞧你喊得，犯得着吗？”

小猪涨红着脸，气急败坏地说：“他抓你们，是要你们的奶和毛，但是抓我，就是要命呀！”

看看，奶牛和小羊作为一个独立的个体，都是站在自己的角度去看待小猪的问题，没有进行换位思考。

事实上，在人与人的相处中，我们常常会犯这样的错误。

妻子正在厨房炒菜。丈夫在她旁边一直不停地唠叨："慢点，小心。火太大了，赶快把鱼翻过来。快铲出来，油放太多了。把豆腐整平一点。哎呀，锅歪了……"

"住口，"妻子脱口而出，"我懂得怎样炒菜。"

"你当然懂得，太太，"丈夫凝重地看着她说，"我只是想让你知道，我在开车时，你在旁边喋喋不休，我的感觉如何。"

那么，真正的移情效应是什么呢？是一位智者说的四句话：

第一句话：把自己当成别人。在你感到痛苦忧伤的时候，就把自己当成别人，这样痛苦自然就减轻了；当你欣喜若狂之时，把自己当成别人，那么狂喜也会变得平和一些。

第二句话：把别人当成自己。真正同情别人的不幸，理解别人的需要，而且在别人需要帮助的时候给予恰当的帮助。

第三句话：把别人当成别人。充分尊重每个人的独立性，在任何情形下都不能侵犯他人的核心领地。

第四句话：把自己当成自己。因为你爱别人，所以你要爱自己。

真正按照这四句话去做，体会别人的感受，明白别人的所需，并恰当地给予；并且要尊重别人，让对方感受到你的关心、你的真诚、你的心意。这样双方才能建立真正的感情。

很多人以为，当别人遇到痛苦的事情时，我们就该上前安慰他，抚平其内心的创伤。然而，实际情况却并非如此简单。

倩倩的丈夫突发心脏病去世，料理完丧事，她疲倦且悲伤地回到家后，就开始面对亲友日复一日的关心询问："他是怎么死的？""你怎么没有及时呼救？""之前你们夫妻吵过架吗？""天哪，怎么会发生这样的事！"还有人说："你要母兼父职，好好照顾小孩！"

这些人的出发点当然是关心，但对处于情绪低潮的倩倩，却是一种伤害。后来她看到有人来"慰问"，就害怕起来。她自言自语地说："我最需要的，是沉默的体谅，但却没有人给我。"

很多时候，人们需要的不是说教和指导，而是轻轻的拥抱、默默的支持、深情的眼神；需要的是心的体会，而不是嘴上的感叹。

我们人类是感情的动物，天生具有七情六欲，有理解他人、感受他人情感的能力。在我们的日常交往中，真正的移情是从内心深处站到他人的立场上去，要像感受自己一样去感受他人。

留出空白，让交往更深入彼此的心

有时候留出空白，什么都不做，会有更好的效果。

中国画里有一个术语叫“留白”，就是画家在绘画时故意留下一角空白，以使观赏者产生丰富的联想和不尽的遐思。如果一幅画能够适当地留下不着色彩的空白，会收到“恰是未曾着墨处，烟波浩渺满目前”的效果。在音乐中，作曲家作曲时也经常在乐曲中间留下停顿，能起到和“留白”同样的作用。

白居易的《琵琶行》中有这样一段：“嘈嘈切切错杂弹，大珠小珠落玉盘。间关莺语花底滑，幽咽泉流冰下难。冰泉冷涩弦凝绝，凝绝不通声暂歇。别有幽愁暗恨生，此时无声胜有声。”音乐于极致中戛然而止，给人留下的是无尽的思想空间，也起到了留白的作用。

这种留出空白的艺术表达方式，给人感觉更富有灵气，更能启发人的想象力，具有独特的审美效果。留白为什么会起到这样的作用呢？它是有其心理学依据的。

心理学家认为人的心理有这样的特点：在感知世界的时候，如果感知对象不完整，便会自然地运用联想，在头脑中对不完整的感知对象进行补充，直至完整。

奇妙的是，人们对经过联想去“补充”的感知对象，会产生更强烈的心理触动，不仅印象深刻，而且更容易记住。这种现象是由空白效应所致的。空白效应是指在做事的过程中，适当地留一些空白，会取得更好的效果。

说到这里，我们大概会想起王家卫的电影《花样年华》。影片在寂寞、梦想、逃避的情节中慢慢地铺开，但自始至终都没有直接表现男女主角之间的恋爱场景，这就是要留给观众自己去想象的。

留白在很多领域里都有奇妙的作用。

老师在讲课的时候，利用空白效应可以起到很好的教学效果。比如，老师朗读课文《孔乙己》，当读完最后一句“——大约孔乙己的确死了”后就一言不发。课堂一片沉寂，学生们沉浸在思考中。过了一会儿，老师才开始讲这篇课文的内涵，而学生因为经过了一会儿自己的思考，就更容易理解老师的讲解。

空白效应给我们的启示是，在人际交往过程中，要善于留白。

针对某些问题，不妨先放一放、停一停，给对方一些自省的空间和时间，让他自己去体会、醒悟。

在和人交往中，有时“无声”会比“有声”具有更大的影响力量，这也是空白效应的表现之一。

有位高中生在她的作文里写道：

“一次，我和同学聚会去了，午夜零点才带醉而归。回来的时间超过了父母给我规定的时间，而且还喝了那么多酒，让爸妈很生气。妈妈开门的时候就劈头盖脸地训斥了我一顿，说：‘你赶紧向父亲道个歉。’顿时，我一下子清醒了，感到大祸临头。我本以为严肃的父亲会狠狠批评我、训斥我，没想到父亲面色凝重，眼神复杂地盯着我看了几秒钟，然后拖着沉重的步伐离去。

“那时我的心由紧张害怕变成了愧疚和感激，我爱爸爸妈妈，觉得太对不起他们了。这种自责的心理让我后来再没发生类似的事情。如果当初父亲狠狠地批评我一顿，即使说得对，出于自尊心，也会使我出现逆反和排斥心理。而这无言的感情传递却比一箩筐的批评效果更好！”

在生活中，和亲密的人相处，也要注意适当地留白。

比如夫妻之间，如果相互之间没有距离，把对方看得太紧，恐怕只会起到适得其反的效果，对感情的发展不利。相反，如果给对方一定的空间，彼此保留一定的神秘感，那点空白会使两人更有走近的欲望。

当双方的矛盾或者分歧就要一触即发，当对方瞬间就要大动干戈的时候，不妨用沉默或者其他如喝杯茶、吃个饭之类的转移注意力的方式，来暂时避开对方的锋芒，同时也让自己冷静下来。通常这样更有利于双方之间最终理性、和平地解决问题。

双方交往过程中，更要适当地留出空白、空隙，像取暖的刺猬一样，彼此过于亲近，就会互相刺伤，要保持一个亲密度，留点缝隙，让新鲜灵动的空气自由出入。

须知，当你越是握紧手中的沙子，它们流失得越快，所剩无几；当你平摊着双掌捧着它们时，它们却乖乖地躺在你的掌心，不愿离去。

先抑后扬，更易得到对方好感

某公司自从多年前成立，就骏业宏发、蒸蒸日上。后来有一年，盈余竟大幅滑落。这绝不能怪员工，因为大家为公司拼命的情况，丝毫不比往年差，甚至可以说，由于人人意识到经济的不景气，干得比以前更卖力。

这也就越发加重了董事长心头的负担，因为马上要过年，照往例，年终奖金最少加发两个月，多的时候，甚至再加倍。

这一年可惨了，算来算去，顶多只能给一个月奖金。

“让多年已经习惯了的员工知道，士气真不知会怎么滑落！”董事长对总经理说，“许多员工都以为最少得加两个月奖金，恐怕飞机票、新家具都订好了，只等拿奖金就出去度假或付账单呢！”

总经理也愁眉苦脸了：“好像给孩子糖吃，每次都抓一大把，现在突然改成两颗，小孩一定会吵。”

“对了！”董事长突然触动灵机，“你倒使我想起小时候到店里买糖，总喜欢找同一个店员。因为别的店员都先抓一大把，拿去称，再一颗颗往回扣。那个比较可爱的店员，则每次都抓不足重量，然后一颗颗往上加。说实在话，最后拿到的糖没有什么差异，但我就是喜欢后者。”

没过两天，公司突然传出小道消息：“由于营业状况不佳，年底要裁员……”

顿时人心惶惶了，每个人都在猜，会不会是自己。最基层的员工想：“一定由下面杀起。”上面的主管则想：“我的薪水最高，只怕从我开刀！”

但是，紧跟着总经理就做了宣布：“公司虽然艰苦，但大家同一条船，再怎么危险，也不愿牺牲共患难的同事，只是年终奖金，绝不可能发了。”

听说不裁员，人人都放下了心上的一块石头，那不至于卷铺盖的窃喜，早压过了没有年终奖金的失落。

眼看除夕将至，人人都做好了过个穷年的打算，彼此约好拜年不送礼，以共度时艰。

突然，董事长召集各单位主管开会。看主管们匆匆上楼，员工们面面相觑，心里都有点七上八下："难道又变了卦？"

是变了卦！没几分钟，主管纷纷冲进自己的单位，兴奋地高喊着："有了！有了！还是有年终奖金，整整一个月，马上发下来，让大家过个好年！"

整个公司大楼，爆发出一片欢呼，连坐在顶楼的董事长，都感觉了地板的震动……

这位董事长给那些不会发奖金的老板上了一课。与其因最好的企盼，造成最大的失望，不如先抑后扬，因最坏的打算，带来意外的欣喜。

美国心理学家阿伦森·兰迪做过一个实验。他把被试者分为四组，施行不同的措施，结果也不同。分别如下：

对第一组被试者始终否定（－，－），被试者不满意。

对第二组被试者始终肯定（＋，＋），被试者表现为满意。

对第三组被试者先否定后肯定（－，＋），被试者最满意。

对第四组被试者先肯定后否定（＋，－），被试者表现为最不满意。

这种心理现象，在现实生活中很普遍，平时人们常说："磕一千个头后放一个屁，效果全无。""有一百个好，最后一个不好可结成冤家。"

我们把这种先否定后肯定，先抑后扬给人最好的心理感觉的规律，叫作欲扬先抑定律。也就是说，在对别人进行肯定或否定、奖励或惩罚时，并不是一味施行肯定和奖励最能给人好感，也不是一味施行否定和惩罚最能给人恶感。

事实是，先否定后肯定，也就是先抑后扬，能给人最大的好感；而相反，先肯定后否定则给人的感觉最不好。

某汽车销售公司的老李，每月都能卖出30辆以上的汽车，深得公司经理的赏识。可是这个月业务却不太顺利，由于种种原因，老李预计当月只能卖出10辆车。

但是老李很懂心理学，他先是跟经理说："由于银根紧缩，市场萧条，我估计这个月顶多卖出 5 辆车。”

经理无奈地点了点头。

没想到一个月过后，老李竟然卖了 12 辆汽车，公司经理对他的业绩大大夸奖了一番。

如果老李一开始说本月可以卖 15 辆，或者事先不说自己的预计，结果只卖了 12 辆，公司经理的感觉可能就完全不同。他可能觉得老李做得太失败了，不但不会夸奖，反而可能会批评他。

“灵儿，真是不好意思，我今天下午突然有急事，可能要晚点到你那里。”晴晴给自己的老同学打电话。

“啊，要晚多久？”灵儿有点不高兴。

“大概会晚到 40 分钟吧，真是不好意思呀！”

“好的，40 分钟，等你。”

实际上，晴晴只晚了十几分钟。看到上气不接下气的晴晴，灵儿感到意外惊喜。

我们在日常交往中，也可以使用这种先降低别人的心理期望值，然后突然超出对方的期望，让其吃惊、惊喜一番，对方就会对你产生格外的好感。

这比先给别人一个很高的期望值，别人眼巴巴地看着你创造佳绩，而你实际上只是做出了个平平的业绩要好得多，因为这给他造成了心理落差，使他原本对你的好感也荡然无存，甚至觉得你无能，真是看错你了。

一家报社的记者受领导派遣去采访一件事。本来这件采访工作相当困难，当领导问他有没有问题时，他拍着胸脯回答说：“没问题，包您满意！”

过了三天，没有任何动静。领导问他进度如何，他才老实说：“不如想象的那么简单！”

当时，领导虽然没说什么，但对他已有些反感。

这就像三杯水的故事：一杯温水（始终都保持温度不变），一杯冷水，一杯热水。

当我们先把手放进冷水中，再放到温水中，会感到温水热。当我们先把手放进热水中，再放到温水中，会感到温水凉。

同一杯温水，出现了两种不同的感觉。

有位导演素以要求严格著称，因此一般的演员都比较怕他。但是这个导演也很善于发掘演员们的潜力。

他总是在工作的开始阶段冷着脸，让演员们看见就害怕，非常担心演不好，达不到他的要求。这迫使演员付出最大的努力，发挥出最高的水平。

而当该导演对演员感到满意时，就露出灿烂的赞许的笑容。这难得一见的笑容对演员形成了极大的鼓舞，甚至有一位演员说，导演的笑容就是他演好的最大动力。

通常，那些平时对我们冷淡严格的人，偶尔对我们展露的一抹微笑，一句鼓励的话，都会让我们备受鼓舞。

谨慎警醒，防人之心不可无

有句古语，叫作“画龙画虎难画骨，知人知面难知心”，人心难测。

姜华为人挺好，能力也佳，却总是商途不顺。他自己也纳闷：“有人跟领导搞不好关系所以才不被提拔，我跟领导关系倒是不错，怎么也不起作用呢？”

星期天，他正烦着，见儿子和同学下跳棋，就凑过去解闷儿。儿子总是输，于是他帮儿子出主意：“你不会给自己多搭几座桥吗？”（搭桥——下跳棋的一种捷径。每搭一座桥，就可以连跳好几步，事半功倍。）

棋局大有起色，姜华得意扬扬，顺势教导儿子：“生活就跟下棋一个道理，学会给自己多搭几座桥，多寻求一些帮助和捷径，路才好走。”儿子连连点头。

儿子的同学笑而不语，移动两个棋子儿，就把儿子刚设好的棋路给堵死了。于是，棋局急转直下，儿子又输了。

儿子的同学得意地说：“看到了吧，这就叫拆桥。桥搭得再好，碰上一个拆桥的，你就输定了。所以，要赢棋不但要搭桥，还要防着别人拆桥，关键时刻还要学会拆别人的桥，这才能走得比别人快呀！”

姜华大怔，接着大悟，然后仰头长叹。

半年后，姜华商途畅通，势如破竹无人能阻。

在此，我们并不是提倡要拆别人的桥。但现实中，很多人都这么做，所以正因为如此，我们在日常的做人做事、与人交往中，都要谨慎一些、警醒一点，多留个心眼，防着别人拆你的桥。正所谓“害人之心不可有，防人之心不可无”。

一只小鸟飞到南方去过冬。半路上，天很冷，小鸟几乎冻僵了。于是，它飞到一大块空地上。一头牛经过那儿，拉了一堆牛粪在小鸟的身上，快冻僵的小鸟躺在粪堆里，觉得很温暖。它温暖而舒服地躺着，不久唱起歌来。

一只路过的野猫听到声音，便走过去看个究竟。循着声音，野猫很快发现了躺在粪堆里的小鸟，就把它拽出来吃掉了。

有时候，我们要清醒地认识到：不是每个往你身上拉大粪的人都是你的敌人，也不是每个把你从粪堆里拉出来的人都是你的朋友。最重要的是：当你躺在“粪堆”里时，最好把你的嘴闭上。

人们往往在安逸中忘记危机的存在，意识不到危机就潜伏在我们四周，已经给我们造成了十面埋伏，还乐悠悠地混日子，或者苦闷地思索——怎么总是这么倒霉、背运？

当我们在苦思时，也许已经有人笑里藏刀，表面一套背地一套，给我们设了陷阱、下了绊子。当我们在悠闲度日时，也许已经有人正循着声音，伺机一口咬死我们。

我们常听到这样的话：不怕真小人，就怕伪君子。有些人坏，坏在了明处，坏得敢作敢为，这种人不那么可怕。最可怕又最可恨的人是表面对你好，背地里想尽办法去污蔑你的声誉、损害你的利益，而你还傻乎乎地把他当成好人的那种人。

利益当头，大家可以公平竞争，各自发挥自己的能力和特长。虽然是竞争中的对手，但是正因为有竞争，才促进了双方的提升，彼此才是真正的朋友。能有这种心境的人，必定能有一番作为。

然而我们身处人群中，人总是形形色色的。所谓林子大了什么鸟都有，其中不乏心怀鬼胎、不择手段、笑里藏刀、见不得别人比自己好的人。

有一个地方住着一只蝎子和一只青蛙。蝎子想过池塘，但不会游泳。于是，它爬到青蛙面前央求道：“劳驾，青蛙先生，你能驮着我过池塘吗？”

“我当然能。”青蛙回答，“但在目前情况下，我必须拒绝，因为你可能在我游泳时蜇我。”“可我为什么要这样做呢？”蝎子反问，“蜇你对我毫无好处，因为你死了我就会沉没。”

蝎子继续可怜巴巴地说：“求求你，青蛙先生，你是最善良的，最爱帮助别人的，拜托你帮我过河吧。我保证，绝对不会蜇你。我发誓。”

青蛙虽然知道蝎子是多么狠毒，但又觉得它说得也有道理。看它那可怜兮兮又真诚的样子，青蛙想，也许蝎子这一次会收起毒刺，于是就同意了。

蝎子爬到青蛙背上，它俩开始横渡池塘。就在它们游到池塘边时，蝎子突然弯起尾巴蜇了青蛙一下。伤势严重的青蛙大喊道：“你为什么要蜇我呢？是我在帮你呀！”

“我知道，”蝎子跳到岸上，对正在下沉的青蛙说，“但我已经过来了，就不需要你了。我是蝎子，就爱蜇人。”

生活中，这种过河拆桥、卸磨杀驴的人处处皆是，我们不能被他们的装可怜、假真诚所欺骗。

我们经常看到：两位好友，在利益关头，互相扯皮，为了自己获取利益，不惜背后施阴手，伤害对方。

看到平时和自己差不多的人突然比自己过得好、升得快，就开始嫉妒，并把这种嫉妒付诸行动（打小报告、出卖好友、暗下杀手等），损人不利己，只为了看到别人痛苦而得到心理上的满足。你别说，能做出这种事的还真是大有人在。

在单位里，有些人在一起合作，共同决议，商讨对策，采取行动，然而却各自心怀鬼胎，打着自己的小算盘。

总之，我们要像二郎神一样，多长一只眼，时刻警惕，揣摩他人的心思，谨慎自己的言行，严防受害。

利用共性心理，踏入他人心门

下面一段话是心理学家使用的材料，你觉得是否也适合你呢？

你很需要别人喜欢并尊重你。

你有自我批判的倾向。

你有许多可以成为你的优势的能力没有发挥出来，同时你也有一些缺点，不过你大都可以克服它们。

你与异性交往有些困难，尽管外表上显得很从容，其实你内心焦急不安。

你有时怀疑自己所做的决定或所做的事是否正确。

你喜欢生活有些变化，厌恶被人限制。

你以自己能独立思考而自豪，别人的建议如果没有充分的证据你不会接受。

你认为在别人面前过于坦率地表露自己是不明智的。

你有时外向、亲切、好交际，而有时则内向、谨慎、沉默。

你的有些抱负往往很不现实。

……

这其实是一顶套在谁头上都合适的帽子。

这是心理学家用一段笼统的、几乎适用于任何人的话让大学生判断是否适合自己，结果绝大多数大学生认为这段话将自己刻画得细致入微、准确至极。

如果有个“心理学家”这么对你说，你就会衷心地佩服他，觉得他说的就是你自己，是那么回事。此时，他已经踏入你的心门，不管后面他接着说的是什么，你都觉得他说得对，认为自己应该听从他的指导。

心理学的研究揭示，人很容易认为一个笼统的、一般性的人格描述特别适合自己。即使这种描述十分空洞，他仍然认为反映了自己的人格面貌。心理学上将这种心理倾向称为共性心理。

有位心理学家给一群人做完明尼苏打多相人格检查表后，拿出两份结果让参加者判断哪一份是自己的结果。事实上，一份是参加者自己的结果，另一份是将多数人的回答平均起来的结果。多数参加者竟然认为后者更准确地表达了自己的人格特征。

共性心理在生活中十分普遍。拿算命来说，很多人“请教”过算命先生后都认为算命先生说得“很准”。

其实，那些求助于算命的人本身就有易受暗示的特点。当人的情绪处于低落、失意的时候，就会对生活失去控制感，于是，其安全感也受到影响。一个缺乏安全感的人，心理的依赖性也大大增强，受暗示性就比平时更强了。

加上算命先生善于观察人、揣摩人的内心感受，稍微能够理解求助者的感受，求助者立刻会感到一种精神安慰。算命先生接下来再说一段一般的、无关痛痒的话，便会使求助者深信不疑。

很多所谓的心理大师、心灵导师，都是通过这种伎俩赢得别人的敬仰和崇拜的。

我们在日常的交往中，为什么不利用这种共性心理呢？通过对方的外貌、神态、言行举止，尤其是他所说的话语内容，在心中对对方有一个初步的认知判断。

然后运用这种一般的、笼统性的语言描述，让他突然眼睛一亮、心灵一震，觉得你说的就是他，而且说得简直太对了、太准了，立马对你非常尊重且敬仰万分。你再说什么，他都会很重视，乖乖听从。

哈利认识了一个女孩。她给人的第一感觉就是神采奕奕，穿着大方整洁，见人先笑，举止得体，也很健谈。一个很正常的小白领就是这样。在听了她说的一些话后，哈利说：

“你外表看起来很外向，很随和。实际上你的内心很刚强，你对问题有自己的看法，别人如果没有充足的理由很难说服你。你属于外柔内刚型。

“你看起来很健谈，很爱交际。实际上在你的内心里，你需要的是一片属于自己的净土，有时你会一个人安静地待着做自己喜欢的事。

“你知道要面对现实。但是有时候你又控制不住自己，爱幻想一些美好的情形。

“你有时候会不太确定自己想要的是什么，自己为什么活着，未来的路究竟会怎样。但是一旦你确定了目标，就会努力去实现……”

这其实是一件穿在许多人身上都合适的衣服。

但是当哈利对女孩说这些话的时候，她简直惊呆了，她说哈利是第一个在这么短的时间内就如此了解她的人，有些人和她在一起一两年也没能这么清晰地明白她。女孩立马对哈利佩服得五体投地，觉得哈利就是她的好朋友、知己。

其实，哈利并没有太注意去听她说话，去分析她说的具体内容，而只是运用了人们的这种共性心理，给她穿了件漂亮的均码外衣。

在他们后来的交往中，她一直都很尊重哈利，遇到问题总会认真听取他的意见；他偶尔有事要她帮忙，她会特别高兴，觉得很荣幸能为哈利做事。

给人留面子，获取其感激之心

无论你采取什么方式指出朋友的错误——一个蔑视的眼神，一种不满的腔调，一个不耐烦的手势……都有可能带来难堪的后果。你以为他会同意你所指出的吗？绝对不会。因为你否定了他的智慧和判断力，打击了他的荣耀和自尊心，同时还伤害了他的感情。对方非但不会改变自己的看法，恐怕还要进行反击。

心理学的研究表明，谁都不愿把自己的错处或隐私在公众面前“曝光”，一旦被人曝光，就会感到难堪或恼怒。因此，在交际中，如果不是为了某种特殊需要，一般应尽量避免触及对方所避讳的敏感区，避免使对方当众出丑。

法兰克・葛孟对戴尔・卡耐基的人生告诫是：一些无关紧要的小错误，放过去也无碍大局，那就没有必要去纠正。这样不但能保全朋友的面子，维持正常的谈话气氛，还能使你有意外的收获——在朋友和在场的人心目中建立起良好的印象，这无疑有利于自身人气的提高。

人活一张脸，树活一张皮。人人都有一张脸，是人都会要面子。所以，我们与人交往，必须时刻顾及他人的面子。这样，别人就会衷心感激你，喜欢你。

1953年，周恩来总理率中国政府代表团慰问驻旅顺的苏联官员。

在我方举行的招待宴会上，一名苏军中尉翻译周总理讲话时，译错了一个地方，我方一位同志当场做了纠正。这使总理感到很意外，也使在场的苏联驻军司令大为恼火，因为部下在这种场合的失误使司令有些丢面子，他马上走过去，要撕下中尉的肩章和领章。宴会厅里的气氛顿时显得非常紧张。

这时，周总理及时地为对方挽回了面子，温和地说：“两国语言要做到翻译准确无误是很不容易的，也可能是我讲得不够完善。”并慢慢重述被译错了的那段话，让翻译仔细听清，之后这名苏军中尉准确地翻译了出来，缓解了紧张的气氛。

总理讲完话，在同苏军将领、英雄模范干杯时，还特地同翻译单独干杯。苏联官员和其他将领为此都流出了热泪，翻译被感动得举着杯久久不放。

周总理在此处，就是恰当地挽回了对方的面子，赢得了对方的感激之心。这无疑对加深双方的友谊和顺利合作有着重要的润滑作用。

在社交中谁都可能不小心弄出点小失误，比如念了错别字，讲了外行话，记错了对方的姓名、职务，礼节失当，等等。当我们发现对方出现这类情况时，只要无关大局，就不必对此大加张扬，搞得人尽皆知，使本来已被忽视了的小过失一下变得显眼起来。更不应抱着讥讽的态度，小题大做，拿人家的失误在众人面前取乐。因为那样做不仅会使对方难堪，伤害其自尊心，让其对你心生反感，而且也容易使其觉得你为人刻薄，在以后的交往中对你敬而远之。所以我们一定要“得饶人处且饶人”，给人家留下足够的面子。

比如在社交中，有时会进行一些带有比赛性、竞争性的文娱活动，如棋类比赛、乒乓球赛、羽毛球赛等。有经验的社交高手，在自己“实力雄厚”，绝对能取胜的情况下，往往并不会让对方败得很惨，反会有意让对方胜一两局，这样既不妨碍自己总体上的获胜，又不使对方太失面子。比如有些象棋高手，在连赢几盘后，往往会有意地走错几步，让对方最后赢一两盘。这样做的好处大家都明白：给对方留了面子，对方自然心存感激。

辑七

说话心理学：成也一句话，败也一句话

说话的重要性是不言而喻的。作为人与人交流的最主要方式，说话的艺术在当代社会越来越受到人们的重视。在生活中，善于说话的人能够左右逢源，不善于说话的人往往四处碰壁；会说话的人能够锦上添花，不会说话的人常常被人拒绝。所以，说话并不难，难的是说好话，说巧话，说得恰到好处，说得有水平。一个人要想把话说好，就需要讲究点灵活性，用心说话。俗话说“巧舌如簧”“伶牙俐齿”“到什么山上唱什么歌”，说的不仅是语言功夫到位，更主要的还在于头脑机灵。培养自己的表达能力和说话技巧，学会说话，将受益终生。要想更好地适应社会，适应生存，就应不断地提升自己的说话能力和水平。会说话不仅是一种能力，更是一种智慧。

场景：

有一位主管，发现一位员工最近工作表现大不如前。他虽然对这位员工的业绩不满意，但并不急于责备。

他把员工请到办公室，问：“你一向对工作都很在意，从来不是一个马虎的人。但最近你好像很不开心……难道是家里出了什么事情吗？”

员工脸变红了，几分钟后，他才点头。

“我能帮忙吗？”主管又问。

“谢谢，不用。”接下来，员工开始滔滔不绝地谈他的苦恼。原来他太太得了肝癌，而且是晚期。对这件事，谁也无能为力。他们聊了一个多小时。

谈话结束后，这位员工的情绪看起来好多了，后来他的工作也有了长足的改进。所以，如果你做了主管，下次要是遇到员工表现有起伏，知道该怎么做了吧？

第 19 章 有理有据，对方才能心服口服

以理套理，无懈可击

伽利略想继续求学将来搞科研，可是父母由于家庭条件等方面的原因不同意。我们来看看他是怎么说服他的父亲的。

有一天回家，他说："父亲，我想问您一件事，是什么促成了您同母亲的婚事？"

父亲说："我看上她了。"

伽利略又问："那您有没有娶过别的女人？"

"没有，孩子。家里的人要我娶一位富有的女士，可我只钟情你的母亲，她从前可是一位风姿绰约的姑娘。"

伽利略说："您说得一点也没错，她现在依然风韵犹存。您不娶别的女人，因为您爱的是她。您知道，我现在也面临着同样的处境。除了科学以外，我不可能选择别的职业，因为我喜爱的正是科学。别的对我而言毫无用途也毫无吸引力！难道要我去追求财富，追求荣誉？科学是我唯一的需要，我对它的爱犹如对一位美貌女子的倾慕。"

父亲说："像倾慕女子那样？你怎么会这样说呢？"

伽利略说："一点也没错，亲爱的父亲，我已经 18 岁了。别的学生，哪怕是最穷的学生，都已想到自己的婚事，可是我从没想过那方面的事。我不曾与人相爱，我想今后也不会。别的人都想寻求一位标致的姑娘作为终身伴侣，而我只愿与科学为伴。"

父亲始终没有说话，仔细地听着。

伽利略继续说："亲爱的父亲，您有才干，但没有力量，而我却能兼而有之。为什么您不能帮助我实现自己的愿望呢？我一定会成为一位杰出的学者，获得教授身份。我能够以此为生，而且比别人生活得更好。"

父亲为难地说："可我没有钱供你上学。"

"父亲，您听我说，很多穷学生都可以领取奖学金，这钱是公爵宫廷给的。我为什么不能去领一份奖学金呢？您在佛罗伦萨有那么多朋友，您和他们的交情都不错，他们一定会尽力帮助您的。也许您能到宫廷去把事办妥，他们只需去问一问公爵的老师奥斯蒂罗·利希就行了，他了解我，知道我的能力……"

父亲被说动了："嘿，你说得有理，这是个好主意。"

伽利略抓住父亲的手，激动地说："我求求您，父亲，求您想个法子，尽力而为。我向您表示感激之情的唯一方式，就是……就是保证成为一个伟大的科学家……"

晓之以理，就是讲道理；动之以情，就是用真情去感动他。晓之以理，还要结合动之以情，通情才能达理。伽利略就是这样，晓之以理结合动之以情，借助"以理套理"的战术，使得说服无懈可击，最终说服了父亲，终于达到了自己的目的，为最终实现自己的理想奠定了基础。

数据牌说服力强

数据就是说服的一种有效道具。它最能说明道理，并能使双方避免在重大问题上发生争吵。

攻心的过程中往往会涉及一些细节问题，如果能把这些东西解释清楚定会收到奇效。数字是干巴巴的，但却是最有说服力的。数据王牌之所以独具魅力，这是因为确认的数据代表着无可辩驳的事实，它反映了"物质"的内涵。

这种魅力一旦形成，便会产生权威效应，使人对它坚信不疑，乃至盲目趋同。这便是数据王牌的价值所在。

巧用小数点会使人深信不疑。一般做广告，常常采用最美好的语言，以此来提高商品身价，但是有一个广告却别出心裁，从头到尾只有一句话——“本香皂纯度为99.44%”。广告一出，这个香皂的销路大增，制皂商大大地赚了一笔钱。

这个短小精悍的广告之所以成功，就是因为它妙用了数据。虽然消费者一般不会去计较小数点以后的数字，但这个数据尤其是小数点以后的数字，都含蓄地表示产品经过严密的科学验证，反映了香皂上乘的质量，因而会产生令人信赖的印象。

相比之下，有的广告中采用什么“誉满全球”“驰名中外”，不仅显得苍白无力，而且会使消费者产生逆反心理。但是这条广告采用了小数点，这个小数又精确到0.01，因而这条广告能够征服消费者，赢得了消费者的信赖，获得了成功。

但我们要切记，数据王牌说服力虽然强，但其欺骗性也大。英国政治家柯克曾说过：“谎言有三种：一是普通谎言，二是能让人一眼看穿的谎言，三是数据谎言。”这就从反面证明，一旦打数据王牌，就容易令人深信不疑。打数据王牌也应注意因人而异，对那些喜欢算账的人是再合适不过了，如果你的朋友习惯感情用事，还是用别的方法更好些。

讲道理需要把握最佳时机

选择合适的时机来对他人进行说理攻心，可以起到事半功倍的效果。在人高兴时提要求，获得通过的可能性就会大大增加。

聪明的小孩子往往懂得在大人高兴的时候提出自己的要求，而且，这时他们的要求多半会被满足。家长们在心情比较好的时候，为了不破坏气氛，往往会比平时更加宽容大度。

在上下级相处的过程中，也存在着同样的情况。当然，下属并不是小孩子，不存在对领导的人身依附关系。但是，他们之间的权力从属关系却是毫无疑问的，下属要取得的每一分利益都需要领导的首肯。在中国这种文化传统下，事实上，每个领导都多少有一种“家长”心理，那么我们就不妨因势利导，巧妙地加以利用，在领导春风得意之时，或提要求，或进谏语，必能收到意想不到的良好效果。

史载，有一次唐太宗意兴飞扬，心情十分高兴，笑着问大臣魏征：“你看近来政治环境怎么样？”

魏征觉得这是一个进谏的好机会，马上回答说：“贞观初年，您主动地引导人们进谏；过了三年，遇到有人进谏，还能愉快地接受；这一二年来，勉勉强强接受一些意见，可是心里总觉得不舒服。”

太宗听后有些吃惊，问道：“你这样讲有什么根据吗？”魏征便举出三件事来加以佐证，这三件事反映的是唐太宗在魏征所说的三个时期内对进谏人的三种不同的态度。

唐太宗听得很明白，说道：“若不是你，不能说这样的话。一个人苦于自己不知道自己啊！”于是，他更加虚心地听取臣下的意见了。

由此可见，给人讲道理有很深的学问，其中一个就是一定要注意时机和场合，以便使人更能用心领会你的意见，而不会导致对你的反感。例如在娱乐活动中，一般人的心情比较好，这时候提出建议会使其更容易接受。还有些比较成功的说服者善于接住对方的话茬儿，上承下转，借题发挥，巧妙地加以应用，从而很好地触动被说服者，使许多悬而未决的问题得到解决。

运用南风效应，温暖说服对方

一日，南风和北风在途中巧遇。两位老友相见，彼此攀谈起来，相互吹嘘自己有多厉害，越说越起劲，谁都不服谁。恰好这时，有一个穿着大衣的行人路过此地，于是他们决定来场比赛，看谁能把行人身上的大衣脱掉。

强壮的北风怒吼一声，对南风老弟说：“看我的厉害，你就瞧好吧。”只见北风猛吸几口气，原本结实的胸膛顿时鼓囊囊地膨胀起来。张口间，爆发出巨大的能量，狂风冲击之势，沙石飞扬，树木像是要被连根拔起。

但看行人低着头，艰难地一步一步往前走，把大衣裹得更紧了。北风见此情形，甚是着急，更加卖力地拼命刮，真是寒风凛冽，刺骨三分。然而行人为了抵御北风的侵袭，把大衣裹了个严严实实，越裹越紧。气得北风吹胡子瞪眼睛，却也无计可施。

现在轮到南风上场了。只见他做起了深呼吸，凝神静气，双目自然垂视鼻尖，面容柔和，气守丹田，调息中吐故纳新。暖人的南风徐徐吹来，顿时风和日丽，鸟语花香，一切都是那么令人心旷神怡。行人感到非常舒适，如沐春风，慢慢地暖意就袭上身来，有些许微热，于是很自然地宽衣解带，脱掉了大衣。

这就是南风效应这一社会心理学概念的出处。南风效应给我们的启示是：温暖胜于严寒。

通常情况下，用温和的方式去启发他人进行自我思考或者反省，进而说服他人，往往比用强硬的手段更有效。

一天，学生小同被英语老师赶出了课堂。小同在走廊里站一会儿后，气冲冲地来到班主任刘老师的办公室。

刘老师清楚，如果此时对小同进行严厉批评，甚至"体罚"一下，小同肯定听不进去，甚至也会和自己发生冲撞。于是，刘老师站了起来，摸了摸他的头："哟，火气还不小嘛！来，在我的椅子上坐会儿，消消气。"待他的情绪稳定下来，刘老师又用关切的眼神凝视着他，轻柔的语言飘荡在他的耳边，向他了解事情的经过。

面对刘老师的平静"温柔"，小同的怒气渐渐平息，客观地陈述了事情的经过，言语中也有他的自责。课后，小同主动向英语老师道了歉。

北风固然凶猛，可结果却事与愿违；南风虽然徐徐，却能达到预期目标。

在某中学的校园广播操比赛中，因为准备不充分加上现场发挥不佳等原因，本来被大家一致看好的三（7）班，结果却得了倒数第二。宣布成绩那天，"可怜"的孩子们坐在教室里，等待班主任吴老师的"暴风雨"。

望着吓得连头也不敢抬的学生，吴老师清清嗓子，饱含深情地唱起《阳光总在风雨后》。唱着唱着，吴老师流泪了；听着听着，学生们抬起头来，眼里也噙满了泪水……情到深处自感人，感人心者莫乎于情。

吴老师的真情打动了学生。从那以后，学生的自信心更强、干劲更足了。

期末学校先进班级评比，三（7）班名列其中。

有些人与大家在一起的时候很凶，很霸气，很要强。一次两次可能因为他厉害，占了上风，但不久他就会发现，自己已经失去了很多朋友。

我们经常会看到，在双方发生矛盾、冲突时，如果各不相让，到最后只会弄得两败俱伤。

我们何不学学南风呢？遇到问题时，心平气和地坐下来好好谈谈。

第20章 如何让“废话”变得有意义

“废话”是相处的调味品

词典上说，“废话”是指“没有用的话”。但实际上“废话”并非全无用处，用得好还会收到神奇的功效。在人际交往心理学中，就有一种“废话效应”，又称为“调味品效应”“黏合剂效应”。指的是人际交往过程中，通过一些“寒暄”“问候”式的“废话”，给人际关系中加点“润滑剂”和“调味品”，就能够达到感情沟通的目的。

如，现代眉户剧《梁秋燕》第一场“情投意合”中有这么一段“废话”：

春生：“秋燕，你吃饭了么？”

秋燕：“吃了。没吃饭我能到地里来么！”

春生：“秋燕，人家二嫂说，你好着哩！”

秋燕：“看二嫂，我又没害病，当然好着哩！”

在生活中，有多少恋人都是从这样的废话开始交往的。据说我们父母一辈中有的有一段相濡以沫的婚姻，就是从介绍人离开后，双方沉默至38秒时，男方的一句“今晚的月光会发亮”开始的。而一句“你吃饭了吗”为芸芸众生彻底化解了见面时没来得及找出话题时的尴尬。虽然，无论答案是“吃了”还是“没吃”，结果通常都是一样，但这句话问得亲切，答得自然，所以应用率还是相当高的。事实上，也许你每天都至少要说两次“吃了”，三次“没吃”。

人其实是靠“废话”沟通、交往和黏合的。而且，“废话”也确实是有用处、有力量的。“废话”的力量在于它的“调味”“润滑”和“黏合”作用。出色地操纵废话效应，能表现出你的灵活机智，赢得好人缘。

比如，和领导在一起，你总不能老说工作吧。工作说完了，剩下的时间干什么呢？两人就这么干看着？领导会觉得你这个人乏味，一根筋，下回就不愿再见到你。领导也需要人来调节气氛，舒缓情绪，松弛神经啊！

不管在什么时代、什么领域，人的心理都是相通的。据说历史上欧洲宫廷里还专门养“小丑”给皇帝逗乐子哩。小丑能讲什么呢？小丑当然没有正经话。现代企业肯定不能养小丑，但也缺不了这种人，他们就是那类会插科打诨、逗笑解闷讲段子的主儿，讲得领导开心了，下回出门还带他玩。玩得时间长了，玩出感情来了，就怎么看怎么好，就觉得这个人也是个人才，知识面宽，谈吐幽默，将来很有发展前途。

可见，场面上的“废话”是多么的重要和不可或缺！

另外，夫妻之间也需要“废话”做调味品。夫妻俩白天都紧张而认真地工作，回家后如果也是像上班那样过于正经地说话，那么家庭就不会有朝气活力。而说些“废话”“闲话”，则可以起到交流和点缀感情的作用。通过它，夫妻之间不断地、一点一滴地增加对彼此的了解，默契配合，不大会产生误会。夫妻之间经常说说这种调味品的“废话”，可使两颗心靠得更近，更增进相互之间的心理交融，使双方思想更加协调，感情更加融洽，生活更加和谐。

为什么“废话”会产生如此大的调味品效应呢？是什么原因在影响它发挥作用？据研究，影响调味品效应的因素主要有如下几个：

（1）调味作用。顾名思义，调味品是起调味作用的。它不是主食，也不是主菜，只是用来调调味而已的。如果主菜中少了调味品，那么不仅这主菜不好吃，就连整个正餐都吃不好了。可见，调味品还真起到了调味的作用。可别小看这种调味作用，它具有开胃口、增饭量、治偏食的作用。它能把各种味道整合好、配置好，发挥 1+1>2 的作用。

（2）润滑作用。调味品既不是主食，又不是主菜，不易为人注意，也不太会成为问题的主要矛盾。因此，一般人对此都不会揪住不放，而会对它给以谅解。所以它一经出现就常会被当作润滑剂，使整个尴尬局面得到解除，紧张的关系得到松弛，彼此心理得到舒解，不快的气氛烟消云散。这主要是这种调味品具有润滑剂的作用，它能使大家产生欢笑，而这种欢笑恰似一种驱除烦闷气氛的润滑剂和清凉剂，使人际关系变得和谐、顺畅。

（3）煽情作用。调味品的一些话语往往都具有煽动、挑逗的作用，能激发人的情感，能鼓动人的心情，能开阔人的视野，能增强人的兴奋性，能启发人的智慧，能陶冶人的情操。一句话，它能左右整个局面。因此，别小看调味品，它有时能影响整个方向。

“废话”有妙用，运用恰当，可以掌握主动，灵活自如地操纵人际关系。但“废话”毕竟是人际关系的调味品，顾名思义，调味品只能当调味品，不能充当主菜、主食，否则就起不到它调味品的作用了。因此，运用“废话”要适可而止。

礼多人不怪，寒暄不可省

俗话说，礼多人不怪。中国是注重感情、崇尚礼节的国度，有礼貌、懂礼节的人，会处处受到人们的欢迎。人际交往中的礼数甚多，而寒暄是必不可少的一个环节。

我们都知道，寒暄是社交中双方见面时互相问候的应酬话。寒暄好像是乐曲的过门儿，并不是无足轻重的。实际上，巧妙的寒暄是引入谈话正题的最好的铺垫。所以寒暄不是简单的打招呼，也不是轻描淡写的问候，而是一种必要的沟通。

问候和寒暄虽然是一些单调而且简单的话语，但是却是不可忽视的。在社交活动中，寒暄能使不相识的人相互认识，使不熟悉的人相互熟悉，使沉闷的气氛变得活跃。尤其是初次见面，几句得体的寒暄语，会使气氛变得融洽，会使两个人相见恨晚，这有利于顺畅地进入正式交谈。它就如同是交谈的催化剂，能够在彼此之间架起一座桥梁，满足人们的亲和心理。

巧妙寒暄能使别人增加对自己的好感，快速拉近彼此的关系，使接下来的交谈变得格外顺畅。

贝尔纳·拉迪埃是空中客车飞机制造公司的销售能手，当他被推荐到空中客车公司时，面临的第一项挑战就是向印度销售飞机。这是一件棘手的任务，因为这笔交易已由印度政府初审，未被批准，能否重新寻找到成功的机会，全看销售代表的谈判本领了。

作为销售代表，拉迪埃深知肩上的重任。他稍作准备就立即飞赴新德里。接待他的是印度航空公司的主席拉尔少将。拉迪埃到印度后，见到他的谈判对手后说的第一句话是："正因为你，使我有机会在我生日这一天又回到了我的出生地，谢谢你！"

这是一句非常得体的开头语，它简明扼要，但是却蕴涵着丰富的内容。它表达了好几层意思：感谢主人慷慨赐予的机会，让他在自己生日这个值得纪念的日子来到贵国，而且贵国是他的出生地。这个开场白拉近了拉迪埃与拉尔少将的距离。不用说，拉迪埃的印度之行取得了成功。

拉迪埃靠着娴熟的销售技巧，为空中客车公司创下了辉煌的业绩：仅在1979年，他就创记录地销售出230架飞机，价值420亿法郎。这当中，应该说也少不了他善于寒暄的功劳。

寒暄是交谈的"导语"，具有抛砖引玉的作用，是人际交往中不可缺少的重要一环。那么，在人际交往中，我们该如何得体地运用寒暄来影响别人呢？

初次见面，双方都有一种想了解对方的愿望，此时彼此都会注意对方的言谈举止，因而寒暄中的语言要体现出真挚、坦诚、热情。如"你好""初次见面，请多关照"等。初次见面，采用问候式和谈天式的寒暄方式比较好。交谈者可根据不同的场合、环境、对象进行不同的问候。比如，从年龄上考虑对老年人可以问："身体好吗？"对成年人问："工作忙吗？"对少年儿童要问："几岁了？"或者问："上几年级了？"从职业上考虑，对艺术家问："又有什么作品问世了？"对商人问："生意怎么样？"对教师可以问："今天有课吗？"对工人可以问："工作累不累？"说话时要委婉，要恰到好处，用语不宜过多，能用一句话表达清楚的决不说两句。如果滔滔不绝地说个没完，会给人以轻浮的感觉。

另外一种就是谈天气的寒暄方式，特别是陌生人之间见面，一时难以找到合适的话题，就会说类似于"今天的天气真不错""今天的天气真冷"之类的话，用此话来打破拘束的场面。诗人崔颢的诗《长干曲》："君家何处住？妾住在横塘。停船暂相问，或恐是同乡。”这四句诗表现的也是陌生人间相互问候的场面，其主人公——一个客居他乡的女子想通过乡音和乡俗，问其籍贯，攀个“同乡”。

对朋友、邻居、同事的寒暄就更加丰富了，如果用得好能够密切关系，增进友谊。熟人相见也有长幼之分，男女之别，以及各自熟悉的程度等方面不尽一致，因而，寒暄的用语也应有区别。同长辈相遇，应该表示谦恭；见到同辈可以随意些，但不能让人感到粗俗，也要有礼貌；碰到晚辈可等晚辈先说话，并且应言而答。

熟人寒暄最好用赞美式和应变式。作为一个社会成员，都需要别人的肯定和承认，需要别人诚心诚意的赞美。比如，你的同事小王穿一套新西服，你可以赞美道：“小王，你穿上这套西服，更加有风度了！”如果女同事小周新穿一件连衣裙，你可以用赞美的语气说：“小周，你穿上这件连衣裙，更加漂亮了！”小周会很高兴的。如遇上年龄大的朋友或同事，你可以说：“老张越来越年轻了。”老张也会很高兴，并报之以感谢的目光。赞美式的寒暄能够造成一种和谐气氛。

见面寒暄几句，虽说是一般的生活常识，然而不容忽视。它不但是社会交往的一种手段，而且几句“正中下怀”的寒暄话，可以为扩大人与人交往中的其他话题寻找突破口，避免“话不投机半句多”的现象。寒暄要讲究分寸，要适可而止。特别是带有恭维的寒暄，更要慎用，否则将适得其反。恰当地运用好寒暄，可以沟通感情，发挥这种应变式寒暄应有的作用，使交谈顺利地进入一个新的世界。

寒暄既然是非正式的交谈，因此，在理解对方问候言语时，也就不必仔细地回味其字面的真正含义。尽管寒暄的内容无特定的限制，别人也不会当真对待，但是，在交往中使用寒暄语，要考虑到是否与特定的环境和特定的对象相谐调，做到“到什么山唱什么歌”“见什么人说什么话”。比如，中国人见面喜欢问“吃饭了吗”，说这句话的人根本就没想过请对方吃饭，但是如果遇到一个不懂这句话仅仅是中国人日常使用的一般问候语的外国人，那可能就麻烦了，他很可能以为你想请他吃一顿，那会使你的处境很窘。另外，寒暄中难免要恭维对方一番，但一定要得体，不要过分，过分就会显得虚假。

在体育比赛之前，都要做一些热身运动。其实，寒暄就是交谈前的热身运动，是为交谈做准备的。寒暄可以使双方放松一些，熟悉一些，造成一种有利于交谈的氛围。通过交谈，大家可以更加了解对方，有利于找到共同的话题，进而采取相应的策略操纵对方。所以在和他人谈话时，切不可轻视寒暄的作用。

话要“废”到点儿上

说话说到点子上，是会说话的一个重要手段。据载，子禽问墨子：“老师，一个人多说话有没有好处？”墨子回答说：“池塘里的青蛙整天整夜地叫，叫得口干舌燥，却从没有人注意它。而雄鸡只在天亮时叫两三声，大家听到鸡啼声就知道天要亮了，都注意它。”

要是突然有人问你：“一个浴缸要多少杯水才能灌满？”乍一听，你肯定会觉得很无聊。但如果真要你来回答，或许又不知从何答起。其实，问题并不难答。有高人说，关键就是要看杯子有多大，如果杯子和浴缸一样大，那就一杯水；如果杯子只有浴缸一半大，那就两杯水……虽然对问题的假设有点“废”，但它恰恰能回答问题，还反映出一个人的聪明机智。

男同胞在恋爱时还经常要回答一个千古难题，就是：女朋友和妈妈同时掉到水里，你先救谁？

当两位你都得罪不起的女士都在既严厉又热情地看着你，等你回答时，请你千万不要惊慌。如果你没有更好的答案的话，请你不妨从容地对她们说：“我当然是救未来的妈妈啦！”因为对于女友来说未来的妈妈就是你的妈妈，而你的女友也是一位未来的妈妈嘛。这样的废话也能换来皆大欢喜。

美国有一个脍炙人口的电视谈话节目，该节目主持人考斯比在电视上口若悬河，说得妙趣横生，但这位主持人的语言根本谈不上“简洁精练、言简意丰”，而且会话附加语特别多。“会话附加语”是一种附着于意义表述之外的很啰唆的话语，是随口说出的不具有实在意义的口头语，通常被斥为“语言的杂质”，甚至被看作“口头禅”。加利福尼亚一家报纸刊登文章说，考斯比在一个半小时的节目里共计使用了178个会话附加语，但是，据说正是这些“可有可无”

而又“毫无意义”的附加语，使他的话听起来“更加生动风趣”；原本是说家庭问题的一组对话，据说在考斯比的口里因为裹挟着许多的附加语，而显得“情深意厚、趣味无穷”了。

这是说消遣性谈话节目，如果是正规场合，似乎应摒弃“废话”。其实不然，这种场合可能更需要“废话”。据说，连任三届美国联邦储备委员会主席的格林斯潘就有“废话大师”的“美誉”。他擅长以说“废话”开展工作，同各方面周旋，“创造”了一种语无伦次与模糊重复的混合物：美联储语言。

可见，话“废”到点儿上，是可以增强谈话的效果，进而影响别人的。

话说回来，“废”话都有用吗？也不然。汉代的申公说：“为政不在多言，顾力行何如耳。”“多言”就是废话。为政该表现于行事，空言不能取信于人；无论怎么好听，怎么有道理，不能兑现的支票总是废物，不能实践的空言总是废话。这种巧语花言到头来只教人感到被欺骗，生出怨望，我们无须“多言”，大家都明白这种废话真是废话。有些人说话爱跑野马，闹得“游骑无归”。有些人作文“下笔千言，离题万里”。但是离题万里跑野马，若能别开生面，倒也很有意思。只怕老在圈子外面兜圈子，兜来兜去老在圈儿外，那就算有千言万语也是白饶，只教人又腻味又着急。还有人爱重复别人的话。别人演说，他给提纲挈领；别人谈话，他也给提纲挈领。若是那演说或谈话够复杂或者够杂乱的话，我们倒也乐意有人这么来一下。可是别人说得清清楚楚的，他还要来一下，甚至你自己和他谈话，他也要对你来一下——妙在丝毫不觉，老那么津津有味的，真让人啼笑皆非。其实谁能不重复别人的话，古人说过的话，今人也要说。但是得变化，加上时代的色彩，境地的色彩，或者自我的色彩，总让人觉着有点儿新鲜玩意儿才成。不然真是废话，无用的废话！

幽默是语言中的“最佳调料”

有一天，著名诗人海涅正在伏案创作，突然有人敲门。原来是仆人送来一件邮包，寄件人是海涅的朋友梅厄。

海涅因紧张地写作而感到有些疲倦，又因被人打断写作思路而很不高兴。

他不耐烦地打开邮包，里面包着层层纸张。

他撕了一层又一层，终于拿出一张小小的纸条。小纸条上写着短短的几句话：“亲爱的海涅，我健康而又快活！衷心地致以问候。你的梅厄。”

尽管海涅感到不耐烦，但是这个玩笑却逗得他十分快乐，疲倦感即刻消失。他调整情绪后，决定对他的朋友也开一个玩笑。

几天后，梅厄收到了海涅的一个邮包。那邮包重得很，他无法把它拿回家。他雇了一个脚夫帮他扛回家去。

到家后，梅厄打开了这令人纳闷的邮包。他惊奇地发现里面是一块大石头。

石头上有一张便条，上面写着：“亲爱的梅厄！看了你的信，知道你又健康又快活，我心中的这块石头落地了。我把它寄给你，以永远纪念我对你的爱。”

幽默语言可以使我们内心的紧张和重压释放出来，化作轻松的一笑，加深彼此的友谊。

事实上，所有的幽默都是以“出其不意”而制胜的。否则，就会显得平淡无奇，达不到效果。

尽管它多用于揭露弊端、讽刺卑俗与愚蠢，但绝不是锋芒毕露。相反它总是委婉地指出人们的缺点，让人们在笑声里看到自己或他人的丑行或影子，从而产生顿悟并悔改。

在一家餐馆里，一位顾客正把饭中的沙石一粒一粒地拣出来摆放在桌子上。

服务员见了不好意思地说：“净是沙子吧？”

顾客笑笑，摇摇头说：“不，还有米饭。”

这位顾客没有直接批评饭的质量。他抓住服务员说的“净是沙子”做文章，便说“还有米饭”，通过否定的形式来肯定米饭中有很多沙子，就显得非常委婉，这样既表达了自己对米饭中沙子过多的不满，又不至于引起对方的反感。

一位长官到连队巡查，正赶上士兵们吃中午饭。

“伙食怎么样？”长官问士兵们。

“报告长官，汤里泥土太多。”一个多嘴的士兵回答。

“你们入伍是为了保卫国土，而不是挑剔伙食，”长官非常生气地大声斥责道，“难道这个道理都不懂？”

“懂，”士兵毕恭毕敬地立正，又斩钉截铁地说，“但绝不是让我们吃掉国土。”

一句话，说得长官顿时对这位士兵刮目相看了，士兵们的伙食也很快得到了改善。

在敏感的人际关系中，巧妙地运用富有智慧的幽默，能够既不违心谄媚，又能让对方高兴，增进双方关系。

在南朝时，齐高帝曾与当时的书法家王僧虔一起研习书法。有一次，高帝突然问王僧虔说：“你和我谁的字更好？”

这问题比较难回答，说高帝的字比自己的好，是违心之言；说高帝的字不如自己，又会使高帝的面子搁不住，弄不好还会将君臣之间的关系弄得很糟糕。

王僧虔的回答很巧妙：“我的字臣中最好，您的字君中最好。”

历朝历代皇帝就那么几个，而臣子却不计其数，王僧虔的言外之意是很清楚的。

高帝领悟了言外之意，哈哈一笑，对王增虔的好感更浓了。

幽默对于舒缓他人的心情、健康他人的心理都有着重要的作用，甚至能够治疗很多药物难以治愈的疾病。

清朝时有位八府巡按，长期患一种精神忧郁症。他看了许多医生，都未见效。一天一位地方官员为他推荐了个当地有名的老医生为他治病。

医生诊脉后说：“你患了月经不调症。”巡按一听，顿时大笑，认为他是老糊涂了。以后他每想起此事，就要大笑一阵，天长日久，他的病竟好了。

在一些正常的场合，面对他人的直言诘难，运用智慧的幽默进行化解更能体现出个人的魅力和高超的素养。

有一次，一位外国记者采访周总理。周总理刚批阅完文件，顺手把钢笔放在桌上。外国记者看见桌子上放的是一支美国生产的“派克”钢笔，便故意地问：“请问总理阁下，你们堂堂的中国人，为什么还要用美国生产的钢笔呢？”

周总理朗声笑着答道：“提起这支笔，那可说来话长。这不是支普通的笔，是一位朝鲜朋友抗美的战利品，作为礼物送给我的。我无功不受禄，就想谢绝，哪知那位朋友说，留下做个纪念吧！我觉得有意义，便收下了这支美国生产的钢笔。”

记者听完后，一句话也说不出来。

在出现意见有分歧，尤其是与领导有分歧的难堪场面时，幽默、诙谐便可成为紧张情境中的缓冲剂，使自己摆脱窘境或消除敌意，使上级听得进自己的意见。

汉武帝晚年很希望自己能长生不老。一天他与东方朔闲聊："相书上说，一个人鼻子下面的'人中'越长，寿命就越长；'人中'长一寸，能活一百岁。不知是真是假？"

东方朔听了这话，知道皇上又在做长生不老的美梦，脸上露出一丝讥讽的笑意。

皇上见东方朔似有讥讽之意，喝道："你居然敢笑话我。"

东方朔毕恭毕敬地回答："我怎么敢笑话皇上呢？我是在笑彭祖的脸太难看了。"

汉武帝问："你为什么笑彭祖？"

东方朔说："据说彭祖活了八百岁，如果真像皇上所说，'人中'长一寸就活一百岁，彭祖的'人中'就该有八寸长了，那么，他的脸岂不是太难看了吗？"

汉武帝听了，不禁哈哈大笑起来。

在有些一触即发的冲突面前，幽默往往能够化干戈为玉帛，消解危机。

小周驾驶又载人又装货的汽车在公路上行驶，边跑边放音乐。后面来了一辆小车，鸣笛几次，由于笛声"秀气"，小周和他的同伴都没听见，他把小车压了好长一段路。

小车瞅机会超车了，便在小周的前面停下挡住了去路。小车上的几个人都下车又是指责又是骂。小周的伙伴们也不示弱，眼看一场搏斗就要开始了。

这时，小周很冷静，他下车走上前去，边脱衣服边大声说："哥们，我今日虽然不是有意压小车，但是给大家带来了麻烦，该打。我脱了衣服，让你们方便，要求你们打重点，打快点，打完了大家好赶路。"

小周这么一说，反而把大家逗笑了。大伙都说"算了"，各自走路。

小周将责任揽到自己头上，话含幽默，又透出真诚，从而化解矛盾。如果说一味强硬，势必酿出祸端，于人于己都十分不利。

越是棘手的事情，越是需要幽默。幽默不只是娱乐自己，同时也是娱乐别人，只要人们都可以笑得出来，还会有什么问题解决不了呢？

一名男子企图跳楼。当时情况十分紧急，男子站在52楼的窗台上，随时都有可能往下一跳。楼下挤满了围观的人潮，警察、医生和记者全数到齐。

那名想要自杀的男人色厉内荏地喊叫着："别过来！谁要再走近一步，我就跳下去！"

在这紧要关头，一名警官带着一名医生走上前去，他只说了一句话，那男子便默默地走下楼了。

警官说："我不是来劝你的，是这位医生要我来问问你。你死后愿不愿意把尸体捐给医院？"

幽默是心灵与心灵之间快乐的使者，拥有幽默就能拥有爱和友谊。人人都喜欢幽默的人，因为他们有着乐观豁达的心胸和机智的头脑，能够给人带来意想不到的开心和快乐。

一位老者在乘船时，听一些旅游者讲起关于在鱼肚子里发现珍珠宝物的故事。出于兴趣，他凑上前去语重心长地说："我给你们讲一个真实的故事吧。我年轻的时候，曾和一位漂亮的女导演谈过恋爱。后来，我到国外留学，一去就是两年，我和女导演的联络因此也越来越少。

"在回国之前，我特意买了一枚钻石戒指，准备给她一个惊喜，然而半路上得知，一个月前，她已和某男影星结了婚。我一气之下把戒指扔进了大海。

"几天后，我回到了国内某市，在一家餐馆喝闷酒，鱼端上来了，我心烦意乱地塞进嘴里，刚嚼了两下，忽然牙被一个东西硌了一下。你们猜，我吃着了什么？"

"戒指。"大伙一齐说道。

"不，"老人诡秘地笑道，"是一块鱼骨头。"

"哈……"人们被老者这突如其来的答话逗乐了，人群当中突然爆发出爽朗的笑声。现场气氛也随之活跃起来，众人都为结识这样一位虽然陌生但却豁达开朗的老人而感到高兴。

幽默可以使愁眉苦脸者笑逐颜开，也可以使泪水盈眶者破涕为笑；可以为懒惰者带来活力，也可以为勤奋者驱散疲惫；可以为孤僻者增添情趣，也可以使欢乐者更愉悦。

有位女士曾经多年因为自己的身材较为肥胖而苦恼，时常望月感叹：要是有一种既可以不用费力锻炼又能轻松瘦身的快捷方式该多好啊。偶然间，她和一个老同学畅谈时，谈到了这个话题。

她这个老同学也是个胖妞，嘿嘿地笑着对她说："咋的了，至少咱胖了还可以瘦，那矮的怎么也高不了。"她听了捧腹大笑，顿感信心百倍。

真是佩服她这个同学乐观豁达的心胸。这样的人怎么会活得不潇洒、不快乐？

在社交中，谈吐幽默的人往往取胜，没有幽默感的人往往会失败。学会使用幽默会使我们增加个人魅力，提高社会地位。

自嘲自讽，创造轻松交际环境

自嘲，就是自我嘲弄，就是拿自己的不足甚至是生理缺陷来自我开涮，不仅不遮掩、躲避、修饰，反而大张旗鼓地夸大它，博众人一笑。这就像潘长江说自己个子矮为"浓缩的都是精品"一样。

自嘲是一种幽默的表达方式，有着特殊的功用。它可以营造欢愉的氛围，化解尴尬，拉近和别人的距离。

从心理学的角度来讲，自嘲是一种幽默的生活态度，体现了自嘲者的高修养、深内涵、低姿态的机智。它融合了自嘲者的智慧，用以娱乐大家。

林肯的长相使人无法恭维；他自己也不避讳这一点。

一次，道格拉斯指责他是两面派。林肯说："现在，请听众来评评看，我如果还有另一副面孔的话，我会戴着现在的这副面孔吗？"

结果引得听众大笑，在笑声中显出了道格拉斯的荒谬。

一个人要承认自己的"缺点"实在不是一件容易的事。要知道，人总是有不完美的地方，坦白承认自己的缺点，就能把"缺点"化为个人独有的特点！

英国作家杰斯塔东是个大胖子，由于"体积"过大，行动往往不太方便。但他也像菲律宾外交家罗慕洛不以矮为耻，"愿生生世世为矮人"一样，不以胖为耻。有一次他对朋友说：“我是个比别人亲切三倍的男人。每当我在公共汽车上让座时，便足以让三位女士坐下。”这轻松愉快的自嘲表现了杰斯塔东高度的自信。

当处于非常窘迫的境地时，机智地进行自我嘲笑而产生的幽默，是摆脱窘境的好方法，也是展示人格魅力的法宝；同时也能给对方一种轻松感，使沟通气氛变得更加和谐，更有利于沟通活动的顺利进行。

第 21 章 交谈就是要让对话的人喜欢

对方讲话时不要插嘴

假设当一个人正讲得兴致勃勃时，你突然插嘴："喂，你们看那边有卖衣服的，咱去看看吧。"说话的那个人因为你打断他说话，绝对不会对你有好感，很可能其他人也不会对你有好感。

你看到你的同事和另外不认识的人在办公室里聊得起劲时，可能有加入他们的想法。但因为你不知道他们的话题是什么，而你突然加入，会令他们觉得不自然，也许因此话题进行不下去。更糟的是，也许他们正在进行着一项重大的谈判，却由于你的加入使他们无法再集中精神，从而莫名其妙地失去了这笔交易；或许他们正在热烈讨论，苦苦思索解决一个难题，正当这个关键时刻，也许由于你的插话，会导致商讨出对他们有利的解决办法告吹，到后来气氛就会变得尴尬而令大家无法收场。此时，大家一定会觉得你没有礼貌，进而大家都厌恶你，导致社交失败。

许多不懂礼貌的人总是在别人谈着某件事的时候，在别人正说到高兴处时，冷不防半路杀进来，让人猝不及防，不得不偃旗息鼓。这种人不会预先告诉你，说他要插话了。他插话时有时会不管你说的是什么，而将话题转移到自己感兴趣的方面去，有时是把你的结论代为说出，以此得意扬扬地炫耀自己的口才。无论是哪种情况，都会让说话的人顿生厌恶之感，因为随便打断别人说话的人根本就不知道尊重别人。

有一个老板正与几个客户谈生意，谈得差不多的时候，老板的一位朋友来了。这位朋友插进来说："哇，我刚才在大街上看了一个大热闹……"接着就说开了。老板示意他不要说，而他却说得津津有味。客户见谈生意的话题被打乱，就对老板说："你先跟你的朋友谈吧，我们改天再来。"客户说完就走了。

因为老板的这位朋友乱插话，搅了老板的一笔大生意，让老板很是恼火。随便打断别人说话或中途插话，是有失礼貌的行为，但有些人的确存在着这样的陋习，结果往往在不经意之间就破坏了自己的人际关系。

一个人的自我意识好像一个门卫，站在他的潜意识的入口处，如果你唤起了他的自我意识或把它激发过重的话，他绝不会接受你的意见。因此，想说服对方时，先不要打断他，让他陈述他的意见和理由，即使你无法同意和接纳，也不要打断对方，尤其是提出正面反对意见时，更应先听对方的意见。等听完后再开始说"你说得很有道理，但是……"等反对理由。

心理学家提出一个概念——心理定式：若一个人肚子里有事，他就会启动其心理定式准备讲话，直到他把事情全部说完，他的心理定式才会转而听你的意见。

假如你想让自己的意见被对方听进去，达到说服他的目的，首先必须学会听对方讲话。这么一来，对方会有一种你很注意听他说话的感觉，认为你尊重他的意见，进而产生想和你说话的心理。这时，对方已经对你有了好感，会不知不觉朝被说服的方向去思考问题。这是在说服对方时相当重要的一项心理战术。

如果你不听对方的意见就直接提出反论，那么，势必会引起对方在感情上的反驳，当然也就无法引起他听你说话的欲望。这样做是极不明智的，尤其是对一些比较霸道和固执的人，采取这种方式会马上遭到反驳。

最有攻心技巧的人，在他的意见遭到反对，或某人要发牢骚时，他总是耐心地听对方把话讲完，还进一步请对方重复其中的某些观点和理由，询问对方是否还有别的什么事情要说。这样做就消除了对方的抵触情绪，使对方意识到，听话的人对自己的观点感兴趣。

另外，社会心理学家通过对人际关系的研究，一致提出，人际相处的一个最根本的信条就是"不批评对方"，并且要完全倾听对方的谈话，这样才能使对方开怀畅谈。

在做心理咨询时，心理医生通常都尽量让患者说完自己想说的话，而很少在中途打岔。否则，对方倾诉的欲求得不到满足，彼此也就无法建立起较亲密的交谈关系，甚至会造成双方的敌对情绪。

另外，一项对客户与推销员信赖程度的调查也显示：那些在商品售出之后会遇到客户非分要求的推销员，大部分都喜欢说话，并且经常打断客户的话。因此，我们可以推知，要启开对方的心扉，建立起亲密的关系，问题就在于说话的方式与内容。这样，大家就能明白有作为的推销员多半较为木讷的道理了。

要想让别人喜欢你，接纳你，就必须根除随便打断别人说话的陋习，在别人说话时千万不要插嘴，并做到：

（1）不要用不相关的话题打断别人说话。

（2）不要用无意义的评论打乱别人说话。

（3）不要抢着替别人说话。

（4）不要帮别人讲完事情。

（5）不要为争论鸡毛蒜皮的事情而打断别人的话题。

激起对方的说话欲望

与陌生人见面，要善于倾听，主动地关心他人，还可以通过慷慨地给予帮助来激发他们的谈话欲望。

生活中的每个人都渴望友谊，希望拥有更多的朋友。但朋友都是由陌生人发展而来的，有相当一部分朋友是萍水相逢认识的。在风光绮丽的景区，在熙攘喧闹的汽车上或者在小型聚会上，凭一个会心的微笑、几句得体的幽默、一个礼貌的动作等，都可以与他人相识。关键是得找出交往的契机，主动伸出友谊之手，打开对陌生人关闭着的心灵之门。然而不是所有的人都是善谈的，有的人比较沉默寡言，虽然有交谈的欲望，却不知从何谈起。这就需要其中的一方改变态度，率先向对方发出友好信号，激起对方的谈话欲望，从而达到交流的目的。

假若你的一个话题使对方产生了浓厚的兴趣，那么无论他是一个如何沉默的人，他都会发表一些言论的。因此你在谈话的停滞之中，一定要想法寻找并且不断地激起对方的兴趣，使谈话能够一直持续下去。

当你对做父母的人称赞他们的孩子，甚至表示你对那孩子感兴趣时，那么孩子的父母很快便会成为你的朋友了。给他们一个谈论其孩子的机会，则他们就会很自然而又无所顾忌地滔滔不绝了。

初次相见或不太熟悉时，没有谁愿意向有困难的陌生人施舍什么帮助，因为他们怕不清楚对方的底细帮出麻烦来。这种想法固然有一定的道理，但正是这“一定的道理”把自己结识别人的大好机会给赶跑了。善于交际的人是不会这么想的，他们认为与人方便，自己也方便；只有放下顾虑，慷慨解囊，才能赢得别人的感激与好感——这确是一座沟通感情的桥梁。

对于那些腼腆的人，交谈者应主动寻找话题，消除对方的紧张感。

朋友相交，重在交流。由陌生人到朋友，需要通过深入的交流才会相互了解。要达到深入交流的效果，就要在掌握交谈艺术的同时激发对方的谈话欲望，只有这样才能彼此加深了解，从陌生走向熟悉，进而成为朋友。

说别人感兴趣的话，打开沟通之门

每个人都有自己感兴趣的事物或话题，谈话中我们不妨去迎合对方的兴趣，积极主动地为其送上“一顿美味大餐”，相信总比漫无目的地乱说一通强得多。

李明结婚后久居岳母家里。为了讨得岳母的欢心，他总是主动干家务活儿，但岳母大人的脸还是欢笑不起来。

后来，他发现每当他说外边发生的新鲜事儿时，岳母就非常高兴，总是睁大眼睛“刨根问底”。于是他便开始留心各种各样的“新闻”，每天回到家里，就找机会向岳母大人进行“新闻汇报”。

从此岳母大人见他回来总是笑脸相迎。有时没等他开口，岳母就急着问：

“今天又有什么新鲜事儿,快讲给我听听。”听完之后还要向来串门的人进行“新闻重播”，并自豪地说：“我们家的女婿知道的事情真多，我是天天不出门，便知天下事哟。”

从心理学的角度讲，要想让别人喜欢你，就要说别人喜欢听的话，而不是只说自己喜欢说的话。

只要能让对方高兴起来，还有什么是不可以的呢？使对方开心最快捷便利的方式就是说他感兴趣的话，说他爱听的话。

查利夫是卡耐基的朋友，是一位在童子军中极为活跃的人物。他给卡耐基写过一封信：

“有一天，我觉得我需要有人帮忙，我要请美国一家大公司的经理资助我的一个童子军的旅费。幸而在我去见这人以前，我听说他曾开了一张一百万美元的支票，而这张支票退回之后，他把它置于镜框之中。所以我走进他办公室所做的第一件事就是谈论那张支票！我告诉他，我从未听说有人开过这样的一张支票，我要告诉我的童子军，我的确看见过一张百万美元的支票。

“他很欣喜地向我出示那张支票。我表示羡慕他，并请他告诉我其中的经过情形。结果，他不但即刻答应了我的请求，并且比我要求的还多得多。我只请他资助一个童子军赴欧洲旅游，但他竟资助了五个童子军，并让我们在欧洲住一个星期。他又给我开了介绍信，介绍给他分公司的经理，让他们帮忙。他自己又亲自在巴黎接我们，带领我们游览城市。自此以后，他给那些家境贫苦的童子军提供了一些工作，而且现在他仍在我们的团体中活跃地工作。

“这可真是让我惊叹万分，但是我知道如果我不曾找出他所感兴趣的事，使他先高兴起来，那么我想接近他是多么的不容易！”

自始至终，查利夫没有谈论童子军的旅费问题。他谈论的是对方所感兴趣的事情。由此可见，只要让对方感到受重视，让对方高兴，你往往会收获到比预期的多得多的果实。

但在日常交往中，有时我们谈论对方的兴趣并不是那么随意，那么得心应手，这就需要我们做些准备，以便能更好地和对方进行愉快的沟通。

有一个人，一向习惯在别人名片背后密密麻麻地写上一大堆资料。起初有人以为他是为了便于了解对方才故意记录的。

但实际上，他所写的资料，并不是对方的年龄、籍贯等，而是记载对方的兴趣。他会刻意收集与对方兴趣有关的所有资料，作为与对方见面时谈话的切入点和主要内容。

例如，对方的兴趣是钓鱼，他就会收集有关钓鱼这方面的资料，并在见面时与他大谈钓鱼之道。对方的兴趣是跳舞，他就会收集有关跳舞的资料，在见面时主要谈论跳舞的话题。

心理学上讲，每个人都有自己的兴趣，都对和自己有共同兴趣的人有着特殊的好感。所以，当对方一听到他对自己的兴趣爱好也这么感兴趣，并如此了解时，会因为产生“同好”而感觉倍加亲切。

只要谈得高兴，还有什么事情不好办呢？

或许有人会认为如此太过于功利主义，但事实上却不尽然。收集各种资料，不但有利于在与对方见面时有共同的话题，对于自己知识领域的充实也是有利无害的，并且以长远眼光来看，这将是一项非常有用的自我表现方法。

凡访过罗斯福的人，对他广博的知识无不感到惊奇。

无论是牧童、骑猎者、纽约政客，还是外交家，罗斯福都知道同他们谈些什么。那么罗斯福是如何做到这一点的呢？

其实答案很简单。无论什么时候，罗斯福每接见一位来访者，他都会在这之前的一个晚上阅读有关这一客人所特别感兴趣的东西，以便找到令其感兴趣的话题。

谈论对方感兴趣的事或物，是在无形中给对方一个赞美和肯定，会使你获得好感，从而拉近彼此之间的距离，达到影响并说服他人的目的。

无论是生活中的普通交往，还是商业上的重要谈判，只要谈对方感兴趣的事，你就能更容易说服对方，就会收获意想不到的效果。

卡耐一直试着把面包卖给美国的一家饭店。一连三年，他每天都打电话给该饭店的经理，并且去参加该经理的社交聚会，他甚至在该饭店订了个房间，住在那儿，以促成这笔生意。但是，卡耐都失败了。

“接着，”卡耐说，“在研究一番之后，我决心改变策略。我决定找出那个人最感兴趣的是什么——他所热衷的是什么事物。我发现他是一个叫作‘美国旅馆招待者’的旅馆人士组织的一员。他不但是该组织的一员，由于他的热忱，他还被选为主席。无论大家在什么地方举行活动，他都一定会出席，即使他必须跋涉千山万水。因此，第二天我见到他的时候，我开始谈论他的那个组织。我得到的反应真令人吃惊。多么不同的反应！他跟我谈了半个小时，都是有关他的组织的，语调充满热忱。我可以轻易地看出来，那个组织是他的兴趣所在，他的生命之焰。在我离开他的办公室之前，他‘卖’了他那个组织的一张会员证给我。我根本也没提到面包的事。但是，几天之后，他的饭店的大厨师却打电话给我，要我把面包样品和价格送过去。

“‘我不知道你对那个老先生动了什么手脚，’那位大厨师见到我的时候说，‘但你真的是把他说动了。’

“想想看吧！我缠了那个人四年，一心要得到他的生意，如果我没有用心地找出他的兴趣所在，他喜欢谈的是什么的话，我可能还会缠着他。”

所以，如果你要使人喜欢你，使人对你产生兴趣，那就记住：知道他感兴趣的事情，然后与他交谈他所感兴趣的话题，说他爱听的话。

恰当发问，诱导他人说出你想要的信息

人与人之间的交流是双方的沟通，最忌讳的是对方始终沉默不语。那么如何打开对方的话匣子呢？最好的方法是提问。光是自己不断地说话，是无法了解对方所关心的问题的，所以让对方说话是非常重要的。

也正是通过提问，使我们对别人的需要、动机以及正在担心的事情，具有了相当深入的了解，有了这样的答案，他人的心灵大门也就对你敞开了。

交谈中获取信息的一般手段就是提问。我们选择的提问语言，引入问题的方法等，都能戏剧性地影响他人回答问题的质量。恰当地提问能够引导被问对象的谈话，有利于你获得有价值的信息。

凤凰名嘴阮次山在《风云对话》节目中访问新西兰当时新上任的年轻帅气的总理约翰·基时，是这样开始的：“听说您的手臂摔伤了，现在好些了吗？”

总理笑笑答道：“已经没事了，我当时是在一个庆祝中国牛年新年的活动中，不小心滑了一下，用手撑地，就折了。他们给我打了石膏，后来这个石

膏拍卖所获得的款项都已经捐给了慈善基金会。”

“您确定已经没事了呵。”

“哈哈，没事。”约翰还随手做了动作。

这种高端访谈本来是很具有严肃性、政治性的，但是阮次山却运用了这样一个关心身体健康的问题作为开始，既把双方都带入了一个轻松的环境，让对方放松，以便能有利于随后的访问，又让对方的回答能够表现出他对中国的友好和他对慈善的关心与贡献。一石二鸟，真是高明的提问！

而糟糕的提问除了能吃个软钉子外，将一无所获。科学家霍金到杭州出席学术会议时，记者提了这样的问题：“您认为人类历史的下一个世纪最伟大的发明将是什么？”霍金答：“如果我知道，我就已经把它做出来了。”

我们在看西方哲学家的言论著作时，最重要的是看他们提出了什么问题，而不是给出了什么答案。“我是谁？世界从哪里来？又向哪里去？世界是由什么构成的？……”

大哲学家的贡献是提出了千百年来让人思考的永恒的问题，大科学家的贡献是提出了令无数人苦思冥想、实验求证的猜想。

伏尔泰说：“判断一个人凭的是他的问题，而不是他的回答。”确实，问题提得好，是高明说客的一项标志。这类提问，有助于人们整理自己的思想和感受。

我们要善于提出一些问题，然后用心地倾听对方的答复。除了用心倾听之外，还要不时地插入一些问题以便进一步询问。掌握主导权，一步一步借题发挥。

一位靓丽的“摩登女郎”在一个首饰店的柜台前看了很久。售货员问了一句：“这位女士，您需要买什么？”

“随便看看。”女郎的回答明显缺乏足够的热情。可她仍然在仔细观看柜台里的陈列品。

此时售货员如果找不到和顾客共同的话题，就很难营造买卖的良好气氛，可能会使到手的生意溜走。

细心的售货员忽然间发现了女郎的上衣别具特色：“您这件上衣好漂亮呀！”

“啊？”女郎的视线从陈列品上移开了。

“这种上衣的款式很少见，是在隔壁的百货大楼买的吗？”售货员满脸热情，笑呵呵地继续问道。

“当然不是，这是从国外买来的。”女郎终于开口了，并对自己的回答颇为得意。

“原来是这样，我说在国内从来没有看到过这样的上衣呢。说真的，您穿这件上衣，确实很吸引人。”

“您过奖了。”女郎有些不好意思了。

“只是……对了，可能您已经想到了这一点，要是再配一条合适的项链，效果可能就更好了。”聪明的售货员终于顺势转向了主题。

“是呀，我也这么想，只是项链这种昂贵商品，怕自己选得不合适……”

“没关系，来，我来帮您参谋一下……”

聪明的售货员正是巧妙地运用了提问的艺术，搭起相识的桥梁，然后顺势引导那位陌生的女郎，最终成功地推销了自己的商品。

人际交往中面对众多的陌生人，窘迫心理在所难免，如果你有足够的信心和超人的勇气，主动、热情地同他人说话、聊天，通过提出恰当的问题，让对方有话可说，乐意开心地说，并在话语中逐渐摸索、试探，成功肯定属于你。

在询问的过程中，我们还要渐渐了解对方关心的内容，并且以此为重点，让话题继续进行。这样，对方就会一股脑儿地对你说出满肚子的话，这是高效谈话的有效技巧。

如果我们碰到的是一个房地产经纪人，就可以问他：“近来国家调控下的房价走向如何？”

如果碰到家电业的人，则可以请教他：“这种国产电器和日本、欧美同类产品相比，性价比如何？”

在日常交往中我们要注意，凡是对方不知道或不愿让别人知道的事情都应该避免去问。我们的问话是要引起双方谈话的兴趣，而不是使任何一方没趣。提问的目的是让对方滔滔不绝、十分尽兴，同时，也能让我们自己增长某方面的见识，或是得到自己想要的信息。

辑八

销售心理学：没有卖不掉，只有不会卖

香港心理学家顾修全博士认为：“成功营销从心理开始。”即从了解顾客的行为与心理规律开始。在销售过程中，了解顾客的消费心理是销售人员必备的重要素质。如何接待客户，怎样与顾客沟通，怎样挖掘顾客潜在的购买力，以及怎样快速实现成交，都需要销售人员的攻心技巧。销售中的心计学可以说是一种技巧性更强的心理博弈，销售人员只有掌握了心理学知识，才能通过观察顾客的言谈举止和表情变化，了解他们的购买心理，从而有意识地采取恰到好处的销售方法来达到成交的目的。商品销售过程实质上是销售人员与顾客进行心理、行为互动和沟通的过程。一个有经验的销售人员，可以通过顾客的种种表现，准确把握对方的内心世界。

场景：

有一位口拙的电脑销售代表，却签下了一家大客户。他的秘诀就是每天去那家客户那里，帮客户扫地、拖地、擦桌子、购买杂物——做一个不要报酬的勤杂工。

在这个公司招勤杂工的过程中，他主动做了这个工作。久而久之，他成为这个公司风雨无阻的“员工”，以至于在公司更换电脑设备时，会议表决上大家不约而同地要求购买这位销售代表推销的电脑。其实谁说过，销售一定要口才好呢，笨人有笨办法，可不是吗？

第22章 激发客户的购买欲望

开拓潜在客户的方法

对很多业务员来说，感到最头痛也最吃力的事情，就是开拓潜在客户。其实事情远远没有你想象的那么困难，你现有的客户群就可以好好利用。注意分析一下你收集来的客户资料，你将不难发现，在现有客户群背后，还隐藏着很多潜在客户，存在很大的客户市场，等待着你去开拓！下面我们就来谈谈开拓潜在客户的方法。

首先是“转介绍”法，也就是让现有客户不断帮你介绍新的客户。

这是开拓潜在客户最为有效的方法之一，也是保证你不断获得潜在客户的重要资源。通过“转介绍”，还可减少初次拜访的陌生感，同时又有介绍者的认可，更具说服力，较易赢得潜在客户的认可，促成签单。这样，你的客户群就像滚雪球一样，越滚越大！

“转介绍”法可以分三步完成：

第一步，让客户认可你。

你要向客户提出请求，并解释什么是“转介绍”。只有得到客户的认可，客户才会把朋友的近况及家庭情况告诉你，从而获得潜在客户的详细资料。

具体来说，获得客户认同要做到两点：

（1）你要有责任感，笃守信誉，有责任心。在经营客户时，一定要重信誉、讲信用，以实际行动赢得客户的信任，客户才会乐意介绍朋友给你认识。

（2）给客户提供满意的服务。只有以真诚的服务打动客户的心，才会获得客户的认可，客户才会放心地把这种服务介绍给朋友，把你推荐给朋友，自愿反馈朋友的信息。

让客户认可你，这是很重要的一步，迈出这一步，后面的事情就好办了。但如果你遇到拒绝提供“转介绍”的客户，就应该尽快找出客户拒绝的原因，打消客户的顾虑，解除客户的担忧，重获客户的认同与肯定。

第二步，获得潜在客户的资料。

当你获得客户的认可后，他会主动把一些潜在客户的详细资料提供给你。你在收集这些资料时，主要应掌握潜在客户的姓名、年龄、家庭及单位地址和电话号码、教育背景及未来计划、目前收入和将来可能的最高收入等。同时还应获知潜在客户的兴趣，掌握潜在客户的情感与性格，为陌生拜访奠定基础。

这样，你就对潜在客户有了大致的了解和认识，轻松掌握了潜在客户的生活详情。再有计划地为拜访潜在客户做准备，对症下药，整理出购买计划，将更具说服力。

第三步，准确锁定潜在客户。

根据自己掌握的资料，认真对潜在客户进行筛选，选择最具有可能性和购买实力的潜在客户，锁定主攻对象。锁定潜在客户后，选择恰当的拜访时间、拜访方式、拜访话题，精心为潜在客户设计购买计划。

虽然是陌生拜访，但你对潜在客户的资料了如指掌，介绍起来便得心应手，可以句句说到他们的心坎上。再者因为是经朋友介绍来的，潜在客户不会拒你于千里之外，更不会为难你，甚至还会产生一种亲切感、信任感。你可以借助自己为以往客户提供的服务，用事实证明自己的信誉与能力。如此双管齐下，作用更为明显，相信会事半功倍。潜在客户也会打心眼里接受你的观点，成为你的客户，最后促成签单。

其次是“朋友”法，就是通过朋友的关系认识一些新的客户。

不要说你没有朋友或者朋友很少。对一个优秀的业务员来说，到处都是他的好朋友。换句话说，凡是你认识的人，哪怕只有一面之缘，只要你知道他们的联系方式，他们愿意了解你的工作和生活，关注你的事业，这些人都是你的朋友。如此算来，天下何人不识君呢？

如果你的产品刚好是这些朋友们所需要的，为什么不帮助他们满足这种需求呢？说服朋友购买他所需要的产品，多半会被接受。从朋友的角度来说，只要他们喜欢你、相信你、希望你成功，也就会很愿意去尝试你的产品。那么在友谊的召唤下，他们将积极地回应，并成为你最好的客户。

即使你的朋友暂时不需要你的产品，也要与他们联系。寻找潜在客户的第一条规律，就是不要假设某人不能帮助你建立商业关系，他们自己也许不是潜在客户，但是他们也许认识将成为你的客户的人，因此不要害怕要求别人推荐。

让朋友们愿意与你分享你的新产品、新服务以及新构思时的关键语句是："因为我欣赏你的判断力，我希望听听你的观点。"这句话一定会使对方觉得自己很重要，并愿意帮助你。总之，当你说服客户的时候，一定要把他们当作你的好朋友，而不是敌人或者对手。你要从内心深处把每一次说服，都当作是在帮助朋友。你需要花一些时间和精力，和潜在客户培养出彼此之间的理解和信任，并建立起一种牢固、长期的友谊。你要想办法打消客户对你的抵触情绪，只要他们接受了你这个好朋友，也就一定也会接纳你的产品。

再次是"陌生人"法，就是多跟陌生人接触，试图把陌生人变成自己的客户，或者让陌生人为自己拉到客户。

寻找客户很重要的一步，就是要大胆地与陌生人说话。当然，你的业务可以从熟人开始，但是熟人毕竟有限，要想进一步开拓业务，就必须与陌生人打交道。

可以说，结识你周围的陌生人，这是业务员必须训练的技巧。想想看，在电梯里，在公共汽车上，在餐厅里，你有没有尝试着和你身边的人交谈？只要你尝试着去做了，你就会发现，和走近你身边的人进行交谈是一件非常有趣的事情，而且善意的话语会使对方回应积极。

陌生人可能会问到你的工作，你客气地将名片递给他就可以了。如果你的运气足够好的话，对方会对你的产品很感兴趣，这不正是你需要的吗？

于是，你微笑着告诉他："我希望，有一天您或者您的朋友有可能会需要我的服务，为此我预先表示感谢。""我希望"听起来一切都是自发的，自然而然产生的；"预先表示感谢"说明你为人礼貌；"有可能"显示一种谦逊的态度。这些话语可以准确地和当时的气氛配合起来。

对你的这番话，对方也会及时做出反应。一般来说，会出现下面三种情况：

（1）他们同意打电话与你进一步讨论。

（2）同意让你打电话给他们，进一步讨论。

（3）他们不感兴趣，但将帮助你向感兴趣的人推荐。

看看现在你得到了什么？认识了一个你几乎没有可能认识的人，得到一名潜在客户或可能被推荐给别的潜在客户。

最后是“行业会展法”，即通过参加行业展览会得到发现潜在客户的机会。

有位营销专家在文章中写道：我有一个业务员朋友刚刚进入印刷机械行业。有一天，他愁眉苦脸地问我：“怎么才能获得这个行业的潜在客户呢？我已经尝试了很多办法，可是一无所获。”我对他的遭遇深表同情，突然想起一件事，于是提醒他：“今年5月份在北京将会有一个国际印刷机械展，你将在那里遇到中国乃至世界上最著名的印刷机械制造商，几乎所有排得上号的厂商都会参加……”朋友大喜过望，立刻整装出发，结果满载而归。

你看，只需要去看一个展览会，你就会得到这个行业的几乎最有价值的潜在客户。

具体来说，在展览会上寻找客户，需要注意做到以下几点：

（1）尽量收集客户资料，越详细越好，展览会上的宣传手册千万不要放过。

（2）一定要想办法拿到该客户的名片。

（3）尽可能地与这些潜在客户进行现场交流，明确谁具有决策权。

（4）在展览会结束后，尽快取得联系，免得记忆失效而增加后期接触的难度。

（5）将客户的产品资料拿回来仔细分析，寻找机会。

满足客户好奇心，赢得其对产品的青睐

好奇心是所有人类行为动机中最有力的一种，所以在实际销售工作中，业务员可以用话先勾起客户的好奇心，引起对方的注意和兴趣，然后从中说出

销售商品的好处，这就是我们现在所说的注意力经济。

美国人卡塞尔是这方面的高手，他是一位善于洞悉别人心理的大赢家，他把这些都用在做生意上。

卡塞尔在闹市地段租了一块地皮，造了一间小木屋作为酒坊。小木屋四周均留有小圆孔，并挂上一块醒目的牌子，上面赫然写着“禁止观看”四个大字。来往路人经不住好奇心的驱使，越是禁止看却越是想看，他们都簇拥着通过小圆孔往里面偷看。

这恰恰中了卡塞尔的圈套，路人看到屋内另一块牌子上写着“美酒飘香，请君品尝”八个字，而小孔下面正放着的一坛美酒香气扑鼻。窥视者感到挡不住的诱惑，于是忍不住争相解囊购买美酒。

1998年，在美国一场拳击比赛上，超级拳王泰森在和霍利菲尔德的一场拳击比赛上，咬掉了霍利菲尔德的半块耳朵，观众一片哗然。而后这件事被炒得沸沸扬扬，尽人皆知。卡塞尔便突发奇想，为他的酒坊设计了一种名叫“耳朵”的下酒菜。这种“耳朵”菜有荤有素，酷似霍利菲尔德的耳朵。谁不想尝尝咬坏别人耳朵的滋味呢？“耳朵”菜吸引了大量的消费者，也为卡塞尔带来了大量的利润。

人们对你卖的东西产生好奇，也就意味着你拥有了一半的成交机会。商人如能巧妙地利用人们的好奇心，是很容易达到促销的目的的。

美国商人鲍洛奇早年在一条叫杜鲁茨城的最为繁华的街道替老板看摊卖水果。有一次，老板贮藏水果的冷冻厂发生了一场意料不到的火灾。当消防人员赶来把大火扑灭时，16箱香蕉已被大火烤得变成了土黄色，表面还出现了不少小黑点。这些香蕉一点都没变质，相反，由于火烤的原因，这些香蕉还别具一番风味。

老板把这些香蕉送到鲍洛奇的摊位上，让他降价处理。当时，普通香蕉每磅的售价是4美分，老板让鲍洛奇以每磅2美分，降价一半出售。老板还交代，香蕉只要能够卖出去，不至于浪费掉就行了，即使价格再低一点也可以卖。不少顾客走到他的摊前，见到这些丑陋不堪的香蕉，只好摇着头转到别的摊位前去了。第一天，鲍洛奇只卖出了8磅。不过，他却发现这种香蕉不但完全不影响食用，而且口味十分独特。

第二天一大早，鲍洛奇又开始叫开了："各位先生，各位女士，大家早上好！我刚批过来一些进口的阿根廷香蕉，风味独特，只此一家，数量有限，快来买呀！"很快，鲍洛奇的摊前就围了一大群人。众人目不转睛地盯着这些黄中带黑的"阿根廷香蕉"，有些犹豫，不知道要不要买。

看到这么多人围到自己的摊位前，鲍洛奇兴奋极了，立刻鼓动三寸之舌："阿根廷香蕉，阿根廷香蕉！最新进口的，我们公司好不容易批到的。这种香蕉产在阿根廷靠海的地区，阳光充足，水分多，风味独特！"

在人们将信将疑之际，鲍洛奇不失时机地问一位穿着得体的小姐："小姐，请问您以前尝过这种'阿根廷香蕉'吗？"这位小姐在摊位前张望很久，鲍洛奇早已注意到她了。她的眼睛好奇地盯着这些香蕉很久了，那样子很像打算买，只是还没有最后拿定主意。鲍洛奇决定从她身上打开突破口。

"哦，我从来没有尝过。这些香蕉看起来蛮有意思的，只是有点黑。"小姐说。"这正是它们的独特之处，否则的话，它们也就不叫阿根廷香蕉了。你见过鹌鹑蛋吗？鹌鹑蛋也是带有黑点，但是鹌鹑蛋却特别好吃，不是吗？"鲍洛奇唾沫飞溅地说，"请您尝尝，您从来没有尝过这种风味如此独特的香蕉，我敢打赌！"接着马上剥了一只香蕉递到小姐的手里，小姐接过吃了一口。

"味道怎么样，是不是非常独特？"鲍洛奇不失时机地问。

"嗯，味道确实与众不同。我买 8 磅。"小姐说。

"这样美味的阿根廷香蕉只卖 10 美分一磅，已经是最便宜的啦。我们公司好不容易弄到这么一点货，大家不尝尝？错过机会您想买就买不到了。"鲍洛奇大声吆喝起来。

既然那位小姐已经带头买了，而且说味道独特，再加上鲍洛奇的鼓动，大家不再犹豫，纷纷掏出钱来，想尝尝"进口的阿根廷香蕉"到底是什么样的独特味道。于是你来 5 磅，他来 3 磅，很快，16 箱被大火烤过的香蕉竟然以高出市场价一倍多的价钱卖得精光。

可见，经商中设置悬念吊起对方的好奇心，是一种行之有效的游说方法。在你满足了他人好奇心的同时，对方也就会自觉地接受了你的意见。

制造短缺假象，促进购买期望

制造短缺假象就是告诉顾客，所剩商品不多，欲购从速。这是促使顾客做出购买决定的方法，其实是指销售人员提醒顾客立即采取购买行动，以抓住即将消失的利益或机会。

当客户充分了解了产品以后，有可能对购买仍犹豫不决。他们或许在考虑一些非决定性的因素，如考虑购买时间是否妥当，是否还要参考其他人的意见，等等。此时，我们可以采用制造短缺法促使顾客下定决心，此法比较适合感性的客户。

例如说："这种尺寸的该款服装我们已经不多了，该款服装销得很快，我估计这款服装不会等您到星期六。""这是最后十件，要买趁早。"再如："我们这种机型的空调只剩下三台了，我们最后的优惠时间只有两个星期了……"制造短缺假象促成成交这一方法，还可以从付款条件、广告承诺、季节包装、现金折扣等方面入手加以运用。

许多准顾客即使有意购买，也不喜欢迅速签下订单，他们总要东挑西拣，在产品颜色、规格、式样、交货日期上不停地打转。这时，聪明的销售员就要改变策略，暂时不谈订单的问题，转而热情地帮对方挑选颜色、规格、式样、交货日期等，一旦上述问题解决，订单也就落实了。

利用"怕买不到"的心理，人们对越是得不到、买不到的东西，越想得到它、买到它。销售员可利用这种"怕买不到"的心理，来促成订单。譬如说，销售员可对准顾客说："这种产品只剩下最后一个了，短期内不再进货，你不买就没有了。"或说："今天是优惠价的截止日，请把握良机，明天你就买不到这种折扣价了。"告知客户"存货不多，欲购从速""赠品的限时限量"等。

在这种促成交易的方法中有一项特别的方式，即"特殊诱导式促成成交"。运用这一特别方式时，销售人员以特定的一次性利益诱导顾客做出购买决定。例如，经营空调的电器零售店里的销售人员对顾客说："如果您今天购买，我们将提供免费安装，还提供终身维护。"

下面来看看著名服装品牌飒拉是怎样成功的：

"品种少，批量大"是传统制造业的天条，而在"长尾市场"中，"款多量小"

却成为当红的商业模式。飒拉以其“多款式、小批量”，创造了“长尾市场”的新样板。

飒拉值得大多数传统企业借鉴的是，它有意识地在自己的产品中“制造短缺”。虽然一年中它大约推出12000种时装，但每一款的量却并不大。即使是畅销款式，飒拉也只供有限的数量，常常在一家专卖店中一个款式只有两件，卖完了也不补货。飒拉的一位高管曾说：“我们不想所有人都穿同样的衣服。”随着每周两次补充新货物，公司使顾客养成经常来逛的习惯。

如同邮票的限量发行提升了集邮品的价值一样，飒拉通过这种方式满足了大量个性化的需求，培养了一大批忠实的追随者。通过“多款式、小批量”，飒拉实现了服装企业商业模式的突破。

款式更新更快增加了新鲜感，吸引消费者不断重复光顾。快速更新店面里的货品，也确保了它们能符合顾客的品位。在飒拉你总是能够找到新品，并且是限量供应的。这些商品大多数会被放在特殊的货架上面。这种暂时断货策略在很多人眼中看来是太大胆了！但是想想所有限量供应商品在市场上受到的追捧吧，人们需要的不是产品而是“与众不同”“独一无二”。而飒拉的暂时断货正满足了人们的这种心理，飒拉由于这种颠覆性的做法慢慢变成了“独一无二”的代言人。

飒拉成功地运用了稀缺性策略。所谓稀缺性策略，是指向潜在客户表明销售人员所在公司的产品或服务的稀缺性，以此暗示潜在客户，如果不尽早做出购买决策，就可能“过了这个村就没有这个店”，或者晚些做出决策就可能只有排队等待产品或服务了。

使用稀缺性策略，需要销售人员对自身公司的产品或服务有一个客观的认识，且在与潜在客户的沟通中注意语气、气氛，避免给潜在客户一种要挟的感觉。

客户心底潜藏着对商品的占有欲

人人在潜意识里都有着占有的欲望。如果你在一个地方发现你的女朋友正和一位帅哥聊得不亦乐乎，你会有什么样的感觉？而如果你是女孩子，有一天发现自己的男朋友正和一位漂亮的女孩儿走在一起，你是不是很生气？这些都是人的占有欲的表现，当人面对商品的时候也是这样。

一般来说，客户的占有欲主要来自于以下几种心理因素：

（1）贪图便宜。很多客户贪图小便宜，对自己有利益的事情可以奋不顾身地“争取”。占便宜的心态在购买中表现为希望花费相同数目的钱获得更多的商品。赠品可以很好地满足客户占便宜的心理需求，多数人总是认为获得赠品就是占到了便宜。事实上，赠品常常附带有一定的购买条件，尽管赠品的价格不高，但是客户并不愿意直接花钱购买相应的赠品，而宁可间接花钱达到获得赠品的购买条件，这就是赠品的魅力。

（2）少花钱。与占便宜的心态相对应，少花钱也是众多消费者的购买心理。促销、打折、会员卡、免费维修，等等，都可以使客户少花钱。在这方面，关键是要让客户对原价和现价的差异进行比较，甚至明确告知其将少花多少钱，从而极大地刺激其购买的欲望。

（3）虚荣心。人人都喜欢被别人羡慕，都喜欢表现自己。优先权、金卡、会员卡，享受特殊的服务待遇都是荣誉和尊贵的象征。有时让你的尊贵客户的亲友或者普通客户也跟着“沾点光”（享受特殊待遇），会起到意想不到的“裙带”销售效果。

（4）追求个性。年轻人往往喜欢追求与众不同的东西，以突出个性。流行、时尚、名牌都会刺激消费者强烈的购买欲望，因此门市营业员需要告知客户此商品的与众不同之处。

（5）攀比心理。人们都想使自己高人一等，想让人注意，想显示他们作为成功者的身份。攀比心理非常正常，你可以从同龄攀比、同单位攀比、同级别攀比等去寻找客户的攀比心理切入点，然后从商品的功能和特性、使用者的情况等方面进行介绍和推荐，激发客户心中的购买欲望。

因此，业务员在说服的过程中要学会细心观察、巧妙沟通，引发客户的想象力、调动客户的感官刺激等，逐渐激发客户的购买欲望，从而成功说服客户购买你的产品。

不过，客户的购买欲望往往是非常隐秘的。对自己希望占有的产品，他们会表现得无动于衷，甚至用自己的意志力来克制这种购买的冲动。于是，客户的购买结果就存在着许多不确定因素。这时，千万不要被客户的表象所迷惑，否则你将说服不了任何人。你需要做的，就是想方设法去挖掘客户隐秘的购买欲望。

记住，在说服中要打动客户的心而不是脑袋，因为心比脑袋离客户的口袋更近。心即感情，脑袋即理智。研究表明，客户购买习惯遵循 80/20 法则，即在人们的头脑中，感情的分量与理智的分量分别占 80% 和 20%。很多时候，客户的购买行为往往会由于一时的感情冲动而影响到原来的购买计划。业务员只要以积极的心态，不失时机地刺激消费者的购买欲望，就能将一些潜在的成交变为现实的成交。

把握住这一点，说服客户将轻而易举。

用语言调动客户的想象力

世界著名的服装销售大师巴巴拉说："世界上每一幕戏都源于想象，销售也是如此。"事实上，对客户进行说服的过程，就是激发客户想象的过程。

一般来讲，当人们听到或者看到某种事物的时候，往往会在潜意识里为这件事或这种东西勾勒出一幅图画，然后根据这幅图画做出判断。

假定你卖的是割草机，那么当你的客户在使用这部割草机的时候，会是怎样的情景呢？或者，你可能卖的是彩色电视机，你能想象出客户和他的家人一起观赏的情形吗？你能用心灵的眼睛看到并且描绘出来吗？当你在与客户交流时，应不仅希望你的客户能够听到，同时也应希望他们能够"看"到你说的话。客户在头脑中"看到"才会有感觉，才会调动起想象来。

那么，怎样做才能激发客户的想象呢？事实上，通过形象化的语言，就可以充分调动客户的想象。你要用心灵的眼睛"看见"这一切，然后再把看见的情景讲出来。为客户构造出一幅幸福、美满的画面，画面越有吸引力，就越能打动客户。

如果你要销售一处度假中心，那你可以用形象的语言进行构图，全方位地调动客户的想象。

“你可以听到海浪冲击的声音，还有海鸥的叫声。”

“你可以闻到松树或刚刚收割的稻秆的香气。”

“你可以去逛逛那里的乡村商店，拿起那里的草莓，尝一粒——那酸酸、甜甜、花蜜般的味道！”

“你取来一支独木舟的划桨，那木头十分平滑，而且用手握起来十分舒服，让你觉得充满活力。”

这样的表达绝对可以激起客户对度假中心的向往。

再举一个例子，一个普通的业务员去销售柠檬，他可能会对客户说“买我的柠檬吧”或是“柠檬大拍卖”。但是你如果运用说服式的销售，你会说：“看看这些漂亮的柠檬，把它带回家，一切开，就会看到阳光的影子，你可享用最新鲜、充满维生素的柠檬汁！”

不得不承认，当听到最后一种说法时，就像亲自尝到柠檬汁的感觉。这就是要引起客户使用产品时的想象，调动他们的潜意识，激发他们的购买欲望。

如果你要销售跑步机的话，可以这样说：“当你早上起床，穿上运动鞋和休闲装，打开窗户，深呼吸一口清新的空气，明媚的阳光照在身上。然后你踏上跑步机，轻松舒畅地开始跑步。你的速度由慢到快，当你轻微有些出汗时它会提醒你时间到了。然后你开始洗浴，梳洗整齐，穿上刚刚熨烫过的职业装，信心百倍、神清气爽地走出家门，开始一天的工作。”

这种方法也可以用来介绍产品的功能，例如你是销售打印机的，可以目光温和地直视着你的客户，缓缓地说：“如果家里有这样一台多功能打印机，会给你带来无穷的乐趣和便利。客户打电话过来需要发传真，不必去找传真机，你只需轻轻按下接收传真的按键就可以了；如果你需要把一些重要的图片放在电脑里，不用去找扫描仪，只需把图片放好，按一下扫描的按键，资料就会输入你的电脑；如果你需要的资料很多，也不必到外面去复印，自己就可以做；另外，你还可以利用它制作自己喜欢的各种照片，效果形象逼真，会让你爱不释手。”

如果你是销售磁疗寝具的业务员，则可以先让客户舒服地躺在你的产品之上，然后缓缓地告诉他：“我们每个人的时间都非常宝贵，即使身体有些不适，也很难有时间去看医生，但是疾病就是这样日积月累造成的。如果突然有一天你跌倒在路上，那将是一家人的不幸。而我们的磁疗寝具不需要你刻意地去使用，不会占用你的时间，也不会占用你家里的空间，只需要你把它铺在床上，每天睡觉就可以了。”

相信客户听了你生动形象的描述，肯定没有几个不会动心的。这种绘声绘色的描述其实比干巴巴的介绍要管用许多倍。因为这样可以让他们感觉到拥有这个东西之后的幸福、快乐。做到了这一点，你就成功了一半。

用触感让客户参与其中

介绍一种商品，业务员如果只是让客户在一旁观看，那么客户就会有“雾里看花”的感觉，比较容易厌倦。因此，作为一名业务员，你必须让客户深切感受到你的产品本身，要让他陶醉在产品之中。你要让他闻闻产品的味道，摸摸产品以获得手感，让他站在特定的角度来欣赏产品。这样客户才能充分地感受到这个产品。客户这种参与其中的感觉会使他们对商品有新的发现，这样才能全神贯注地倾听你的介绍，你离“说服客户”的目的也就不远了。

就以一些美容院或者健身中心为例，它们会免费送给客户一些护肤美容卡或体验券，让客户亲自体验美容护肤或快乐健身的感觉，看到美容、健身的效果。通过让客户亲自参与，给其留下深刻影响。客户在潜意识中就会认同、接受这些美容品或者服务，“说服”的目的就达到了，客户就会购买更多的美容品或要求更多的服务。

所以，你在与客户沟通时，一定不要一个人唱独角戏，而是要尽量让客户参与进来，发挥参与感的影响力。多问客户一些问题，让客户多说，以了解他们的需求，造成和他们之间的互动。一场20分钟的独白，远远不如10分钟的对话更容易吊起客户的胃口。

此外，对客户进行说服，要尽可能将客户模糊的幻想变得具体化，尽可能地调动他们的多种感觉器官。

你可以利用触觉，例如卖化妆品的时候，你可以让她抹一抹，然后告诉她:

“这瓶化妆品你抹在脸上是不是感到很润滑但不油腻，而且皮肤显得更加白嫩。”如果你销售的是纸张，你可以让他们摸一摸：“你摸一摸，这纸张的质地是不是很光滑？撕开一张看看，里面的纤维是不是很均匀？再闻一闻，是不是有一种新鲜的纸香气？”

事实上，让客户亲自动手，他才会找到感觉，才会有第一手的经验，这比你做示范更有说服力。你只需要准备一些支持性的资料，包括广告宣传单、图表、说明书等，以充分的证据帮助你做解说。让客户亲手操作的好处是可以引发客户的购买欲望，对他们进行全方位的说服，而愿意试用产品的人至少有一半是有购买意愿的。

请看这样一个汽车销售中的场景：一位年轻时尚的汽车业务员精神饱满、面带微笑地将客户引到汽车的前面。

业务员：“这款车是流线型的，最适合年轻人开，尤其是这种银灰色，是今年最流行的颜色，开出去既炫又亮眼。”（示意他可以摸一下。）

客户：“看起来很不错。”（客户打开门然后关上门，砰！）

业务员：“这辆车的结构非常安全，从听关门的声音就知道。一般的车关门声都是空荡荡的。这个关门声您都听到了，多么扎实，单单听关门的声音就很舒服！”（业务员再打开车门，招呼客人进到车里。）

业务员：“您一进来是不是就有一种紧紧的被包实的感觉，当您开车的时候会觉得很安全。然后您看发动引擎，踩下油门，您有没有听到怒吼声？仿佛在跟我们说：‘我想要出去跑了！’”

客户：“是啊！我感觉到了！”

业务员：“当您拥有这样一辆车时，您一定会得到朋友们更多的羡慕，而且很适合您的身份。”

客户：“嗯，那就要这辆车吧。”

在上例中，这位汽车业务员通过让客户触摸车身、开关车门、坐到车子里面等，满足了客户的参与感，激发了他潜意识中购买该车的意愿，使他对这款车子欲罢不能而最终买下了这辆车。

把心理预演变成真实

你一定见到过跳远运动员在正式比赛之前，模拟起跑、起跳以及落地的情景吧，也见过篮球运动员站在罚球线上，进行无球状态的投篮模拟吧。

这就是一种心理预演，当客户购买商品的时候也是这样。在销售成为事实之前，客户的心中都会经历一种“预演”。拥有这一款裙子之后的感受是什么样的？会得到周边朋友怎样的评价？这都是其心中所想的。

心理学家研究表明，当一个人对某一件事进行了心理预演之后，他们就会更加跃跃欲试，因为他们变得更加关注这种预演变成真实之后是什么样的。

这是消费者消费的第一步。这时候，他们的大脑额叶皮层将变得非常活跃，它将全身心地关注即将发生的事情和所有的反应。

这时候，业务员需要做的就是恰到好处地用语言打破客户的心理平衡。

当一个客户心理上已经想象着穿上某一款裙子走到大街上、坐在单位办公室里的感觉的时候，潜意识中她就有了购买这种产品的欲望而且对这件事跃跃欲试。

如果客户还在犹豫，你就要尽量让她放松下来，聊一聊她的工作、生活：“晚上出来选衣服，白天工作挺忙的是吧？”或者客户带来的孩子：“这孩子真可爱，上几年级了？”客户在轻松的氛围中有时候也会做出购买的决定。

另外，你也可以用其他方法进一步刺激客户的神经系统，例如让她触摸一下衣服，再次体会一下手感的美妙感觉。说不定她在犹豫之后，也会做出购买的决定。

营造一种有利的说服情境

苏联科学家巴甫洛夫做过一个很有趣的条件反射实验：

巴甫洛夫把关在笼子里的几条狗饿了好多天，狗非常饥饿。一天，他拿着一块烤肉放在笼子的旁边。这些狗能看到、闻到就是吃不到肉，它们就产生了一种生理反应——流口水。在这些狗流口水的时候，巴甫洛夫就摇一个铃铛。

以后每次流口水就摇铃铛。

经过若干次同样的情景后，他把这些狗全部喂饱。当这些狗吃饱后，巴甫洛夫突然摇铃铛，那些狗莫名其妙地开始流口水，虽然它们已经吃饱了。

为什么会这样？因为巴甫洛夫给这些狗做了“神经联结”，把铃铛声和流口水连在了一起，无论以后狗是否吃饱，只要听到摇铃铛就会流口水。

对于人来说，这还是一种潜意识的心理反应，每个人都有过这样的体验。例如：当你看到五星红旗升起来的时候，就会有一种民族自豪感；当你听到一首非常熟悉的歌曲时，就会有一种特定的感觉；当你处在花前月下的情境中，就会找到初恋的感觉。

人只要在特定的情绪状态下，不断接收到一个特定的刺激，就会在潜意识当中把当时的情绪和看到或听到的刺激因素相连接，只要那种刺激物一出现，人就会产生那种情绪状态。这个刺激物，也许是看到的，也许是听到的或感觉到的。

在你的说服过程中，你可以有意创造一种愉快的交谈气氛，或讲一些幽默的小故事。当客户开怀一笑时，你可以把他的目光引向面前的产品。

客户再次大笑时，你可以再次指着产品对他说：“你摸一摸，手感多好，舒服得很呢！”如此重复几次，当客户拿起产品的时候，就会想：我怎么一看到这款产品，就喜欢得不得了？到这个时候你的说服就成功了。

一些电视广告也是这样，电视广告往往是首先通过声音或者画面，让受众进入极度快乐、兴奋或惊讶等不同的状态，然后再出现产品或品牌的名字，并不断重复地播放。久而久之，受众看广告时候的这种情绪状态就跟产品本身联系到了一起。当再见到这种产品的时候，受众的心里就会再现原来的情绪体验，这种体验会促使受众不由自主地去选择那一种产品。

就拿麦当劳为例，为什么很多小孩子非常喜欢麦当劳？不是因为麦当劳的东西特别好吃，而是麦当劳公司很会说服，它把快乐和麦当劳连在了一起。麦当劳有这么一个广告：

一个坐在摇篮里的婴儿，在摇篮升起来的时候呵呵直笑，而当摇篮落下去的时候他就会哭，为什么？原来当摇篮升起来的时候，孩子会看到窗外麦当劳大大的明显的“M”标志，而当摇篮落下去的时候就看不到了。

这就把快乐和“麦当劳”三个字连在一起——看到麦当劳就会快乐，想到麦当劳也会快乐。这在心理上就是一种说服，使人看到某种东西或情景莫名其妙地就会有种特定的感觉。所以业务员一定要把客户引领到一个令其感到愉悦及放松的情境当中，让他们一看到你的商品就感到快乐。这时候，客户就渐渐进入了一种“恍惚”的状态，你销售的成功率就会大大上升。不然的话，客户很难放松警惕，而人在意识清醒的状态下是很难做出购买的决定的。

第 23 章 了解客户，迎合客户

你需要一个引路人

如果刚刚迈入一个新的行业，很多事情根本无法下手。这时候，你需要能够给予你经验的人。从他那儿获得建议，这对你的价值非常大，我们不妨称他为引路人。

引路人必须比你有经验，对你所做的努力感兴趣，并愿意指导你的行动。

引路人愿意帮助面临困难的人，帮助别人从自己的经验中获得知识。

判断一个人是否是优秀的引路人，还取决于以下三点：

（1）看他是否在行业里具有一定的影响力并且声誉良好。

（2）看他是否具有对行业里的技术和市场的深刻认识。

（3）看他是否具有行业里的广泛人脉关系。

如果你的引路人确实具备以上这些特点，那么恭喜你，你的事业必将在他的引导下如鱼得水。具体来说，他将为你带来的好处是：

（1）行业里的技术及产品发展趋势。

（2）某些关键的客户方向，让你能够不走弯路。

一位成功的业务员，在回忆自己当初的引路人时说道：

“有一段时间，我的事业陷入低谷。因为刚进入了一个全新的行业，对一切茫然不知，在说服客户时遇到了极大的困境。

“正当我走投无路时，我有幸结识了一位朋友，他成了我在这个行业的第一位引路人。因为他对于我所处的行业有很深刻的认识，对行业里的广商、公司老板都非常熟悉，对他们都能够做出客观的分析评价，这使我的目标变得非常明确。他甚至告诉我这些公司的老板哪些是和他关系良好的朋友，我打电话去的时候就可以说是他介绍的。从此我的门路大开，推销工作顺利起来。”

学会揣摩客户的心理

说服客户的关键是了解其购物心理。

客户的购物心理是指客户在成交过程中发生的一系列极其复杂、极其微妙的心理活动，包括客户对商品成交的数量、价格，如何付款及选择什么样的支付条件等问题的一些想法。客户根据自己的需求到商店去购买消费品，在这一行为中，客户的心理上会有许多想法，驱使自己采取不同的态度。它可以决定成交的数量甚至交易的成败。因此，我们对客户的心理必须予以高度重视。

1. 求实心理

很多客户都是实用主义者，他们购买物品时，首先要求商品必须具备实际的使用价值，讲究实用。对那些华而不实的产品，他们是不会花钱购买的。

2. 求新心理

这种心理动机很好理解，就是以追求商品的超前和新颖为主要目的，他们购买物品重视“时髦”和“奇特”，好赶“潮流”。在经济条件较好的城市男女中较为多见，在西方国家的一些客户身上也常见。例如，来中国旅游的一对瑞士夫妇，穿着奇特，与众不同，当推销员向他们介绍古戏装时，他们非常高兴，当即购买了两套，并说明要回国后举行生日宴会时穿出来，让所有的宾客感到惊奇。

3. 求美心理

爱美之心，人皆有之。喜欢、追求商品的欣赏价值和艺术价值，在中青年女士和文艺界人士中较为多见，在经济发达国家的客户中较为普遍。他们在选择商品时，特别注重商品本身的造型美、色彩美，注重商品对人体的美化作用、对环境的装饰作用，以便达到艺术欣赏和精神享受的目的。

4. 求名心理

大千世界，离不开“名利”二字。一些有钱的客户购买商品，纯粹是为了显示自己的地位和威望。他们讲名牌、用名牌，以此来炫耀自己。具有这种心理的人，普遍存在于社会各阶层。尤其是现代社会中，由于名牌效应的影响，吃穿住使用名牌，不仅提高了生活质量，更是一个人社会地位的体现。这也是越来越多的“追牌族”涌现的原因。

5. 求利心理

这是一种“少花钱，多办事”的心理动机，其核心是“廉价”。有求利心理的客户，在选购商品时，往往要对同类商品之间的价格差异进行仔细的比较，还喜欢选购折价或处理商品。当推销员向他们介绍一些因稍有残损而减价出售的商品时，他们一般都比较感兴趣，只要价格低廉、经济实惠，必先购为快。具有这种心理动机的人，以经济收入较低者为多。

当然，也有经济收入较高而养成节约习惯的人，常精打细算，尽量少花钱。有些希望从购买商品中得到较多的利益的客户，对商品的花色、质量很满意，爱不释手，但由于价格较贵，一时下不了购买的决心，便讨价还价。有的为了一元钱或几角钱，也要争论不休，致使想买的东西买不成。

6. 偏好心理

这是一种以满足个人特殊爱好和情趣为目的的购买心理。有偏好心理动机的人，喜欢购买某一类型的商品。例如，有的人爱养花，有的人爱集邮，有的人爱摄影，有的人爱字画，等等。

这种偏好性往往同某种专业、知识、生活情趣等有关。因而偏好性购买心理动机也往往比较理智，指向也较稳定，具有经常性和持续性的特点。

7. 自尊心理

有这种心理的客户，在购物时既追求商品的使用价值，又追求精神方面的高雅。他们在购买行动之前，就希望他们的购买行为受到推销员的欢迎和热情友好的接待。

经常有这样的情况，有的客户满怀希望地进商店，一见推销员的脸冷若冰霜，就转身出门，到别的商店去了，甚至再也不愿光顾那家“冷若冰霜”的商店。

8. 仿效心理

这是一种从众式的购买心理动机，其核心是不甘落后或“胜过他人”，对社会风气和周围环境非常敏感，总想跟着潮流走。有这种心理的客户，购买某种商品往往不是由于急切地需要，而是为了赶上他人、超过他人，借以求得心理上的满足。

9. 隐秘心理

有这种心理的人，购物时不愿为他人所知，常常采取“秘密行动”。他们一旦选中某件商品，而周围无旁人观看时，便迅速成交。女青年购买卫生用品，男青年为异性朋友购买女性用品，常有这种情况。国外一些政府官员或大富商购买高档商品时，也有类似情况。

10. 疑虑心理

这是一种思前想后的购物心理动机，其核心是怕“上当”“吃亏”。他们在购买物品的过程中，对商品质量、性能、功效持怀疑态度，怕不好使用，怕上当受骗，满脑子疑虑。因此，他们会反复向推销员询问，仔细地检查商品，并非常关心售后服务工作，直到心中的疑虑解除后，才肯掏钱购买。

11. 安全心理

有这种心理的人，对欲购的物品，要求在使用过程中和使用以后，必须保障安全，尤其像食品、药品、洗涤用品、卫生用品、电器和交通工具等，不能出任何问题。因此，他们非常重视食品的保鲜期，药品有无副作用，洗涤用品有无化学反应，电器有无漏电等现象。他们一般会在推销员就此做出解说后，才会放心地购买。

充分了解客户的每一方面

聪明的人知道每一件事，而精明的人知道每一个人。“知彼知己，百战不殆”，当你对客户的了解非常透彻，而且深知他的需求和价值观时，你的销售也将无往不利。

当你从客户的办公室出来的时候，你要问一问自己：客户办公室墙上挂的是什么东西？如果是一幅画，是什么画？如果是一幅字，又是写的什么？客户桌子上摆的是什么东西？如果桌子上有一张照片，那是谁的照片？是不是客户的孩子？客户后面的柜子里摆的什么方面的书最多？客户屋里养的是什么花？客户抽的是什么牌子的香烟？客户喝的是咖啡还是茶水？你要细心敏锐地观察对方的着装、车子、戒指、名片，以及客户用的其他一切物品。

《攻心为上》的作者麦凯曾经提到，在公司里他要求每一个业务员都必须了解客户 66 个最重要的相关因素。对客户要全面地了解，几乎比调查局还要严格。正是由于他彻底地了解了客户，所以他可以把客户照顾得无微不至。请看这么一个故事：

麦凯知道一个客户是高尔夫球明星杰克·尼克斯最忠实的球迷，便亲自买了一本杰克·尼克斯所写的书，并请杰克·尼克斯签了名。

当他把这本书送给那位客户的时候，对方非常兴奋，因为他没想到自己已经拥有了杰克·尼克斯亲笔签名的书，而且是由麦凯送给他的。当这种情形发生之后，他觉得麦凯为人处世真的非常成功，因此他不断地告诉周围的朋友："只要有任何的生意，一定要跟麦凯合作，因为麦凯的服务是第一流的。"

为什么麦凯能做到这一点呢？因为他非常了解对方的需求，能出其不意地做出别人期望的事情。记住，爱好一直是把人们联系在一起的最好渠道。

除此之外，业务员还要懂得观察客户言行举止的细节，包括说话的语气，站立及行走的姿势，面对产品时的神态，等等，以便对客户性格及潜意识进行初步揣摩。之后，业务员再有针对性地给出信息，这样的说服是最有感染力的。

比如，走路有力，面部肌肉轻微紧张，表情变化较大，看起来凶巴巴的客户，往往都比较感性。对这种客户，业务员只需迎合其个性，直接问他有什么需求，然后把符合其要求的产品推荐给他并加以详细介绍，往往就能起到比较好的效果。而表面嘻嘻哈哈、有一搭没一搭地和业务员闲扯，看起来像逛超市一样的客户，则比较难对付。要说服他们，就必须仔细捕捉其动作及语言中偶尔流露出来的兴奋点，并通过对话加以扩大。

在房地产界，流传着这样一则有趣的案例：

一位老板开车路过某楼盘时，尿急无奈，跑到售楼中心上了趟厕所。出来后，热情的售楼小姐迎上前向他介绍起自己的楼盘。一番交谈后，老板被深深打动。

结果，他当场付了定金买下一套房子。

这似乎是个很偶然的故事，然而进一步分析就会发现，在这个例子中，售楼小姐无意中利用了隐秘说服的策略。一般来说，上完厕所后，人的精神和生理都处于放松状态，此时若与之进行很好的交谈，人的信息接纳程度是比较高的。加上这位“客户”刚好又有买房的实力，下定金买房便顺理成章了。

另外，在与客户打交道的时候，业务员最好能摸透对方的脾气性格，这对说服对方大有帮助。

一个人一个性格，一个人一个脾气。和不同的客户打交道时，如果忽略了这一点，往往会遭遇“不对脾气”甚至“话不投机半句多”的尴尬。

对一个做事雷厉风行、说一不二的人，你却慢条斯理，沿着羊肠小道跟他“绕圈”，只会让他不耐烦甚至躁动发火；对优柔寡断的人，你也采用优柔寡断的态度与他交涉，常常会因为表达含糊、词义暧昧而沟通失败；如果你的客户是个呆板而不懂幽默的人，你最好不要跟他开玩笑，假如你非要用幽默的言语跟他讲话，他可能会不耐烦：“这个家伙，净跟我说些无聊的话！”

对一些爱露“锋芒”的人，你如果处处抢他的“风头”，必然引起他的敌意和嫉妒。对一些“假正经”的人，你若真跟他“正经”起来，反而会遭到他的白眼。

许多事例告诉我们：如果你没把握住客户的性格，必将陷入难以自拔的困境。所以你务必要留意，在与客户沟通时，一定要细心揣摩对方的脾气，然后采取有针对性的沟通策略。

借助“相术”来了解客户

在中国古老的相术里就有观人的技巧，它是一个内涵异常丰富的独特的价值判断系统。如果把这些技巧应用到识别客户上，必能收到意想不到的效果。

具体来说，古代相术技巧主要体现在以下几点——

以眉推测人之才气；

以目推测人之贵贱；

以鼻推测人之贫富；

以耳推测人之福禄；

以口推测人之诚伪；

以人中推测人之子嗣；

以气质推测人之涵养地位；

以衣着推测人之性情习惯；

以言语推测人之思维反应；

以行动推测人之性格职业；

以家庭组成推测人之生活水平；

以经历推测人之命运走向。

清代的大政治家曾国藩在自己的《冰鉴》一书里也对观人乃至用人的心法要诀有着精辟的见解。正是凭借着体察入微、洞悉人心的隐秘之术——在官场上应付自如的为官之道和屡试不爽的“识人术”，曾国藩这一介儒生，由科举入仕途，进而青云直上，出将入相，并迅速在自己的周围聚合了许多治国之栋梁、征战之良将，为垂死挣扎的大清王朝注入了一剂强心针，被称为清王朝的中兴重臣。著名作家贾平凹对中国古代的相术也有很深入的研究，这对他刻画人物产生过深远的影响，使他的许多文学作品和书画作品都有一种中国古代文化的神秘意韵！

中国相术从一个人的相貌推断一个人的运途穷通过程，从现代科学上讲，其中有一个相貌与命运有一定相关性的基本原理。这个基本原理是通过基因的外化——相貌来窥视基因内在调控的生命节律。千百年来，人们利用相术从社会实践中取得了大量的相貌与命运相关的经验，使这一古老而备受争议的文化能够流传至今。

人的相貌能够反映出一个人的生命节律，这个节律以基因为基础，因此人的命运是可以从相貌上预知部分的。而在西方，《福尔摩斯探案》中对人的独到观察也是很值得称道的，例如：从一个人沾满泥土和草根的靴子就可以推断此人刚刚在野外走了很长的一段路；从一个人的右手比左手长，且布满老茧，衣服上有毡片补丁就可以判断出此人是一个铁匠；而一个敏捷的左撇子往往是个网球高手；总是习惯眯着右眼的人可能是一个技艺高超的木匠；大拇指和食指的第二指节有老茧的人肯定是个枪手或者警察；躯干笔直魁梧，走路时步伐和摆臂很规范的人很有可能是军人出身。我们也可以说，西装革履、手提公文包、口袋里装着名片，满脸写着焦急与探询神色的人一定是个业务员。

从细节判断客户的购买力

识别客户不但要靠眼睛去观察，还要用心去思考。因为客户的购买力往往是隐秘的，有时候甚至是经过伪装的，需要进一步分析、鉴别。如果仅仅靠表象去判断，很可能会错失良机。同时，在了解客户时，千万不要放过一些微小的细节。

小名是北京一家著名的房地产经纪公司的业务员。公司里人精扎堆，所以刚来不久的小名就显得有些默默无闻，而刚入行也就三四个月的她，业绩也的确也不怎么突出。2003 年的北京，房地产行业正如火如荼，是一个充满希望的行业。小名就是在这个大趋势下投入房地产行业的。她出生在北方的一个小山村，家乡的水土培养了善良、心细的性格，她经常帮助那些有残疾的老年人或者小孩，即使是在北京上学的时候，也经常去做青年志愿者、义务家教什么的。

行业的景气和公司的实力似乎并没有给她带来什么实惠。在这样的公司里，没有业绩就没有薪水，所以压力也特别大。看着那些公司的业务精英们每天出出进进、意气风发，小名心里很着急。可是她也想不出什么好的办法，你能想到的别人也想到了，还有什么好想的呢？

直到有一天，公司里竟然来了个智力残障的客户，他的样子很可笑，惹得公司的那些高挑美貌的售楼小姐们咯咯笑个不停，公司的男业务员们也忍俊不禁，只有公司的领导努力克制着自己，不管怎么说，来了就是客户嘛。

加上那位客户说话也口齿不清，让那些小姐更不把他当一回事了。于是招待这位特殊客户的任务就落到了在公司里资历最浅的小名身上了。

小名虽然也有些惊奇，但她并没有轻慢这位客户，她把他当作自己的兄长一样看待，又是让座又是倒茶递水；考虑到客户的言语不行，她就把楼盘的画册拿给他看，那个人看完了并不说什么，只是指着画面上的一栋别墅向小名指画着。

小名知道，那是北京黄金地段上的一栋园林式别墅，独门独院，带有私家花园和停车场，还有一个很大的露天泳池，均价最起码也在500万以上。他买得起吗？小名不禁打量了一下这个残障人，只见他喝水的时候把水倒了自己一身，样子很滑稽，可是仔细一看，这个客户的衣着全是名牌服装，高贵而不艳俗，非常合身。

因为他的行动不便把身上的衣服弄皱弄湿了，她根据客户身上的电话本找到了他家的地址，于是把客户搀扶着送回了家。他们家里的人对小名的热心帮助很是感激，要知道照顾一个残障人是多么的不容易，况且能把他送回家。

想不到这个客户的弟弟是一个留美的博士，现正在做中美间的外贸生意。他只有这么一个哥哥，父母过世得早，想当年他上学全靠哥哥的全力支持，哥哥的残障不是先天的，而是在工作的时候因意外伤害造成的，他为了报答自己哥哥的恩情，也为了自己现在唯一在世的亲人，不惜重金地照顾他。当他听哥哥嚷着要买别墅的意愿并了解了房子的情况后，当场就和小名签下了买卖合同。由于这栋别墅的确很宜居，档次又高，这位博士非常满意，也更增添了治好哥哥疾病的信心。试想一个智力有残障的人竟然一个人跑到房地产公司去买别墅，而且这么有眼光，说明他的疾病并不是无可救药的。于是他又买下了一栋，作为投资之用，并热心地为小名介绍了几位有购买力的人士，还请小名经常来看望自己的哥哥。因为他的事业很忙，所以哥哥经常独自在家里，虽然家里有好几个保姆，但是都不能好好照顾他。

小名算了一下，单这两栋别墅的提成就有20多万，自己在公司里也可一跃晋升为金牌业务员了，作为新手跑业务再也不会一点底也没有了，可以克服恐惧，全力以赴做业务了。

识别“两栖”类消费者

在我们的职业生涯中，常常会遇到一些特别的客户，他们总给人一种矛盾的印象。一方面，他们很节省，你无法说服他们购买哪怕一件很不值钱的商品；另一方面，他们又很阔绰，在一定的场合下一掷千金，很容易被说服。

其实，这种现象我们并不陌生，也许你本人就具备这种特质。

比如，在平常生活中，人们可能因为囊中羞涩而省吃俭用，但到了请客送礼的时候，却可以很讲排场、很张扬。再比如，一些家庭省吃俭用，甚至不惜背一身债，只为考上大学的子女读得起大学。还有很多家庭节省了一辈子，图的就是为了盖一座像样的房子。诸如此类，不一而足。

这些人在不同的消费领域采用了两种不同的消费水平，并用一方的收敛节俭来支持另一方的支出花费。也就是说，他们的消费策略是“让自己的一部分生活先富起来”。

因此，我们发现，客户的消费生活存在两个领域：一个是需要先富起来的领域，一个是还需要节俭的领域。也就是说，人们通过在其他领域的节省、抑制和延迟享受，来支持某个特定领域的消费享受的提早实现。具体体现在以下三点：

（1）客户在根据时尚和“面子”的标准来进行消费的领域（装修、家具、电器、手机、服装等），往往比较奢侈。在不为外人所知的领域（如饮食）则往往比较吝啬。

（2）父母往往首先满足子女的消费水准（如教育消费），自己的消费则放在其后，能省就省。

（3）在交际消费上，客户往往采取慷慨和好客的策略，以维持“面子”，避免因为“小气”而被人看不起。而在私人消费上，则有可能克扣自己。

在这里，客户在两个不同领域分别采取了两种不同的消费策略：节俭主义的策略和享乐主义的策略。

节俭主义的策略是抑制欲望，把需求降低到最低或较低的水平。享乐主义的策略是紧跟消费的潮流和时尚，追逐消费生活的品质和快乐。他们有如两栖动物，在水域和陆地分别按不同的规则来生存。

因此，他们可以被形象地称为“两栖”消费者。一句话，“两栖”消费行为的本质是什么？一半是“吝啬”，一半是“奢侈”。

使用让客户高兴的字眼

在与客户的沟通与说服中，一定要在遣词造句上花些功夫。有一些“魔法词汇”是客户非常愿意从你那里听到的，你务必要充分理解这些关键词汇的重要性。

1. “您好，我可以帮您做些什么吗？”

这种开放式的提问，可以获得客户的好感，也能引起客户谈话的兴趣。因为你是在提供“帮助”，而不是“兜售”商品。人们都希望被帮助、被服务，以这样的提问开头，你就可以以一种积极的语调与客户谈话。

2. “您的问题，我们完全可以解决。”

客户与你沟通的真正目的，是要“买到”解决问题的方法。他们喜欢你用他们能理解的语言直接回答他们的问题。

3. “虽然我现在还给不了您要的答案，但我一定会尽快解决。”

如果客户提出的问题比较刁钻，你一时难以解决，就应该坦白地告诉他你不知道答案。在对所有的事情没有把握的情况下贸然地回答客户的提问，只会让你的信誉损失得更快。为了测试对方是否讲诚信，精明的买家有时会故意提出一个对方无法解决的问题。在这种情况下最好给客户一个诚实的回答以提高你的信誉。

4. “我们一定会满足您的要求。”

告诉你的客户，令客户满意是你的责任。要让客户知道，你知晓他需要什么样的产品或服务，并会按照双方都同意的价格提供这种产品或服务。

5. “我们将随时为您提供最新信息。”

客户最信赖的业务员就是那种能为他们及时提供最新消息的人，不管是好消息还是坏消息。因此，你要让客户知道，你将随时为他提供有关订货方面的最新信息。订货至交货的时间越长，这种信息的更新就越重要。

6. “我们保证按期交货。”

约定的交货日期就是你必须履行的诺言，即使“差不多”也不行。星期一就是星期一；5月的第一周就是5月的第一周，即使期间包含有国家法定假期。客户想听到的是：“我们会按时交货。”能始终如一做到这一点的人很少，但如果你做到了，客户就会牢牢记住你。

7. “非常感谢您能接受我们的服务。”

说这句话的效果比简单地说句“谢谢您的订货”的效果要好得多。你还可以通过交易完成后的电话联系，热情地回答客户的问题，来表明你对客户的谢意。

第 24 章
成交之后，仍要维护销售关系

你的客户为什么在流失

谁都知道客户对一个公司来说意味着什么。但我们为何还是会失去客户？

冰冻三尺，非一日之寒。客户流失也不是一朝一夕完成的，而是多种因素综合作用的结果。其中，客户的需求不能得到切实有效的满足，往往是导致客户流失的最关键因素。具体来说，客户的流失，通常主要出现在以下几种情况中：

1. 当初的承诺得不到兑现

没有任何一个客户愿意和没有诚信的业务员长期合作。有些业务员喜欢向客户随意承诺条件，结果又不能兑现，如会有返利、奖励等，但事后又不能及时兑现给客户。客户最担心和没有诚信的企业合作，一旦企业诚信出现问题，客户就往往会选择离开。

2. 业务员服务意识淡薄

很多业务员只顾着开发新客户，却忽略了老客户，长时间不和他们联系。客户提出的问题不能得到及时解决，咨询无人理睬，投诉没人处理，这直接导致客户流失。

张先生家用的都是 B 牌电器，以往很少出现故障，不料前几天空调坏了。电话好不容易接通，结果企业的销售部门与服务部门相互推诿，一来二去，耽误了时间，问题却没得到解决。最后张先生发誓再也不用 B 牌电器了。

3. 客户遭遇新的诱惑

市场竞争越来越激烈，但客户毕竟是有限的，特别是优秀的客户，更是弥足珍贵，20%的优质客户能够给一个企业带来80%的销售业绩。于是，为能够迅速在市场上获得有利地位，竞争对手往往会不惜代价地以优厚条件来吸引那些资源丰厚的客户。“重赏之下，必有勇夫”，客户“变节”也就不是什么奇怪现象了。

对此，你要时刻保持警惕，也许你的主要竞争对手现在正在对你的大客户动之以情、晓之以理、诱之以利地引诱他放弃你而另栖高枝。任何一个品牌或者产品肯定都有软肋，而商战中的竞争对手往往最容易抓到你的软肋。一有机会，他们就会乘虚而入。

4. 情感沟通不到位

业务员与客户的利益关系纽带是牵在一起的，但情感也是一条很重要的纽带。一些细节问题上的疏忽，往往也会导致客户的流失。很多业务员与客户交流缺少感情，表现得太功利，以致在一些细节上无意中伤害了客户。

通过以上分析，我们找到了客户流失的病源之所在。至于如何防范，业务员还应结合自身情况“对症下药”，这才是最重要的。

维系老客户比赢得新客户更重要

很多业务员常常犯下一个致命的错误，他们一门心思地去讨好新客户，却对老客户不管不顾。他们自以为是地认为，老客户一定会一如既往地对自己忠诚。事实证明，这只是他们一厢情愿的想法。当老客户受够了业务员的冷落，他们会决然地选择离开。

还有的业务员认为，老客户流失了就流失了，旧的不去，新的不来。他们根本就不知道，流失一个客户，企业要损失多少利益。一个企业如果每年降低5%的客户流失率，利润每年可增加25%到85%。并且一个不满意的客户平均要影响5个其他客户。依此类推，企业每失去一个客户，其实意味着失去了一系列的客户，其口碑效应的影响是巨大的。

另据统计显示，赢得一位新客户的花费是维系一位老客户花费的6~10倍。

如果你的老客户不断流失，同时又不得不寻求新客户去替代他们的话，那就意味着你不得不在营销上花更多的钱，而削减在质量改善、员工成长和客户服务上的投入，从而走入一个长期的恶性循环。由此可见，维持老客户比赢得新客户更加重要。

与新客户相比，老客户能为你提供更多意想不到的好处：

（1）老客户在必要时会重复购买。

（2）老客户乐于向别人推荐你。

（3）老客户更愿意为你大唱赞歌。

当然，我们不是说新客户不重要，而是要强调老客户同样值得珍惜。

尽管老客户有如此多的好处，但是一个严峻的事实是，大多数业务员都没有更好地留住老客户，使他们满意并重复购买。尽管客户满意度和忠诚度已经被业务员们称作“至关重要”的大事，但是又有多少人为此付出过更多的努力呢？

用心去爱你的客户

大多数长期、稳定的业务关系都是以感情为基础的，而业务员与客户的感情又都是建立在以下基础之上的：信任、尊重、感激、理解、宽容、光明正大、坦诚沟通、仁慈、同情和友爱。所有这些因素，可以总结成一个字：爱。

这里的“爱”，是无私地推动客户成长。当你推动客户成长为最出色的人的时候，你自己也会被爱，最终你也会得到成长。

当你能“爱”客户的时候，客户就会对你感激不尽。

所有的客户都期望能与他们喜欢的业务员建立合作关系，因为这样的业务员能坚定、无私地推动客户成长。客户也愿意把钱交给业务员，无论他们购买的是服装、电脑、电信服务还是食品。

那么，“爱客户”该怎样表现在行动中呢？其实很容易，就是立即开始为客户创造些更好的体验，让客户感受到积极的关怀！

从这种意义上来说，维护与客户的关系，就像维护婚姻关系一样。

如果你是一位男士，你老婆确实很爱你，对你也很好，但世界上没有无缘无故的爱，你要想保持住这种状态，前提是你要先对她好。

不妨再想想你当初是怎么让她爱上你的：不仅送鲜花还唱情歌，不仅请她看电影还给她买哈根达斯的冰淇淋，等等。正是在这些浪漫与追求里，成就了你与她的婚姻。而婚后，花儿谢了，歌声没了；不仅没了哈根达斯，连吃都得自己买；别说看电影，连电视都不陪着看了……结果会怎样呢？轻则情淡，重则情变。

照顾不周、表现不好，连老婆都会抛弃你，更何况你的客户呢？

很多事实证明，客户停止与某个业务员的生意，主要是因为感觉到这个业务员不在乎他的需要和感受。与此相对的是，当问到客户为什么会对某个业务员有长期的忠诚的时候，最多的回答是："因为他关心我。"

是的，关心你的客户、帮助你的客户，你就能得到你想要的忠诚。套用一句非常流行的广告语："爱客户就等于爱自己。"

有一位女客户到一家商店为其八个月大的孩子买奶粉。业务员热情地询问了解后，为客户介绍了一种适合她孩子吃的奶粉。此品牌的奶粉当时正在搞活动，客户买了两箱奶粉，获赠了一辆"儿童三轮车"。业务员帮客户将所有的物品送到收款台。客户交完款后，业务员主动地对客户说："请问您是怎么来的？有车吗？"当时业务员发现她没有别的同伴，这么多东西肯定不好拿，外面有车一个人也拿不出去。

客户听完业务员的询问后很是感动，对他说："谢谢你，我自己坐公交车来的，要坐三轮车回去。"业务员找来推车帮助客户把物品送到了商厦门口，然后为客户看着物品，客户去找三轮车。因客户的家离商厦比较近，而三轮车夫要价高，在双方未协商好价钱的情况下，三轮车夫刺激了客户，让客户当时很难堪。

见此状况业务员忙走上去对客户说："您稍等一下，我帮您找辆车吧！"客户向他投来感激的眼神。他为客户找了一辆三轮车并谈好了价钱，帮助客户把物品装好。当客户坐上车后，连声向他道谢。

从那以后，这位女客户成为这家店里的回头客。

忠诚的客户对你来说是一笔潜在的巨大的财富，千万不要轻易放弃他们。

你不要拘泥于常规的交往方式，一定要努力发挥你的想象力，多想办法与他们建立和保持长久关系。有一天你会发现，他们开始不断地向你推荐新的客户，从而使你做成一笔笔新业务。

关系好也要多做感情投资

人是一种很奇怪的动物，我们一边口头上表示自己是最理性的，而同时又在对事物的判断上有着浓厚的感情色彩。于是，要维护客户关系，更重要的是进行感情投资。

所谓感情投资，简单来说，就是在生意之外多了一层相知和沟通，能够在人情世故上多一份关心，多一份相助。即使遇到不顺当的情况，也能够相互体谅，“生意不成人情在”。

在生意交往的过程中遇到比较投缘的客户朋友，有了成功的合作，感情自然融洽起来，这就是我们常说的“有缘分”。有缘自然有情，关系好的时候，互相付出自然不在话下。问题在于如何保持这种私人关系，继续爱护它、增进它，使其长久。

事实上，关系再好的客户，要长期保持相互信任、互相关照的关系也不那么容易，仍然需要不断地进行感情投资。尤其在商场上，各自都为自己的利益着想，彼此都会有着一定的防范之心。如果不及时沟通，不随时联络感情，彼此之间的缘分也会慢慢变淡、变薄，甚至有可能由合作变成对立，人情也就会变成敌意。为什么会走到这一步呢？往往是忽略了感情投资的结果，甚至已经忘掉了这一点。

很多人都有这种毛病，一旦关系好了，就不觉得自己有责任去保护它了，往往会忽略双方关系中的一些细节问题。例如该通报的信息不通报，该解释的情况不解释，总认为“反正我们关系好，解释不解释无所谓”，结果日积月累，很可能就会形成难以化解的问题。

还有一种情况，那就是人们关系好了之后，随之而来的是对另一方的要求也越来越高。而当客户对你的要求在提高时，如果你对客户的服务还停留在原来的水平，势必无法满足客户的需求。由此很容易形成恶性循环，最后损害双方的关系。

可见，感情投资应该是经常性的。在你寻求客户朋友支持的过程中不可没有，也不可时有时无，而应该从小处、细处着眼，时时落在实处。

不断满足客户的“感性需求”

如果把客户的需求进一步解析的话，可以分成两大部分：一部分是生意上的需求；另一部分是感情上的需求，不妨称之为“感性需求”。

生意上的需求是逻辑的、理性的和实用的。而情感上的需求是感性的、非逻辑的，有时甚至是无理的，但是却有很重的分量。比如下面这个例子：

一位外国客人来到我国的一家书画店，营业员一看对方拎的两个大提袋已塞满了中国的各种民间工艺品，马上迎上前去热情地说：“先生，您好，来中国旅游吧？您买的东西可真不少啊！来，我帮您放下，好好歇歇！”

外国客人放下提袋后，营业员又说：“先生，您可真有艺术眼光，对中国的民间工艺一定很有研究吧！”外国客人听了很高兴，自豪地说：“我最喜欢中国艺术品了，我每次到中国来都要买一批。现在我家里客厅的博古架上，中国的工艺品都琳琅满目啦！”

此时营业员灵机一动，接下去说：“先生，您看这个条幅，一个‘艺’字，把您这种苦心追求的精神境界和您所悉心收藏的艺术珍品都概括进去了！”

外国人听后更加兴奋了，他快步走到条幅跟前，左看右看，时而若有所思，时而眉飞色舞。忽然，他眼神一亮，说：“多少钱？我买了！”

营业员的种种表现，极大地满足了外国客户的“感性需求”，从而促成了交易。

生意上的需求只是暂时的，一旦交易结束，这种需求也就自动停止了。但“感性需求”却是连贯的，一旦满足了客户的“感性需求”，就会使他不断地光顾。因为一旦生意上的需求得到满足，他们就会再回来寻找满足情感需求的体验。

满足客户在生意上的需求很容易，他要买，你要卖，钱货两清，简简单单。但要满足客户的“感性需求”可就没那么容易了，那是一个非常复杂的过程。

正是那种被关心的感觉，使得客户一次又一次地回头光顾。这也是为什么我们要致力于为客户创造这种感觉和积极体验的原因。

如果在完成交易时客户经历的整个体验是负面的情绪，如挫折感、愤怒、厌恶、担忧、无能和冷漠等，如果他对你缺乏信心，感觉受到了欺骗，或者认为你不能保持住良好的状态，他通常不会再来光顾，除非实在找不到其他替代者。

正是这种情感体验的品质决定了他是否愿意继续与你打交道。

为客户提供跟踪服务

为了维护客户关系，一个最有效的办法就是提供跟踪服务。

比如，第一次交易完成后，你应该及时打电话给你的客户，向他致以谢意，同时询问对方对你的产品或服务是否满意。不过，这只是有效跟踪服务的开始。另外还有几种跟踪服务可以帮助你在客户的心中留下深刻的印象。

1. 告诉客户“我随时为您提供服务”

你可以给客户写信，或者给他们打电话。不论采取什么方式，关键是要鲜明地向他们表明，你的公司可以为他们提供一流的服务。如果你从来不向客户讲述你为他们做了什么，他们就可能不会注意到。向客户谈论你为他们所做的工作并不是一种自吹自擂的表现。当你为客户处理文字工作、延聘律师或认真检查货品装运情况时，别忘了打个电话告诉你的客户，让他们知道你在为他们操办这一切，他们什么都不用担心。

2. 给老客户写一封亲笔信

利用各种机会给你的老客户写封亲笔信，比如你参加圣诞节的聚会时碰到了你的某位老客户，别忘了事后写封信问候他一下。

3. 重视面对面的交流

互联网使交往变得更加容易，但却常常造成人与人之间直接接触机会的丧失。如果某些问题的解决需要你同客户面谈的话，你就应该给客户发个电子邮件向他表明，你希望与他直接面对面交谈，或者约好时间到他的办公室见面。

4. 在特殊的日子里表达情谊

及时给你的“常客”寄送生日卡、周年纪念卡、节日卡，并署上你的名字。礼品也是跟踪服务的一种工具。无须花一大笔钱表示你对客户的关心，运用你的创造力，向客户送一些能引起他们兴趣的小礼物，这对增加你的业务量大有裨益。

5. 好东西拿给客户一起分享

如果读了某篇文章，看了一本新书，或者听到某个组织的新情况之后，你感觉自己获得的知识或信息对你的客户也有用的话，不妨给他发个短信或者打个电话告诉他，共同分享。长期坚持下去，客户会不由自主地把你当成自己人。

让“将来的客户”也满意

你的产品与服务，也许现在能让客户满意，但却不一定将来也能让客户满意。随着时间的推移，客户的要求会越来越高，你要不断使自己“升级”。

为了堵住客户流失的缺口，必须不断地给客户提供优质的产品和服务。否则，你将很难建立较高的客户满意度。客户的满意度是建立在你想客户之所想、急客户之所急、及时满足客户需求的基础上的。如果你原地踏步、停滞不前，以前对你再信任的客户也会抛弃你。同时，为了防止竞争对手挖走自己的客户，也必须向客户提供比竞争对手更完美的服务。只有这样，才能提高客户的满意度并加大双方深入合作的可能性。

所谓完美的服务应该是恰到好处地为客户提供服务，这就要揣摩客户的心理，针对他们的心理提供服务。

在与客户沟通的过程中，你要进一步地了解你的客户。在他隐秘的内心里，可能有多种实际的需求。他对产品质量、功能上的期望是什么？他对你的服务水平是否满意？他在产品使用过程中遇到了什么棘手的问题？

只有将这一切都弄明白了，然后有的放矢，你提供的服务才是行之有效的，才是完美的。不然你就是无的放矢，永远也“说服”不了客户。

服务意识是随时可以体现出来的，只有我们具备随时为客户服务的意识，才能真正地把客户当作自己的亲友，满足客户的需求。这样客户才会对你产生美好的印象，在潜意识中接受你，从而也接受你销售的商品。

客户的抱怨就是你的动力

很多业务员对客户的抱怨不以为然，认为只要能说服客户从钱包里掏钱就可以了，至于他们那些意见没必要太理会。其实这是大错特错的。

从某种意义上来说，客户是业务员的衣食父母。所以，我们还应该尊重客户，认真对待客户提出的各种意见及抱怨，并真正重视起来。只有这样，我们的业务才能得到有效的改进。

客户意见是你不断进步的动力，通过倾听，我们可以得到有效的信息，并可据此进行创新，促进业务更好地发展。同时，你还可以正确识别客户的要求，然后传达给产品设计者，以最快的速度生产出最符合客户要求的产品，满足客户的需求。

在一次进货时，某家具厂的一个客户向业务员抱怨，由于沙发的体积相对较大，而仓库的门小，搬出搬进的很不方便，还往往会在沙发上留下划痕，客户有意见，不好销出。要是沙发可以拆卸，就不存在这种问题了。两个月后，可以拆卸的沙发运到了客户的仓库里。这样，不仅节省了库存空间，还给客户带来了方便。

而这个创意，正是从客户的抱怨中得到的。

实际上，能够直截了当地向你抱怨的客户并不多。大部分不满意的客户只会静静地离开，然后会告诉每个他们认识的人不要跟你做生意！所以，当有客户抱怨时，千万不要觉得麻烦，要把处理客户的投诉看作是改变客户意见，留住生意的绝佳机会。以下是几种处理客户抱怨的方法，会使不利因素变为积极因素。

（1）让客户宣泄他们的情感，鼓励他们讲出他们的不满。

（2）永远不要与客户发生争吵。

（3）永远不要对客户使用“你说的不是问题”等这类挑战性的语言。

（4）尽可能礼貌地与客户交换意见。

（5）对所出现的问题负责任，不要找借口。即使是因为你的员工生病或是由于供应商的差错出现问题，那也与客户无关。

（6）立即采取补救措施。要保证向客户提供解决问题的方案，拖延只会使情况变得更糟。

（7）给一线员工足够的权力使他们能够灵活地解决投诉。给员工足够的空间使他们能够在关键的时刻对规则做一些变通。如果你不愿意这么做的话，那你就要保证自己或者其他有权处理客户投诉的管理人员随时在场。

辑九

管理心理学：想用对人，要先会用人

管理是处理人与事的艺术。管理之道在于经营人心。一个成功的领导面对不同类型的下属，不应该是束手无策，让下属搞得团团转，而是左右逢源，掌握下属的各自特点，使所有人的才能得到充分发挥。管理者在管理实践中要有驾驭人心的能力，怎样调动员工的积极性，怎样说服与批评员工，怎样与下属良好地沟通，怎样凝聚团队的合作能力等，都需要管理者用心去灵活应对，而不是用固定不变的法则来管理，只有这样才能激发员工的工作热情，促使员工积极地发挥才智，实现共同目标。一个优秀的管理者是善于笼络人心的，管理者如果能够灵活运用和处理一些心理效应，就能做到人尽其才，从而收到事半功倍的管理效果。

场景:

小程是一家软件公司的销售经理，能力强，热爱工作，成绩显著。今年他升任上海总公司的销售经理，薪水也增加了，但是，近期他不但没有工作热情，甚至还有辞职的念头。

为什么升职、加薪反而要辞职呢?经了解，原来引起小程不满的原因来自他的上司。他的上司对小程到上海工作颇不放心，担心他做不好，总是安排他做一些很简单的工作，并且在小程工作时也经常干预。小程工作能力较强，习惯独立思考问题、解决问题，对上司的频繁干预，他非常不习惯，并逐渐产生不满情绪。

其实，这个案例不仅仅应当引起管理者的重视，作为小程不是也应该从中领悟一些道理吗?

第25章 领导激励下属出成绩的方法技巧

使用积极性的字眼

马克·吐温说：“恰当地用字极具威力，每当我们用对了字眼，我们的精神和肉体都会有很大的转变，就在电光石火之间。”

当我们所说的话用对了字眼就能叫人笑，能治疗人的心病，带给人希望。相反，若是用错了字眼就会使人哭，刺伤人的心，带给人失望。同样地，借着所用的“字眼”可以让别人了解我们崇高的心志和由衷的愿望。

历史上的许多伟大人物就是因为善于运用字眼的力量，大大地激励了当时的人们，他们跟随着这些伟大的人物，塑造出今天的世界。的确，用对了字眼不仅能打动人心，同时更能带出行动，而行动的结果更展现出另一种人生。

当美国的帕特里克·亨利站在13个州代表之前慷慨激昂地说道：“我不知道其他的人要怎么做，但就我而言，不自由，毋宁死。”这句话激发了几代美国人的决心，誓要推翻长久以来骑在他们头上的苛政，最终建立了美利坚合众国。

许多人都知道人类的历史就是由那些具有威力的话所写成的，然而却很少有人意识到那些伟人所拥有的语言力量也能够在我们身上找到，这能改变我们的情绪、振奋我们的意志乃至于使我们有胆量面对一切的挑战，使人生过得丰富多彩。

我们在跟别人说话时常常用字十分谨慎，然而却不留意自己习惯用的字眼，殊不知我们所用的字眼会深深影响我们的情绪，也会影响我们的感受。

因此如果我们不能好好掌握怎样用字，如果我们随着以往的习惯继续不加选择地用字，很可能就会扭曲所历经的事实。

譬如说，当你要形容一件很了不起的成就时，用的字眼是“不错的”成就，那对你的情绪就很难造成兴奋的感觉，这全是因为你用了具有局限性的字眼所致。一个人若是只拥有有限的词汇，那么他就只能体验有限的情绪，反之若是他拥有了丰富的词汇，那就有如手中握着一个可以调出多种颜色的调色盘，可以尽情来挥洒你的人生经验，不仅为别人，更可以为自己。

在美国一家全国性的卡车服务公司里，管理阶层发现他们所送的货物中有万分之六会送错地方，这使得公司每年得额外赔上 25 万美元的损失，为此公司特别聘请了戴明博士去给他们诊疗一番。根据戴明博士的观察，发现这些送错的案子中有五成是因为该公司的司机看错送货契约所致。为了能一劳永逸地消除这样的错误，而使该公司提高服务品质，戴明博士建议最好把这些工人或司机的头衔改为技术员。

一开始公司觉得戴明博士的建议有些奇怪，难道把职位头衔改一改就能把问题解决？难道就做这么一个简单的动作便可以了？可是没有多久绩效就出现了，当那些司机的头衔改为技术员之后不到 30 天，先前万分之六的送错率一下子便下降到了万分之一以下，也就是说从此那家公司一年可以节省 20 多万美元。

这个例子说明了一个基本的事实，字眼的转换无论是用在个人身上还是企业整体上都是相当有效的。

生活中时时选择使用积极性的字眼，最能振奋我们的情绪；反之，若是选择使用了消极的字眼，就必然很快地使我们自暴自弃。遗憾的是我们经常不留意所用的字眼，以致错失唾手可得的大好机会。因此我们务必要重视使用字眼的重要性，这样做起来并不难，只要你能聪明而用心地选择就行了。

使用激将法

树怕剥皮，人怕激气。许多事情可以凭借这一激而办成功。

有些人，只要晓之以理，动之以情，以诚相待，就能打动他们；但在同样的情况下，另外一些人可能“敬酒不吃吃罚酒”，任你磨破嘴皮，可他们就是不答应你的请求，此刻如果你改变策略，突然给他们一个强烈的刺激，用超常的手段去激励他们，说不定却是“柳暗花明又一村”。

张仪因久不得志，穷困潦倒，到苏秦府上拜见苏秦，好几天之后苏秦才出来见他，并只让他坐在家仆们坐的堂下，仅赐给他仆妾们吃的饭食，还几次故意责备张仪，说他穷酸，不想和他打交道。张仪听后气愤不已，离开了苏秦，前往秦国。

在张仪去秦国的途中，却有一个素不相识的人与他结伴同行，送给他许多金钱。张仪到达秦国后，依靠陌生人资助的钱财得以拜见了秦惠王，并很快被秦惠王拜为客卿。这时，那位同伴向张仪告辞要走了，张仪问其缘由，那人说：“我并不了解你，真正了解和关心你的是苏君（即苏秦）。他当时担心秦国伐赵而使合纵抗秦的计划破产，认为只有你才有能力去左右秦国的国策，所以他当时用语言刺激你，使你来到秦国。而后又私下派我跟着并接近你，供你所用。现在你已被秦王聘用，我就算完成了任务，该回去告诉苏君了。”张仪听后大为感慨。张仪后来凭他的智慧和才能，说服秦王，使秦军15年未越函谷关一步，使苏秦的合纵之策赢得了很高的声誉。可见激将方式只要使用得恰到好处，适时适度，效果是妙不可言的。

激将法有两种方式。

一种是直接刺激。这种方法通过故意贬低对方，说他不行，借以激起对方求胜的欲望，以使其超水平发挥自己的能力，从而达到我们的目的。

当马超领兵攻打葭萌关时，诸葛亮告诉刘备，只有张飞、赵云二人是马超的对手。刘备建议让张飞去迎战。诸葛亮说：“主公先别说话，让我去激激翼德。”

二人已在谈话间，张飞主动请缨去迎战马超，诸葛亮却假装没有听见，只是对刘备说：“马超智勇双全，无人能敌，除非往荆州唤云长来，方能对敌。”

张飞说：“军师为何小瞧我？我曾经一人独对曹操百万大军，难道还畏惧马超这个匹夫？”

诸葛亮笑着说：“你在当阳拒水断桥，是因为曹操不知虚实，他若知道虚实，你岂能占到便宜？马超英勇无比，他在渭桥之战差点杀了曹操，我看就是云长来了也未必能胜得了他。”

张飞说：“我现在就去取马超项上人头，如若不胜，甘当军令。”

诸葛亮见激将法起了作用，便顺水推舟地点头答应了。张飞得令，与马超在葭萌关下酣战了二百多个回合，当时虽未决出胜负，却使马超产生敬畏之心，几天后，便率众归顺了刘备。

激将法的第二种形式，是间接刺激。它以张扬、称赞他人他物的方式，间接贬低对方，以激发对方压倒、超过第三者的决心，从而为我所用。

在拿破仑征服意大利的曼图亚战役初期，法军接连受挫，有两团法军竟如惊弓之鸟一般，不战而溃。拿破仑怀着沉重的心情来到这两团法军的驻地，以悲伤与愤怒的声调命令参谋长，立即在两个团的团旗上写上：他们畏敌如虎，不战而溃！士兵们受到斥责，羞愧难当，哭着恳求这位将军对他们的勇气再考验一下，而不要马上让他们蒙受这一终身耻辱。果然在后来的战斗中，这两团士兵英勇杀敌，为整个战役的胜利做出了应有的贡献，从而把一切污点都从他们的团旗上洗刷干净。

激将要运用得一针见血，创造强烈刺激所用锋利的言辞，瞄准其痛处，狠狠地扎他一针，让其觉得特别没有面子，就会使尽全力来证明给你看，这样才会产生理想的效果。

攻人之恶思其堪受，教人之善使人可从

“攻人之恶思其堪受，教人之善使人可从”，这句话的意思是，给别人提出意见的时候，不要太过严厉；为对方着想提意见的时候，也要具体可行才可以。一言以蔽之，就是要充分考虑别人的感受才行。

有的人责备别人的过失唯恐不全，抓住别人的缺点便当把柄，处理起来不讲方法不讲效果而图一时之快。而诲人者要么期望太高，要么把自己的意愿强加于人，要么成功心切而不顾实际地填充别人装不进去的东西，不考虑实际效果，这是责人或教诲时所不足取的。

有没有十全十美的人？当然没有。我们自己都不可能是十全十美的，但

是我们常用十全十美去要求别人，因此我们常常为别人的一些失误或缺陷而恼怒，这种做法会使我们同他人之间产生裂痕或反目，从而导致一无所获。林肯的妻子就是这样一个喜欢吹毛求疵的女人，在林肯夫妇共同生活的23年时间里，林肯夫人总是怨气冲天，指责丈夫做的事没有一件是对的，他的动作一点儿也不优雅。她甚至告诉林肯，他的鼻子是歪的，他看上去像个肺病患者。由于林肯夫人吹毛求疵，不仅造成了婚姻的悲剧，使自己的生活也很不愉快。

金无足赤，人无完人。人各有所短，在用人时，如果求全责备，挑剔缺点，就很难识别人才。没有十全十美的下属，上司批评下属时说："小徐，你看你这个书面请示像什么？又不是小学生做作文，难道你不知道请示的格式吗？""大马，你怎么总是错别字这么多？"职场中的许多上司，对下属的工作事事苛求，对下属本人更是求全责备，只恨他们没有长三头六臂，样样使自己满意。应该承认，凡事追求尽善尽美，这种态度是对前进的一种鞭策。但若是苛求，反而会打击下属的信心。缺点要一个一个地改，不足要一步一步地去完善，进步是一点一点地积累的。把握好批评的度，循序渐进，不苛责别人，不打击别人，才能使别人愿意接受你的意见。

"水至清则无鱼，人至察则无徒。"人非圣贤，孰能无过？容不得别人的过失是一种苛刻。批评别人的缺点也要讲究方法，教育人时也要多为对方考虑，有阶段地进行。要充分考虑对方的智力和承受力，这样才能服人，收到良好效果。

对别人的要求和期望也是一样，虽然说对别人提出比较高的、比较严格的要求可以防止别人松懈，可以促使别人进步，但在这里有一个"度"的问题，即对别人的高标准和严要求必须在他的能力范围之内，必须切合他的实际情况。要知道，每个人的能力毕竟是有限的，如果不顾别人的心智发展水平，一味拔高对他的期望，他在行动起来就会感觉到非常吃力，而且经常会有失败感和挫折感，渐渐的他就会怀疑自己的能力，失去对自己的信心。因此，在给别人提要求时不可过高过严，比如对工作能力较差，经常不能按时完成任务的员工，对他的工作要求就不能是完美出色，而应当是按时完成。对于那些毛病较多的人，不要一下子就要求他全部改掉，俗话说"一口吃不成胖子”，要一点一点地来，一个毛病一个毛病地改，你要求得多了别人也达不到。如果别人“蹦一蹦就能摘到桃子”，他便可以不时地享受收获“桃子”的成功喜悦，便可以增强下一次再“蹦一蹦”的信心。

如果不顾别人的实际情况，盲目追求高标准，必然会适得其反。

对员工的期望总是太高不仅会让员工诚惶诚恐，有时还会束缚他们的手脚，让其前怕狼后怕虎，生怕哪一次做不好，会让信任自己的领导失望。这正如平民可以随便说话，而高官却要字斟句酌、句句小心，因为怕丢了官位。但总是期望太低的话，又会让员工感到没有出头之日，得不到领导的赏识而失去信心。

因此领导在平时的工作中，要注意对员工有所期望，但不能过度；要配合员工的能力加以期望，为了使员工获得满足感，不妨让他做些稍微困难的事；员工达到了我们的期望，别忘记赞赏他；达不到我们的期望，不要责骂他，应给他以激励和安慰，使他产生信心。

总之，攻人之恶毋太严，要思其堪受；教人以善毋过高，当使其可从。要求太严，人们不堪忍受，就会“官逼民反”，教人做到完美的“高、大、全”，人们会因难以企及反而放弃。不求全责备，不拔苗助长，把握好“度”，分层次、分阶段地提出意见和要求，才能有效地管理，让他乐于听从你的建议。

鼓励使人积极，训斥使人消沉

两名保龄球教练分别训练各自的队员。他们的队员都是一球打倒了七只瓶。教练甲对自己的队员说：“很好！打倒了七只。”他的队员听了教练的赞扬很受鼓舞，心里想下次一定再加把劲把剩下的三只也打倒。教练乙则对他的队员说：“怎么搞的！还有三只没打倒。”队员听了教练的指责心里很不服气，暗想：你咋就看不见我已经打倒的那七只。结果教练甲训练的队员成绩不断上升，教练乙训练的队员打得一次不如一次。这就是心理学中的保龄球效应，它告诉我们，赞赏和批评的结果有多么大的差异。

心理学家研究证明，积极鼓励和消极鼓励之间具有不对称性。受过处罚的人不会简单地减少做坏事的心思，充其量不过是学会了如何逃避处罚而已。常常有这样的议论："干工作越多，错误越多。"潜台词就是：为了避免错误最好的办法是"避免"工作，这就是批评、处罚等"消极鼓励"的后果。而"积极鼓励"则是一项开发宝藏的工作，受到积极鼓励的行为会逐渐占去越来越多的时间和精力，这会导致一种自然的演变过程，员工身上的一个闪光点会放大成为耀眼的光辉，同时还会"挤掉"不良行为。

你是愿意听表扬赞美还是愿意听批评训斥？当然是前者！批评和训斥即使说得对也会让人产生抵触的逆反心理，效果会大打折扣的。

因此，像甲教练一样以表扬赞美为主，应成为我们激励的主要方法。一个管理者如果善于运用肯定赞赏下属，下属就会甘心受他调遣，全力以赴地工作。

安德鲁·卡内基选拔的第一任总裁查尔斯·史考伯说："我认为我那能够使员工鼓舞起来的能力是我所拥有的最大资产。而使一个人发挥最大能力的方法是赞赏和鼓励。再也没有比上司的批评更能抹杀一个人的雄心了。我赞成鼓励别人工作，因此我乐于称赞而讨厌挑错。如果说我喜欢什么的话，就是我诚于嘉许，宽于称道。"这就是史考伯做法。他还说："我在世界各地见到许多大人物，还没有发现任何人——不论他多么伟大、地位多么崇高——在被批评的情况下比在被赞许的情况下工作成绩更佳、更卖力气。"史考伯的信条同安德鲁·卡内基如出一辙。卡内基甚至在他的墓碑上也不忘称赞他的下属，他为自己撰写的碑文是："这里躺着的是一个知道怎样跟那些比他更聪明的属下相处的人。"

希望得到他人的肯定、赞赏，是每一个人正常的心理需要。而面对指责时，不自觉地为自己辩护，也是正常的心理防卫机制。一个成功的管理者，应懂得员工的心理，并应努力去满足下属的这种心理需求，对下属亲切，鼓励他们发挥创造精神，帮助他们解决困难。相反，专爱挑下属的毛病，靠发威震慑下属的管理者，也许真的能够击败他的下属，但同时也击败了自己。

领导的作风是有传染性的。一个整天都保持着积极、乐观态度的经理，不知何故就会带出一个散发着进取、向上精神的团队和组织。相反，一个悲观的、让人讨厌的家伙也会莫名其妙地带出一个令人不愉快的团队。令人感到不愉快的团队要想获胜是很艰难的，因此作为领导者，你的工作就是同消极的引力做斗争。这不是意味着让你去粉饰大家面对的艰难挑战，而是说你要呈现出一种克服困难的、积极的、无所畏惧的态度。

鼓励使人积极，训斥使人消沉。所以，我们要学会积极鼓励的艺术，多给人鼓励，让其充满希望和力量，快乐地受你调遣，心甘情愿地把事情做好。

满足员工的心理需求

人要生存，人的需要能够影响人的行为。不过，只有未满足的需要能够影响行为，满足了的需要就不能充当激励工具。这是由美国社会心理学家、人格理论家和比较心理学家马斯洛在 1943 年发表的《人类动机的理论》一书中提出的需要层次论。

马斯洛理论把需求分成生理需求、安全需求、社会需求、尊重需求和自我实现需求五类，依次由较低层次到较高层次。人要生存，就会有需求。设法满足他人的需求，是一种明智的投资。让别人满意了，他才会对你忠心，愿意为你效劳，才乐意听从你的指挥和调遣。

小猴想进城，可没人拉车。它想呀想，终于想出了一个好主意。它在车上系了三个绳套：一个长，一个短，一个不长也不短。它叫来了小老鼠，让它闭上眼，拉长套。又叫来小狗，让它闭上眼，拉短套。它再叫来小猫，在小猫背上系了一块肉骨头，让小猫闭上眼，拉不长不短的绳套。小猴爬上车，让大家一齐睁开眼。小老鼠看见身后有猫，吓得拉着长套拼命跑；小猫看见前面有只老鼠，拉着套使劲地追；小狗看见猫背上的肉骨头，馋得直往前撵。小猴快快活活地坐在车里，不一会儿就进了城。

看过这个寓言故事，不能不为小猴的聪明拍手叫绝。

调动员工的积极性也是如此，最重要的是要分析员工的不同需要，为员工设置看得见的目标，让他们感到有奔头、有动力。在这个寓言故事中，小猴分别为小猫、小狗准备了小老鼠、肉骨头，使它们不仅看得见，而且几乎伸手可及。无疑，小老鼠对小猫、肉骨头对小狗都是具有相当的诱惑力的，这使小猫、小狗心甘情愿地使劲地拉车向前追。

不仅如此，聪明的小猴还想到了小猫、小狗需要的差别，分别为它们准备了不同的食物。试想，如果没有小老鼠、肉骨头做诱饵，小猫、小狗会受小猴的控制吗？如果小猴为大家准备的都是肉骨头，那小猫是否还会使劲拉车吗？

可见需求是有不同层次的，不同的人有不同的需求。在实际工作中，只有把好脉，依据每个人实际需求设置诱惑物，然后满足他们，才能有效地管理他们。如果不假思索，简单划一，必然费财费力不讨好。

仅仅加薪、升职不一定能有效地激励员工，还应该根据下属的特点，做好其他方面的工作。比如，汤姆的上司应该花一定的时间了解下属，在了解的基础上信任下属，给他舞台让他充分地展示自己。当然，要让下属长期保持旺盛的士气，绝非如此简单。还应当采取许多其他的激励方法，如尊重、关爱、赞美、宽容下属等。还有，提供适当的竞争环境，给下属指出奋斗的目标，帮助下属规划出其发展的蓝图，恰到好处地批评，等等。

人的需求是有层次的，一般要用员工正在追求的那个层级或高于他追求的那个层级的需求来激励他。如果你不了解你的员工的需求层级，用低于他追求的层级来激励他，那么你无异于在做无用功。

马斯洛效应还告诉我们，只有了解人的不同需要，设身处地地为他人着想，尊重个体需求，才能把理解他人和关心他人做到位。现代社会工作的主流是团体的合作，学会认识他人的需求，并尊重他人的需求，是非常重要的。

善用赞扬激励自己的下属

美国哈佛大学的专家斯金诺通过一项实验研究结果表明：动物的大脑，在收到鼓励的刺激后，大脑皮层的兴奋中心就开始起劲调动子系统，从而影响行为的改变。同样的道理，人作为万物的灵长，期望和享受欣赏，是最基本的需求之一。日本的一位社会心理学家曾说过：“人们对你赞誉、佩服或表示敬意时，除非是显而易见的溜须拍马，即使是应酬话，你也许还是觉着舒坦。可是，听到他人对你的批评或不中听的言语时，即使他没有恶意中伤，而且又部分符合实际，你也可能因此长期对他抱有反感。”一般的常人身上，都有着别人难以察觉的闪光点，而这正是其个人价值的生动体现。而一个伟大的领导者，往往独具慧眼，大多是赞颂别人的专家。

既然赞扬是人际交往的润滑剂，在管理下属的过程中，就要毫不吝啬地赞扬他们，使赞许获得广大而神奇的效用。

曾经有一个孤独的孩子，常常悲观地问年长的智者：“像我这样没有人看得起的孩子，活着究竟有什么意思呢？生命的价值又在哪里呢？”

有一天，智者将男孩叫到跟前，递给他一块色彩斑斓的石头，并对他说：“明早，你拿这块石头到市场去，记住，不论别人出多少钱，绝对不能卖！“

男孩满腹狐疑，心想：这块石头虽然还不错，但怎么会有人肯花钱买呢？

第二天，男孩蹲在市场角落叫卖，意外的是有好多人要向他买这块石头，而且价钱越出越高。回到院内，男孩兴奋地向智者报告：“想不到一块石头值那么多钱呢！”

智者笑笑：“明天你拿它到黄金市场去，记住，不论人家出多少钱都不能卖。”

在黄金市场中，有人出比昨天高十倍的价钱要买那块石头，令男孩大为惊讶，但他谨记智者的话，怎么都不卖。

第三天，智者叫男孩拿石头到宝石市场上去展示。结果，石头的身价较昨天又涨了十倍，更由于男孩怎么都不肯卖，于是被市场传播成“稀世珍宝”。

男孩兴冲冲地将这一切告诉智者，智者徐徐说道：“人的生命价值就像这块石头一样，在不同环境下就会有不同的意义，你明白吗？”

一块不起眼的石头，由于你的珍惜而提升了它的价值，被说成是稀世珍宝，你不也像这块石头一样吗？只要自己看重自己，热爱自己，生命就有了意义，有了价值。“石头”可以因被人珍惜而提升价值，那么，人也可以被很好地任用而提升价值。

作为管理者，应该重视、欣赏和表扬员工做得好的事情，强化员工“把事情做好”的意识，这有助于让他们以一种更加积极的态度来对待工作。

常言道：重赏之下必有勇夫。但事实上这是一种物质的低层次的激励下属的方法。物质激励具有很大的局限性，比如在机关或政府，奖金都不是随意发放的；而且下属的很多优点和长处也不适合用物质奖励。相比之下，领导的赞扬不仅不需要冒多少风险，也不需要多少本钱或代价，就能很容易地满足一个人的荣誉感和成就感。当一个人经过多日的昼夜奋战，精心准备和组织了一次大型会议而累得精疲力竭时，或者经过深入虎穴取得了关于犯罪团伙的若干证据时，抑或是经过深思熟虑而想出一条解决双方纠纷的妥协办法时，他最需要的是什么？当然是领导的赞扬。

大体来看，每一位员工总是由一种动机或者需求而激发自己内在的动力，努力去实现组织或者个人目标的。当达到某一个目标后，他就会自觉或者不自觉地衡量自己为达到这个目标所付出的努力是不是值得。因此，绝大多数人总是把自己努力的过程看成是获得某种满足的过程。如果他的努力使他得到了愿望的满足，就有利于巩固和强化他的这种努力。因此，激励的目的就是要调动员工的积极性和创造性，并使这种积极性和创造性保持和发扬下去。

此外，激励要运用恰当的激励时间。时间是有价值的，它是一种最宝贵、最有价值的特殊资源。正如美国著名管理学家杜拉克所说，有效的管理不是从任务开始，而是从掌握时间开始。根据奖励信息和受奖行为之间的时间差距，可分为及时奖励和延时奖励。及时奖励即在人才取得优秀工作成绩后立即给予奖励，这样能及时兑现人才的“成就欲”，使人才更进一步增强工作的进取心。延时奖励则是在人才取得优秀成绩后，再过一段时间才给予奖励，这样能够延长员工前一个成就的成就感，将“成就欲”的时限拉长。

总之，同样一个下属在不同的管理者领导下，工作劲头判若两人，这与管理者善用还是不善用赞扬的激励方法是分不开的。所以，高明的管理者一定会多用赞扬激励下属，这样下属就会高高兴兴地受他们掌控，为他们效力。

谨慎批评，不要因批评招致怨愤

很少有人愿意听批评、埋怨、指责的话，也很少有人喜欢接受别人的批评、埋怨和指责。正如心理学家席莱所说：“我们极希望获得别人的赞扬，同样地，我们也极害怕别人的指责。”

被人批评、埋怨、指责的人，在本能上会产生一种抵触、防御、反抗的心理，他的自然反应是保护自我。跟同事、领导及其他人相处的时候，我们一定不要忘了，他们不只是纯理性和纯逻辑的人物，而且是有感情有自尊的人，随意批评、埋怨、指责他们，常常会损害对方的自尊心，伤对方的面子。所以，约翰·华纳梅克尔说：“责备人家，那是天下最愚蠢的事。”

哲学家尼采说：“一个人用一个指头指着别人的时候，应该记住另外三个指头正指着自己。”我们要明白，我们随意地批评、埋怨、指责人家，即使惹不出祸来，至少也不会得到别人的欢迎和好感，而且会招致别人的怨恨。

当别人犯了错误时，脾气不好的人会忍不住大发雷霆，当面批评指责对方。然而，狂风暴雨之后，他也可能沮丧地发现，自己的“善意”不仅没有被对方接受，而且让对方产生了抗拒心理。人都是有自尊心的，被批评总不是什么光彩的事情，尤其是当着很多人的面，更会让被批评者“颜面扫地”，对你怀恨在心。

张女士是一家工程公司的安全协调员，她的任务就是每天在工地上转悠，提醒那些忘记戴安全帽的工人们。开始的时候，她表现得非常负责。每次一碰到没戴安全帽的人，她就会大声批评，看到他们一脸的不高兴，她还会说：“我这还不是为你好，对你负责，对你的家人负责？”工人们表面虽然接受了她的训导，但却满肚子不愉快，常常在她离开后就又将安全帽摘了下来。

公司的一位经理看到了这种情况，就偷偷建议张女士，不如换个方式去让他们接受自己的批评。于是，当她发现有人不戴安全帽时，就问他们是不是帽子戴起来不舒服，或有什么不合适的地方，然后她会以令人愉快的声调提醒他们，戴安全帽的目的是保护自己不受伤害，建议他们工作时一定要戴安全帽。结果遵守规定戴安全帽的人愈来愈多，而且也不再像以前那样出现怨恨或不满情绪了。

其实，被批评对任何一个人来说，都是一件令人难为情的事情，尤其当着很多人的面，会更让人感到尴尬，甚至受伤害。实际上，指正他人错误的真正目的并不在将对方批评得体无完肤，彻底地打败对方，而是为了纠正对方的错误。那么，纠错的方式和场合就显得尤为重要。如果你不分场合地指出对方的错误，被批评者永远只会怪罪于你，甚至会对你进行反击，来证明他的正确，以维护他的自尊，而绝不可能反躬自省、承认错误。

当有人犯了错，尤其当他自己已经知道错了时，如果你能够以温和的方式低调处理，那么他一定会认真改正，心怀内疚，并会对你心存感激。相反，如果你当众指责他的过错，那么这一定会将事情扩大，甚至会为你们之间的关系蒙上阴影。

常言道："良言一句三冬暖，恶语伤人六月寒。"我们若管不住自己"舌刀唇剑"的嘴，就可能因嘴伤人，惹出麻烦。须知，当人家避你如蛇蝎，防你如防窃贼时，你的窘境便可想而知了。有位名人说过："能管住自己的嘴巴就是最好的美德。"这的确应该成为我们每个人做人的座右铭。

所以你在批评别人、指责别人时，实在是在冒一种风险，非常有可能伤害到对方的自尊。即使你的批评和指责是出于善意，但对方因为自尊受到伤害，就算知道自己错了，也不会改正，更不会采纳你的建议。

这一问题在销售环节中经常发生，售货小姐或售货先生经常会犯类似的错误。相信很多人都有很相似的经历。去化妆品商店挑护肤品，售货员凑过来对你大肆评论，什么"黑头太多""三角区有问题""毛孔粗大"等等，将你整个脸批评得一无是处，然后向你推荐她家的产品有多好，可以解决你这样那样的问题……去商店买衣服，店家说你"太胖了，穿这个不好看""你身上这套衣服配得太难看了，什么品位呀，我家这个适合你"。顾客遇到这样的推销，就会非常气愤，通常都是放下东西一走了之，尽管可能曾经非常想买，或者售货员说的确实是对的，但心中的气愤还是占了上风——毕竟谁也受不了被人说得如此糟糕，尤其是广大爱美的女同胞。这就是一个很严重的销售错误、沟通错误。销售顾问在与客户沟通时，如果发现他身上有某些缺点，不要当面批评和教育他，更不要大声地指责他。要知道批评与指责解决不了任何问题，只会招致对方的怨恨与反感。与客户交谈时要多用感谢词、赞美语，少说批评、指责的话，要掌握好赞美的尺度和批评的分寸，恰当地赞美，巧妙地批评。一味指责，只会引起顾客的反感，轻则拒绝购买，重则还有和售货员大吵的。

总之，不论你是领导，还是普通职员，不论你是对至亲、朋友，还是对不相干的人，如果你不想招致麻烦，就不要批评他们。批评至亲，会使家庭不和；批评朋友，会使关系冷淡；批评其他人，则可能会招致怨恨，甚至带来想不到的麻烦。

有心理学家说：批评不但不会改变事实，反而只有招致怨恨。因批评而引起的羞愤，常常使雇员、亲人和朋友的情绪大为低落，并且对应该矫正的事实，一点儿益处也没有。人就是这样，如果你想指责或者纠正对方，他们都会为自己辩解，甚至反过来攻击你。假如你想引起一场令你至死不忘的怨恨，你只要发表一点刻薄的批评即可——无论你自认为这种批评有多么的公正。

所以，让我们记住，我们所相处的对象，并不是绝对理性的生物，而是充满了情绪变化、成见，自负和虚荣的人类。批评是危险的导火索，是一种能使人自尊的火药库爆炸的导火索。这种自尊的爆炸，有时能置人于死地。因此，千万不要因批评而招来怨愤，丧失人心。

第 26 章 管理方式决定了团队业绩

疏导是治理拥塞的根本

大禹治水的启示，禹的父亲治水用的方法是堵塞，哪里河道有了缺口就堵哪里，哪里的水乱流就堵哪里。但治了很多年都没有成功。而禹治水时，用的方法是疏导，通过深挖沟渠、通畅河道，把水引到大海，只要河道足够深，水自然会在河道里流，不会泛滥。多年之后，终于成功。

管理也这样，应体现疏导原则。这样的道理，简而易懂。但为何现实并未体现呢？我们常常会看到领导颁布一些完全未体现出疏导原则的命令，如禁止带饭，上班时间禁止聊天，禁止迟到与早退，禁止提前下班等着打卡，等等。这样的禁令，事实上就像水一样，你堵得了这儿堵不了那儿。

如果员工的工作积极性差，消极行为普遍存在，则绝对是管理上的问题。只要我们通过人性化的管理，恰当地激励员工，相信其工作积极性可以大幅提高。在很多管理水平较高的企业，员工根本没有太多时间去做一些与工作无关的事，工作时间闲聊及提前等着打卡准备下班等行为并没有严重到需要这样管理的地步，甚至在没有加班费的情况下，为更好地完成自己的工作，主动加班到深夜的人也并不少见。

企业需要员工之间彼此认同、合作与信任。一起工作的人，可以不在同一间办公室中，但必须同心协力，才会形成有效运转的机构。而人与人之间的隔阂、猜忌、怀疑与冲突，不仅会阻碍个人能力的充分发挥，更损害了团体绩效的产生。要避免这些，就要建立一个有效的沟通渠道，激励员工的工作热情，了解他们的需要与情感，并加以有效地疏导和牵引。这样，才可能真正达到企业利润的最大化。

把握员工的思想动态是坚持疏导方针的重要条件，在把握员工思想动态上，第一，要抓住不同时期的思想，摸清底细。如针对单位的机构调整、工资调整、奖金分配等敏感情况，确定思想工作的重点问题和重点对象，有针对性地做好疏导工作。第二，要抓各种渠道的联系，多方了解。职工的思想情绪往往是在各种社会关系的交往中暴露出来的，我们要尽量熟悉职工的家庭、亲友、同乡、同学等情况，以及他们的相互联系和影响。第三，要抓住各种苗头，认真观察分析。根据不同的表面现象，对员工的思想情况进行侧面分析。要从苗头中看到潜在的问题，从“正常”的表现中分析出不正常的动机。

我们都知道，企业的成功仅仅依靠员工的外在素质、产品的品牌是远远不够的，整体人员的忠诚度像一只无形的手，左右着公司的业绩。通过疏导，能够很好地提升员工的忠诚度。企业可以通过各种不同形式的沟通方法，如经理接待日、经理信箱等，采纳员工合理化的建议，听取员工真诚的意见，使管理更加人性化、理性化。总之，让员工从中看到希望，其责任感和使命感便会油然而生，这种感情也会随着沟通的良性发展而不断地增强。

让员工把不满说出来

有“世界第一首席执行官”之称的美国通用电气集团前首席执行官杰克·韦尔奇曾说过一句话：“让员工把不满说出来。”这句话虽然听起来很简单，实际上蕴含着深刻的经营管理之道，对每个企业都有着非常现实的指导意义。

无论哪一家企业，都不可能将所有的工作都做得非常完美、滴水不漏，总有一些事情处理得不公平、不恰当，一些重大决策制定得不合理，一些管理工作做得不到位，使员工产生了不解或不满情绪。如果没有一个能够让员工顺畅地反馈个人意见和建议的平台，也没有一个有效解释企业内部决策，以及管理工作的动机、目的、方法的渠道，就会使员工的不满和怨气越聚越多，越积越重，直到企业发生严重的管理危机。因此，“让员工把不满说出来”是一种很明智的、行之有效的化解员工矛盾、改善企业境况的好方法。

牢骚效应来源于美国哈佛大学心理学系组织的一次有价值的实验。在芝加哥郊外，有一家制造电话交换机的工厂。在这个工厂中，各种生活和娱乐设施都很完备，社会保险、养老金等其他方面做得也相当不错。但是让厂长感到困惑的是，工人们的生产积极性却并不高，产品销售也是成绩平平。为找出原因，他向哈佛大学心理学系发出了求助申请。哈佛大学心理学系在梅约教授的带领下，派出一个专家组对这件事展开了调查研究。经调查发现，厂家原来假定的对工厂生产效率会起极大作用的照明条件、休息时间以及薪水的高低，与工作效率的相关性很低，而工厂内自由宽容的群体气氛，工人的工作情绪、责任感与工作效率的相关程度却较大。

在他们进行的这一系列研究中，有一个“谈话实验”。具体做法就是专家们找工人进行个别谈话，而且规定在谈话的过程中，专家要耐心地倾听工人们对厂方的各种意见和不满，并做详细记录。与此同时，专家对工人的不满意见不能反驳和训斥。这一实验研究的周期是两年。在这两年多的时间里，研究人员前前后后与工人谈话的总数达到了两万余人次。

结果他们发现：这两年以来，工厂的产量大幅提高了。经过研究，他们给出了原因：在这家工厂，长期以来工人对它的各个方面有诸多不满，但无处发泄。“谈话实验”使他们的这些不满都发泄出来了，从而感到心情舒畅，所以工作干劲高涨。这就是牢骚效应。由于这家工厂的名字叫霍桑，人们又将这种现象称为“霍桑效应”。它告诉我们：人有各种各样的愿望，但真正能达成的却为数不多。对那些未能实现的意愿和未能满足的情绪，千万不要压制，而是要让它们发泄出来，这对人的身心发展和工作效率的提高都非常有利。

在日本，很多企业都非常注重为员工提供发泄自己情绪的渠道。松下公司就是如此。在松下，所有分厂里都设有吸烟室，里面摆放着一个极像松下幸之助本人的人体模型，工人可以在这里用竹竿随意抽打“他”，以发泄自己心中的不满。等打够了，停手了，喇叭里会自动响起松下幸之助的声音，这是他本人给工人写的诗：“这不是幻觉，我们生在一个国家，心心相通，手挽着手，我们可以一起去求得和平，让日本繁荣幸福。干事情可以有分歧，但记住，日本人只有一个目标：即民族强盛、和睦。从今起，这绝不再是幻觉。”当然，这还不够，松下说：“厂主自己还得努力工作，要使每个职工感觉到：我们的厂主工作真辛苦，我们理应帮助他！”正是得益于这种方式，松下的员工自始至终都能保持高度的工作热情。

日本公司的这种做法被世界许多国家的企业借鉴。在美国的有些企业，有一种叫作 Hop Day（发泄日）的制度设定。就是在每个月专门划出一天给员工发泄不满。在这天，员工可以对公司同事和上级直抒胸臆，开玩笑、顶撞都是被允许的，领导不许因此迁怒于人。这种形式使下属平时积郁的不满情绪都能得到宣泄，从而大大缓解了他们的工作压力，提高了工作效率。

Hop Day 提供了一种给所有人更好的沟通机会的形式，起到了调节气氛的作用。所以，牢骚效应本质上是一种沟通效应，只是这种沟通更多是在员工有挫折感时发生而已。

美国威斯康星州格林贝市的儿童保育中心总经理帕特布普纳，每隔一个月就要请自己手下的 22 名员工出去吃一次比萨饼。就餐时先用一个小时让员工们彼此随意发发牢骚，也可以就管理问题提出自己的看法。他们先发泄牢骚，可能是“你上次从我这里借的东西没还”，或者是“你一遇到点儿事就慌乱”等。随后，再用一个小时发表积极的见解，并就新出现的问题提出改进的建议。举行这种“正式的宣泄集会”的费用很低，不过效果却很好。

能将一种消极地发泄变为积极地提供建议，显示了这位美国经理的高人一筹。当然，无论是发泄还是提建议，其本质都是沟通。只要渠道通畅，就都能取得好的效果。

“让员工把不满说出来”，实际上是一种沟通。通过这种沟通，可以实现企业内部管理信息的“对流”。一方面，倾听员工发自内心的呼声、意见和建议，便于企业决策层、管理层发现并改变不合理的管理举措，进而制定出更加科学合理的制度，提高管理水平，使企业沿着健康的方向高速发展。另一方面，收到来自企业决策层、管理层的准确合理的回应之后，员工的顾虑、猜疑和误解、怨愤就会烟消云散，工作起来就会心情舒畅、干劲十足，把更多的精力投入到创新生产技术、提高工作效率上，从而大大增强企业的实力和竞争力。

当然，“让员工把不满说出来”说起来容易，做起来很难。首先，需要企业经营管理者态度诚恳，能够侧耳倾听来自基层的不同意见，甚至是批评意见；其次，需要企业经营者主动做出一些必要的利益让步，而不是走走形式，做做样子。实际上，形式是次要的，重要的是要让员工深切地感受到，他们是为领导们所关注着的，是被尊重着的，至少，也是被作为有感情、有思想的人来看待的，而不是只能机械地从事工作的生产工具。

走动管理法，善于发现问题

西方工业发达国家的企业界十分推崇走动式管理。所谓走动式管理主要是提醒管理者不能脱离经营实际，要有“和员工打成一片”的精神。

日本某大公司偌大一座管理大楼，竟是一个“无座椅办公楼”，除电脑操作员及员工食堂外，各级管理人员包括各部门经理的办公室均不见座椅，唯一配备一圈安乐椅的办公室是国际、国内业务洽谈室。对于如此不近人情的做法，总经理的解释是：本公司除了允许与用户洽谈业务时可以坐下来外，其余时间要求白领们多到下面走动，以促使当面迅速拍板解决问题。

走动管理对于中国来说，其实也不是什么新鲜的招数。提倡知识分子“与工人师傅打成一片”，科室人员到车间“沾一身油污”，这与西方的走动管理是有着异曲同工之妙的。

西式快餐连锁模式的发明者之一——麦当劳前总裁克洛克，在走访了他的30多家连锁店后，站在办公室的大落地玻璃前陷入了沉思。此时，麦当劳正陷入经营业绩的低谷时期，他的办公桌堆满了调查报告。过了一会儿，克洛克紧锁的眉头舒展开了，他快步走到桌前奋笔疾书起来。大约过了三天，所有麦当劳店长的办公桌上都放置了一份文件，那是克洛克亲自下达的一个命令。

这份命令很奇怪，它要求每一位店长用钢锯锯下他们办公椅的椅背。面对这份奇怪的命令有些店长觉得很不理解，不过，他们仍然执行了这个命令。

过了一个礼拜，这个命令的用意慢慢地明显了。原来，克洛克的用意是让每一位店长都不要舒服地坐在办公室里，而是要在店里走动，发现问题解决问题。麦当劳的店长们把这种在走动中完成的管理称为走动式管理并且将之发扬到各个快餐行业中。经过这段小插曲，麦当劳的经营业绩也开始慢慢回升。

走动式管理最直接的好处在于使管理者掌握企业经营的第一手资料，及时了解企业的运作状况，便于管理者根据具体情况有的放矢地制定政策和管理制度，并可以随时解决一线操作中出现的问题，从而解决大企业效率低的难题。

在金字塔式的阶层制管理体制下，下级向上级汇报情况，往往是报喜不报忧，等到事态扩大到解决不了时才不得不向上级求救。这是企业经营中的隐患，走动式管理显然可以克服这一弊端。

同时，走动式管理也是对下属有效的考核和激励办法。下属的工作业绩如何，去一线看一看自然一清二楚，而下属预计到上司会经常走动，自然也不敢谎报军情，反而会努力把事情做好，以随时接受上司的走动式检查。

对员工士气的有效激励是企业管理的重要环节，走动式管理是发挥激励作用的有效手段。这样的管理者显然给员工树立起身体力行的形象，并且也表达了希望与大家沟通和交流的意愿。实际上形成了一种很好的信息沟通渠道，将报表上无法反映的情况反馈给管理者，使许多管理上的问题处理起来事半功倍。

部门管理人员之间的走动，也可以加强部门之间的沟通，共同提高工作效率，出色地完成工作。

一个著名企业的董事长在退休时把职位委托给一个年轻人，继任者向他请教管理的秘诀，他指着大班椅说："去走动吧，告诉你，这张椅子我很少去坐。"

另外，走动管理最适用于离第一线比较远的高层主管。组织比较庞大的单位由于层级较多，高层主管更需勤于走动，便于做好政策性的决定。至于其他层级的主管离工作现场比较近，平时就应该透过敏锐的观察，搜集必要的信息。走动管理是一种方法或技术，不是一种理论，强调高层主管应及时搜集第一手的信息，至于其他经营管理事项，则仍应采取其他适当的方法或技术。

制造威慑气势

能否成功征服他人，很大程度上取决于心理上的威慑力量。如果对方心理上不占优势，势必惊慌失措，理屈词穷。因此，良好的应变能力，除了言辞得当、思路井然、攻守有术外，必须掌握心理战这个利器。须知，“心理战”具有强大的威慑力量，它能使对方紧张，容易露出破绽，为你寻找制胜的机会。

有一位女县长到地方上调查一起案件，驱车返回时，突然被众多闹事的群众拦住了。在一些人的鼓动下，不明真相的群众要求知道调查结果，有的甚至摆出要打架的姿态。

在这种群情激奋的情况下，靠一般的讲理是无济于事的。于是这位县长来了个下马威，面对嘈杂纷乱的人群用十分威严的口气说：“我是奉命来执行任务的，不是来发动群众闹事的！村有村规，国有国法。法律不允许把调查的情况公开，你们的要求是无理的。你们辱骂国家公务人员，拦截车辆，严重妨碍了公务，这个责任你们当中有谁能担负？”

接着女县长义正词严地介绍了《民法》《刑法》的相关内容，有效地控制了原本混乱的局面。

如果对方的口才和你差不多，要想取胜就看心理战所造成的气势。气势在说话时至为重要。如果对方的实力超过你许多，只要心理上与其站在同等的地位，你就可以发挥无比的威力，扳倒强敌。假如你担心被对方在心理上压倒，不妨细察对方的表情、服装，从中找出对方的缺点，从而增强自己的气势。

造成心理气势还有许多办法，如一开口声音洪亮，就不会怯场；在服装方面，穿着体面，也会信心大增。如果遇到不愉快的事，千万要调整心态，使自己心情愉快。这样，对手有可能被你的气势压倒，在心理上先丢了分。

人的行为与心境是交互影响的。如果你脚步轻快，心情必然是轻松的。不管和什么人交谈，只要你保持目光跟对方的目光平行，精神压力就会减轻不少。两个人，身高相差很大，走起路来，就像大人和小孩一样，个头小的在个头大的面前，总有一种泰山压顶的感觉。原因是双方由于眼睛的高度不同，个头小的心理上处于劣势之故。如果你遇到可能使你敬畏的对手，说话的时候切记要一直注视对方的眼睛，这样，心理紧张感就会缓和。那些怯场的人也坦白地承认："怯场主要是紧张心理造成的。"

每个人都有强和弱两个方面。要让"强硬的自己"和"懦弱的自己"在心中对话。强硬而乐观成性的人，常常对失败不肯有所回忆；懦弱而悲观成性的人，常常对过去的成功不肯有所评价。人的本性至为复杂，要让乐观、强硬面占上风，让悲观、懦弱面占下风。为了消除强弱不均衡的现象，应该使"强硬的自己"打败"懦弱的自己"。千万不要在心里想：这一次，我很可能会失败。要反其言而行之，你一定要说："不，这一次马到成功。"有了这种心理上的优势，必然会斗志高昂、信心倍增。

设立竞争对象

每个人都有自尊心和自信心，其潜在心理都希望"站在比别人更优越的地位上"，或"自己被当成重要的人物"。

某家铸造厂，该厂的经营者经营了许多分厂，但其中有一个厂效益始终徘徊不前，从业人员也很没干劲，不是缺席，就是迟到早退，交货总是延误，产品质量低劣，使消费者抱怨不迭。

虽然这个经营者指责过现场管理人员，也用了不少办法，想激发所有从业人员的工作士气，但始终不见效果。有一天，这个经营者发现他交代给现场管理员办的事一直没有解决，于是他就亲自出马了。

这个工厂采用昼夜两班轮流制。夜班要下班的时候，他在工厂门口拦住一个作业员。他问："你们的铸造流程一天可做几次？"作业员回答说是 6 次。这个经营者听完一句话也不说，就用粉笔在地上写下"6"。

紧接着早班作业员进入工厂上班，他们看了这个数字后，不明个中原因，竟改变了"6"的标准，做了 7 次铸造流程，并在地面上重新写下"7"。到了晚上，夜班的作业员为了刷新纪录，就做了 10 次铸造流程，而且也在地面上写下"10"。过了 1 个月，这个工厂变成了这个经营者所经营的厂中成绩最高的。

这个经营者仅用了一支粉笔，就重整了工厂的士气，而员工们突然产生的士气是从哪里来的呢？就是因为有竞争的对手所致。工人们做事一向都是那么拖拖拉拉，毫不起劲，可在突然有了竞争的对象后，自然而然就激发了他们的士气。

人都有自我优越的欲望。有了这种欲望之后，人才会努力成长，也就是说这种欲望是构成人干劲的基本元素。这种自我优越的欲望，在有特定的竞争对象存在时，其意识会特别鲜明。以学生来说，当他们每一个人想自己的成绩变为比原来的更好时，就会有打垮竞争对象的意识，所以就会更加用功。只要能利用这种心理，并设立一个竞争的对象，让对方知道竞争对象的存在，就一定能成功地激发起一个人的干劲。但是如果以直接的方式说：“他就是你竞争的敌人。”效果不会太理想。因为这样好像给了对方一个强制性的压力，使对方有了警戒的心理，他反而在心理上产生了反抗。

有位中学教师，他经常以学生的意愿来编排座位，使同一志愿的人坐在一起。如此一来，学生之间很自然地产生竞争心理，因而会用功读书。

有位经营者聘请了一个为他开车的司机，最近这个司机的工作态度散漫，不但经常迟到，而且开车时心不在焉，让这个经营者毫无安全感。然而，这个经营者并不直接责骂他，只是若无其事地说：“你也认识A先生吧？他是你的晚辈，工作态度非常认真，给人的印象非常好，从来都不迟到早退。”这个经营者只说了这些，就不再多说了。那个司机当时没有任何反应，但从此以后，他的工作态度就有了360度的大转变。因为自己当上老板的司机，毕竟是一件荣耀的事情。

这个资深的司机，心里一定想不能输给A先生，所以他才努力工作。以这种方式去诱导对方，让他注意到有竞争对象存在，那么你的成功率就达到80%了。

领导要树立“接受”形象

“借我一双慧眼吧，让我把一切事物看得清清楚楚、明明白白、真真切切。”这是以前非常流行的一句歌词。同时，这也是每个人的愿望——谁都不希望自己被蒙蔽、被欺骗。但是现实中往往很难做到把一切洞察清楚。因为能迷惑我们的表象实在太多了。那么如何才能做到明察秋毫呢？

一个人在受蒙蔽的情况下，是不可能正确认识自己和客观事物的。作为领导，更要时刻保持清醒的头脑，防止被一些表面现象所迷惑；不要偏听偏信，要广泛听取他人的批评意见，对于奉承话要保持警惕，及时发现和改正自己的缺点，不犯或少犯错误。领导者应当采取公开的、私下的、集体的、个别的等多种方式听取下属的意见和建议。最好充当两种以上角色，即如父如兄、如姐如母等，这样既可以了解下属工作以外的事情和问题，又便于工作上问题的解决和处理，更能提高领导的威信，防止受蒙蔽。

松下幸之助以骂人出名，但是也以最会栽培人才而出名。有一次，松下幸之助对他公司的一位部门经理说：我每天要做很多决定，并要批准他人的很多决定。实际上只有40%的决策是我真正认同的，余下的60%是我有所保留的，或者是我觉得过得去的。经理觉得很惊讶，假使松下不同意的事，大可一口否决就行了。

事实上，作为领导，你不可以对任何事都说不，要积极听取下属的建议，树立一个“接受”形象，对于那些你认为算是过得去的计划，你大可在实行过程中指导他们，使他们重新回到你所预期的轨迹。一个领导人有时应该接受他不喜欢的事，因为任何人都不喜欢被否定。管理不是独裁，在从事企业管理之际，尊重人权，重视个体，友善地询问和关切地聆听相当重要。

舒尔仍然记得上司罗丝对她说的话：“我不喜欢你对我提出挑战，但你迫使我审视我所做的一切。”

提出批评和接受批评，这是工作生涯中最艰巨的两项任务，对于批评者和接受批评者来说都一样。批评同事和下属不易，而批评上级则是最难的。

低绩效领导身上常见的行为模式，就是不能虚心接受批评。新晋升的经理可能会因为先前岗位上的成功而自视甚高。他或许要怀疑，有的人会不欢迎自己计划实行的变革。这样一来，他就可能把所有的批评都视为对自己的挑衅，甚至想方设法打击报复。缺乏应对批评的能力，意味着这位领导很难弥补自己的弱项，至少是要花更长的时间才能取得进步。

如果新领导有这种倾向，那么在追求速赢的过程中会把这种倾向暴露无遗。他可能会选一个自认为精通的领域入手，由于这是他指挥的头一场攻坚战，他会密切提防任何反对意见。

丹尼丝的情况就是如此。她初涉职场是在硅谷一家新创立的公司里做职员，后来升任销售团队的带头人。公司自成立后不断发展，到了第七个年头，已经变成了一个拥有 5000 多名员工的大公司，丹尼丝也从销售经理升为了中端市场直销部总监。由于她所管理的部门比公司其他部门发展更迅速，因此她又获升迁，当上了公司全球销售和营销部的头。她给自己订的目标是：6 个月内，将所有部门的增长率提升 30%。公司执行委员会通过了这个雄心勃勃的计划。于是，她立即着手实施计划。

上任 3 个月后，她收到了自己的第一份绩效反馈，其中并不都是好消息。她手下新团队的成员们批评她的硬性推销方式不符合客户的喜好。面对批评，丹尼丝非但没有认真思索自己能从中学到什么，反而把这看成是反对变革的一派在负隅顽抗的证明。她斥责团队成员不肯在销售策略上统一思想，并执意继续推行她的计划。结果，上任 6 个月后，她手下的 5 名主管当中有 2 名离开了公司，她管辖的 5 个部门中有 4 个部门的销售业绩直线下滑。丹尼丝看到自己无法完成预定目标，只好辞职走人。

从集体速赢的定义来看，你必须把整个团队纳入到你的成功当中。你的直接下属需要全身心地投入这项事业，而不是站在旁边看热闹，暗自期待着你的成功或失败。要做到这一点，必须让他们认识到他们所做的业务对改进工作很有意义，也值得骄傲。他们并不关心团队业绩对你个人而言有什么积极的影响，在他们眼里，那不过是一种副产品。

领导者应当采取公开的、私下的、集体的、个别的等多种方式听取下属的意见和建议。这样既可以了解工作以外的事情和问题，又可以帮助工作上问题的解决和处理，更能提高领导的威信。

第 27 章 让下属从心里认同，就是优等的管理理念

得人心者得天下

孟子说："得道者多助，失道者寡助。"得道的过程就是经营人心的过程，因此得道者得人心。得道之人拥有的是无形资源，即使是在最失意的时候，这种人心齐聚的优势，也会帮助他们化险为夷，渡过难关。而失去道义的人得到的帮助就很少，甚至连亲戚也会叛离。

"天时不如地利，地利不如人和。"这里的"人和"就是指人心所向。三者之中，"人和"是最重要的起决定作用的因素。

对于一个组织、一个团队来说，最大的制胜法宝就是——人心。《孙子·谋攻》中讲道："上下同欲者胜。"即是说，官兵同心，上下齐心协力，就可以夺取战争的胜利。这是孙子提出的决定战争胜负的一个最根本的条件。那么，如何使上下同欲呢？孙子在《计》中指出："道者，令民与上同意也，故可以与之死，可以与之生，而不畏危也。"就是说，有道的君王，可以使民众与他的意愿相一致，这样，民众在战争中，就可以为国君出生入死而不怕危险。在这里，孙子提出的"道"是使上下同欲的最根本、最重要的因素。

孙子所讲的"道"又是何意呢？指的是政治。他特别强调"民与上同意"，即指国家实行的得人心、顺民意的政治。用"道"铸造的"组织"，"上"与"下"、"内"与"外"能同心同德，有任何艰难险阻都能克服。

把孙子的"道"用于现代经营管理中，就是把企业的利益、员工的利益、客户的利益、国家的利益形成一个"利益共同体"。如此布"道"，其"道"

必久。“道”，是人的“心”。人有了“道”，犹如鱼有了水。正因为如此，世界一流企业的成功之道，其经营者和管理者们无不把经营“人心”放在首位。

情与情能相容，心与心易相通。一个企业想要获得长远的发展，员工的忠诚，消费者的忠实变得越来越重要。

善于“攻心”，使人“内心喜悦”

管理所能达到的境界，究竟是怎样的？有人说是绝对的服从，有人说是极端的崇敬。不过，有一个词似乎才是最佳的形容，那就是“心悦诚服”。

管理的最佳境界，绝对不是让大家感到畏惧，甚至是恐怖，也不是盲目的服从，而是在一种内心喜悦的基础上，所达到的对共同目标诚心诚意的主动服从。

“假如你要用一个人的‘手’，必须要用他整个的‘人’；假如你要用他整个的‘人’，你必须影响他整个的‘心’。”真正的管理，并不需要刻意的管与理，而员工们都能自觉按照共同的目标，主动去行动。

当企业的管理者与员工息息相通、肝胆相照时，当他们为了共同的目标同心同德、荣辱与共时，你不能不承认，这个企业或者团队达到了崇高的境界。而只有攻其心，使人心服，才能达到这种最佳的管理。

孙子云：“上兵伐谋，其次伐交，其次伐兵，其下攻城。”春秋时期，国家政治关系处理有不同的方式。其中最有效、最根本的做法就是“伐谋”，也就是攻心为上，从思想上解决争端；其次，外交的运用也是合理解决国与国争端的较为有利的方式，双方可以做到兵不血刃，达成互利；而最无效的方式显然就是兵戎相见，拼个你死我活，弄得两败俱伤。企业管理者应将此思想引入到企业管理中，借鉴“上兵伐谋”，用思想占领员工的心理，让员工能够做到发自内心地接受——这是一种最佳的管理方式。

第二次世界大战时，丘吉尔在圣诞节的时候去了美国，希望美英结盟，对德作战，以扭转英国所面临的危险局面。可是，当时美国人对英国人并无好感，反对介入战争。于是，丘吉尔用情感打动了所有美国人的心，使他们同意支持政府援助英国，参加对德作战。

他的演讲词是这样的：“我远离祖国，远离我的家，在这里欢度这一年一度的佳节。但确切地说，我并不觉得寂寞和孤独。或许是因为我母亲血缘的关系，或许是因为在过去许多年的充满省略的生活中我在这里得到的友谊，或许是因为我们伟大的人民在事业中所表现出来的那种压倒一切其他的友谊的情感，在美国的中心和最高权力所在地，我根本不觉得自己是个外来者。我们的人民和你们讲着同样的语言，有着同样的宗教信仰，还在很大程度上追求着同样的理想。我所能感到的是一种和谐的兄弟间亲密无间的气氛。因此，我们至少可以在今天晚上把那些困扰我们的各种担心和危险搁置一边，并在这个充满风暴的世界里，为我的孩子准备一个幸福的夜晚，那么，此时此刻，在今天这个夜晚，讲英语的世界中的每个家庭都应该是一个亮光普照的幸福与和平的小岛。”

丘吉尔从两国人民共同的语言、宗教信仰、理想及长期的友谊入手，以这些共同点作为彼此相信、相互了解的基础提出来，用讲英语的家庭都应过一个和平安详的圣诞节这样的话语，打动了美国人民的心，他的讲话具有很强的震撼力，终于使美国人改变了反对介入战争的观念。

伟大的人总是能用言行震撼人的心灵，让人从心里产生对他们的钦佩与赞美之情。因此，控制他人的有效手段之一就是“攻心”，从心里瓦解他，控制他。

马斯洛曾说过：心若改变，态度跟着改变。

孙正义是日本“软件银行”的创始人。在他的创业阶段，“软件银行”实行大量批发软件的委托制，但是由于质量不稳定，退货开始堆积如山。结果，滞销的商品堆在“软件银行”的仓库里，逐渐变成一座小山，最后只得以废物处理。

孙正义对此十分着急，于是采取了这样一个超乎所有人意料的举动：

一天，他拿出一张万元纸钞，向大家说：“各位同人，如果我将这张纸钞撕破，你们做何感想？”全场立刻寂静无声，只见他说到做到，当场撕破了手中的钞票。

员工们大吃一惊，没有谁不觉得可惜，更弄不懂的是他为何要这样做。这时孙正义进一步说：“对我们仓库里处理的商品就不痛心吗？难道就不能和厂商把问题更好地解决吗？”

从那天起，公司内部的气氛突然有所转变。董事兼销售促进部长喜屋武博树当时目睹孙正义撕破万元大钞，这件事一直深深印在他的脑海中：“很奇妙。他把商品放在手上，说这就像现金一样，可是现在因为大量的退货不得不处理掉，如果是你们的钱，你们做何感想呢。说着他就撕破了那张万元大钞。

“我多少有点冷眼旁观，心想他还真会搞。没想到，就在那一瞬间，整个公司的气氛都变了，人人士气大振，空气突然凝固。一张万元纸钞便能够起到振奋人心的效果，真是太神奇了！”

这就是万元大钞引发出来的攻心的效果。他把问题的实质摊开来：仓库里的商品，大家可能没有留意；但摆在眼前的万元纸钞则是醒目的，每一个人都会为之心痛，明白损失的价值有多少。无须太多的言语去说教，就是一瞬间的动作，让每一个人都深深铭记在心。一针见血，这正是一种管理的杰出艺术。

恩斯特·维歇特说：“只有撼动人心的人，才能撼动世界。”孙正义的举动，谁能够说不是以一种独特的方式去撼动人心呢？思想决定行动。在员工行为出现问题时，一定要从思想上解决。

松下电器成立之初，员工的工作情绪不高，处处都表现得比较懈怠，迟到、早退、开小差等已经成了普遍现象。松下电器总裁松下幸之助看到这种现象后非常不满，如果任凭这种怠工现象发展下去，公司早晚要倒闭。为了让这种现象彻底消失，松下幸之助召开了全体员工大会。召开大会的那一天，松下幸之助待员工到齐后，庄严地走上了主席台。他大声说道：“今天，我有一件很重要的事情要向大家宣布。”会场顿时变得异常安静，员工们都想听听总裁到底有什么事情要宣布。然而，松下幸之助说完这句话后，竟然头也不回地走出了会场。会场的安静气氛在一刹那间被打破，员工们先是窃窃私语，接着大声议论，然后便开始喧哗，会场变得热闹非凡，人声鼎沸。

正在员工们吵得不可开交的时候，松下幸之助又出现了。会场很快恢复了安静，但员工们脸上愤怒的表情并没有改变。松下幸之助再次走上主席台，扫视了一下台下的员工们，感慨地说：“从你们的表情上，我看出了你们内心的愤怒。你们之所以愤怒，是因为对我的突然离去感到不满。不过，你们有没有想过，当我看到你们中的一些人迟到、早退、擅离岗位等怠工时，我又会有什么样的感受呢？如果你们有兴趣知道的话，我愿意告诉你们。在这些时候，我的感受与你们现在的感受一样。我今天要郑重宣布的就是这件事情，现在已经讲完了，可以散会了。”正在大家低头思索的过程中，松下幸之助利索地走出了会场。

令人感到惊奇的是，松下幸之助召开的这次简简单单的会议竟然起到了神奇的效果。自从那次会议后，松下公司的员工如同脱胎换骨一般，很少出现怠工现象。

管理的根本在管心，员工心齐了，没有办不好的企业。攻心之术最大的效用，莫过于使人口服心服，乐为己用。可以毫不夸张地说，要想真正得到一个人的忠诚和归顺，必须从情感和思想上征服他。

管理大师首先是心理大师

心理学专家说：人心是最容易改变的。一句话、一本书、一首歌、一个人、一个景象，都可能令我们的内心世界涌起波澜。人心也是最难以改变的。俗话说“江山易改，禀性难移”。但正因为人心的变化多端，不可控和难以预测，如何引导人心才显得有趣而刺激。

对于一个优秀的管理者来说，要想让自己管理的企业成为同行业的佼佼者，要想让管理发挥出更大的效益，那么，就必须在人的内心上，花费更大的精力与时间。就像美国著名的管理者艾柯卡（克莱斯勒汽车公司前总裁）一样，他觉得自己最有用的知识，是在大学心理系中所获得的——一个管理大师首先应当是一位心理大师。

英国著名的哲学家弗兰西斯·培根生平最喜欢说的哲理之一，是一个关于眼镜的故事：

当你戴上红色的镜片，眼前的一切，就会变得鲜红起来；而当你戴上灰色的镜片时，眼前的世界，又会变得灰暗起来。如果我们将这个镜片，看成是人的观点与角度时，就会得出这样一个结论：当我们用不同的观点和角度，来观看世界上的同一件事情时，往往就会得出不同的结果。

管理之道也是如此。对于一个管理者而言，员工没有绝对的好坏之分，无论多坏的人，都有好的一面。心是可以转变的，关键在于怎么引导和发掘员工积极的一面。这就要求管理者们的管理目标从员工的外在行为转为内在的心灵，也就是让管理的方法与技巧，发生一场根本性的转变。

1.顺应人性的管理，才是最好的管理

在人类社会里，无论时空如何变幻，观念如何转变，管理的理论与学说如何发展与创新，有一个主题，是永恒不变的。那就是人性。弗兰西斯·培根说："人类从几千年前就开始琢磨自己，历经千年，人类最不了解的还是自己。"

为什么很多优秀的企业，员工工资并不高，而员工的敬业度和忠诚度却很高？而很多企业中，员工的工资很高，而员工的敬业度和忠诚度却很低？

为什么不同的企业，同样的员工，其敬业度和忠诚度却大不一样？

对于许多管理者来说，有一个难以想象，却真实存在的事实。那就是深藏在心灵深处，往往被人们忽略的人性，这是许多管理问题背后的原因所在。

如果管理者在制定政策、制度时，不从最基本的人性出发，不尊重员工，激起员工的逆反心理，那么，员工的工作积极性、创造性，会发挥到何种程度？员工的潜能会释放到何种程度？创造的价值会有多大？这样的企业或团队会得到发展和壮大吗？

中国式管理大师曾仕强说："人天生是不喜欢被管的，有人管就觉得不自在。""顺着人性的需求来管理，可提高效益。"

在谷歌公司独特的企业制度当中，20%的"员工自由时间"最为称道。这个制度让谷歌公司在条件许可的范围内，最大限度地把工作变成一种兴趣，在谷歌公司工作的人，感觉不像是在一家公司上班，更像是在一所大学或研究机构做有趣的研究。而谷歌公司则可以从这些自由员工的大脑中，源源不断地提取新的创意和新的商业计划。

你会发现，谷歌公司的做法实在是太聪明了。

谷歌公司的聪明在于，它知道即使不给员工自由时间，员工也会想办法偷懒，与其偷偷摸摸，弄得两边都不爽，何不让员工公开地、自由地支配一小段时间？更重要的是，员工的感受会完全不同，有了20%的自由时间而不是20%的偷懒时间，他感到自己被尊重，他感到自己在为兴趣工作。

因此，了解人性，尊重人性，顺应人性，学会从员工的角度看世界，永远是一个成功的管理者所不可或缺的心灵智慧，而顺应人性的管理也才是最好的管理。

2.员工无好坏善恶之分，关键看怎么引导

从一定意义上说，人类文明史，就是更人性化的过程，是人的本性不断升华的过程。点亮人性的光辉，是管理的首要使命，即激发人对真善美的追求。所谓真，就是要做一个真实的人、真诚的人、真正的人，即真实地对待自己，说真话、办真事、追求真理，也真诚地对待别人。所谓善，就是要有一颗善良之心、仁爱之心。不仅自尊自爱，而且爱别人、爱企业、爱国家；关心人、关心集体、关心大局。所谓美，即对美好的理想、愿望和事业的追求。真善美的统一，是人的本性的最高境界，也是人追求的最高境界。

发掘人性的光明，点亮人性的光辉，“顽石”可以变为“钻石”，“庸才”可以变为“能才”，甚至“烂苹果”也能够成为“金苹果”。

有人将人的本性比喻成一处田园，那么，本性的善恶，就是这片田园的善恶种子，都会生根发芽。但我们可以通过后天的手段（例如法治）来拔除恶种子生长出来的恶之花，利用浇水施肥的方法（例如教化），来培植善种子生长出来的善之花。除了极少数的情况外，可以让绝大多数心性田园都开满善之花。

管理者应立足本心，照顾善念，顺应和激励人性中最高贵的一面。

马纯武是大庆油田的一个中级管理者。他在刚开始负责炼化含油污水处理站时，发现站内员工对机器设备非常不爱惜，导致设备的故障率非常高，频频发生事故。这些问题不但会耽误工作，给管理站带来损失，而且如果出现重大事故，还会威胁员工的生命安全。

怎么办呢？马纯武和站内的管理者们一起商量办法，最后认为，仅靠硬性规定难以让员工们做到爱护和高效使用机器设备。马纯武想，员工并不是存心破坏设备的，他们只是缺少积极性，如果将员工的积极性调动起来，就能解决问题。于是，马纯武和站内的管理者们想出了一个办法：建立机主小档案。

也就是让员工们把自己的姓名、年龄、星座等个性化的资料，贴在自己所管理的机器设备上，同时附上自己的爱好、人生格言以及生活照片——最好是和家人的合影。

实行这个办法以后，员工的状态马上变了个样，一下子觉得这些设备和自己有了亲密的关系，开始主动爱护机器设备——员工的积极性也就被发掘出来了。

这个办法还有一个更巧妙的地方，他们要员工对自己负责的机器写上一句心里话。于是，有的员工写的是“爱护你，就像爱护我的容颜”；有的写“你的安全，是我最大的幸福”……这些发自肺腑的话，让员工们展示了自己美好健康的一面。此后，管理站设备的故障率明显降低。

智慧的管理者能够发掘出员工的自觉性，让员工积极主动地工作。最高明的管理不是如何制定规章制度，而是从人性出发，发掘员工本性中积极向上的那一面。

让员工“心灵快乐”

“我要快乐！”这是很多员工的心声。在讲究生存质量的现代社会，工作不仅是谋生手段，人们还要从中找到成就，找到快乐！快乐地工作，快乐地生活，才是我们工作的目的。

对今天的管理者来讲，员工们是否对公司满意是他们最操心的事情之一。有意思的是，如此关注员工感受的公司也许根本不必担心员工会流失的问题。因为对这样的公司来说，成为“最佳雇主”是一种持久的追求，在这些企业里，员工的忠诚度经得起时间的考验。努力让员工感到心灵快乐的公司很少会被员工抛弃。

马云的亲和是跟他接触过的人对他的一致评价。曾经有一个青年员工告诉记者：“马云和所有的人都没有距离，这是让人最吃惊的。”“只要他有时间，就会深入到普通员工中去，跟他们聊天谈心。年终晚会，马云先生还会扮成维吾尔族少女与大家一起翩翩起舞。”如此快乐的工作氛围是阿里巴巴吸引人的关键。

在阿里巴巴，员工可以穿旱冰鞋上班，也可以随时去马云的办公室，马云说："人有一样东西是平等的，就是一天都有24小时。不快乐的工作就是对自己不负责任。"

从管理的角度来看，员工就是企业的内部客户，必须先服务好员工，让他们感受到心灵的快乐，一想到工作就觉得开心、快乐、喜悦，愿意并且能够在企业的平台上不断成长，在工作中获得超越工作本身的价值与意义。

阿里巴巴创业时期的员工直到今天没有一个人离开，别的公司出三倍的薪水，员工也不动心。马云不靠高薪留人，却曾自信地说："天下没有人能挖走我的团队。""在阿里巴巴工作三年就等于上了三年研究生，他将要带走的是脑袋而不是口袋。"

金钱能够留住人却留不住心，因此阿里巴巴每年至少要把五分之一的精力和财力用于改善员工办公环境和员工培养。

工作的目的不仅仅是生存，更是在工作中获得成就感。马云认为，员工工作的目的包括一份满意的薪水，快乐地工作和一个好的工作环境。其中最重要的就是在企业中能快乐地工作。"我们阿里巴巴的企业标志是一张笑脸。我希望每一个员工都有一张笑脸。"

马云说："优秀的团队不在于拥有多少个职业经理人，而是你的这个团队快乐与否。我希望我的团队都是像疯子一样地去工作，虽然很辛苦，但是会很快乐，因为他们在做自己喜欢的事情。这个很重要。"

任何人长期在严格、压抑的环境下工作，都会逐渐丧失激情和创造力。快乐管理是为了提高员工的工作幸福感而提出的一种新的管理模式。只有工作快乐的员工，才能为顾客提供最卓越的服务，为企业创造更大的利益。

"工作中最大的乐趣是什么？""我想大概是每天来上班吧。"这是美国西南航空公司员工的心声。

"大部分时间我都在工作，工作是我的嗜好。如果你喜欢做你做的事，那你就不会有压力，而每天都是愉快的。"美国西南航空公司前总裁赫布·凯莱赫如是说。

赫布·凯莱赫把每个员工视为公司大家庭的一分子。他鼓励大家在工作中寻找乐趣，而且自己带头这样做。比如为推广一个新航线，他会打扮得像猫王埃尔维斯一样，在飞机上分发花生。他还会举办员工聚会，或者在公司的音乐录像中表演节目。他时时刻刻走出来与自己的团体在一起，向团队传递信息，告诉员工他们是在为谁工作，他们的工作有多重要。这样做的目的，就是要让员工感觉自己很重要和受到尊重。

公司还鼓励员工释放自己，保持愉快的心情，因为好心情是有感染力的。如果乘务员有一个愉快的心情，那么乘客就有可能度过一段美好的时光。如果整个工作氛围都很热情，那么当乘务员面对其他人时也能够很热情。

西南航空公司从创立开始就一直坚持一个基本理念——爱。爱的氛围使西南航空公司的员工乐于到公司来，而且以工作为乐。赫布·凯莱赫说："也许有其他公司与我们公司的成本相同，也许有其他公司的服务质量与我们公司相同，但有一件事它们是不可能与我们公司一样的，至少不会很容易，那就是我们的员工对待顾客的精神状态和态度。"

快乐的工作气氛不仅使员工的服务态度更加热情，也使他们的工作效率大大提高。举个例子，西南航空公司的飞行员每月要飞行 70 个小时，而其他公司的飞行员只飞 55 个小时。他们的地面指挥站通常仅需要竞争对手一半的人手就足以完成全部的工作，他们调度飞机的速度通常非常快，竞争对手需要 45 分钟，而他们只需要 15 分钟。西南航空公司员工的高工作效率是它保持低价的关键因素，它的价格比行业平均水平要低 25%。

放弃自上而下的控制与命令式管理模式，营造健康、快乐的工作氛围，创建员工和谐的心灵，形成员工内心世界自觉组织的非管理方法，在这种管理模式中，员工的行为才是"自心流出"的，而不是被"管理"出来的。"自心流出"能最大幅度地激发员工的创造性，能最大幅度地提高组织凝聚力，能最大限度地增强团队的战斗力。

快乐管理让人不仅从心理上，更让人从情感上获得满足，使人性得到充分肯定与发挥，让工作和生活融为一体。

一个优秀的管理者，一定要有让员工快乐工作之能，这样才能得其心、创奇效。

让员工为“幸福”工作

“不是为幸福而工作，而是工作本身就应该是幸福。”幸福并不只是存在于我们的感情生活中，它一样也存在于我们的工作中。工作得幸福与否，直接影响到了我们的生活质量；而生活得幸福与否，和工作的幸福与否休戚相关。

员工们在心灵感受到幸福的状态下工作，远远要比在情绪低潮的状态下工作更高效。员工因感到幸福而更加热爱工作，因热爱而更加投入工作，这就是管理中越来越受关注的“幸福经济学”。

日本的经营之圣稻盛和夫，很早就意识到要满足员工在工作中的幸福感，并旗帜鲜明地提出经营的一个重要目的就是——“追求使员工物质和心灵两方面都得到幸福”。

作为“心灵经营”的实践者，稻盛和夫开展了企业内部的联谊活动。活动以聚餐会形式每年举办 2~4 次，有重大庆贺项目时另有增加。联谊会上，干部与员工相互斟酒，互诉心声。每次，稻盛和夫总是持杯走到大家中间，询问大家的工作情况、存在的问题，并坦诚地说出自己的看法，努力找到解决问题的办法。联谊会通过谈工作、谈家事、谈人生，使员工在平等和友爱的环境中得到放松，化解了很多矛盾。此外，稻盛和夫把全体员工视为合作伙伴，让所有的员工都分得了京瓷的股份。

稻盛和夫除了按照日本公司的一般惯例，每年冬夏两次定期给职工发放奖金外，还在公司经营情况良好的时候，给职工发放临时奖金。而另一项具有重大意义的措施，则是实行“职工股份所有制”，让每个职工都成为公司的股东。在京瓷创立 25 周年纪念的时候，稻盛和夫还把他个人所有的 17 亿日元的股份赠予 1.2 万名员工。有时候，稻盛和夫还把本公司的股票，作为对生产中有功劳者的奖励，或替代奖金发给大家。这样一来，京瓷的干部和工人大多持有相当数量的本公司股票，公司的发展，股票的升值，就直接意味着职工个人财产的增加。在 1985 年，他投入了所持京瓷公司的股票和现金等个人财产共计 200 亿日元成立稻盛财团，创设了“京都奖”。每年在全球挑选出在尖端技术、基础科学、思想艺术等各个领域取得优异成绩、做出杰出贡献的人士进行表彰，颂扬他们的功绩。在这种宗旨下成立的奖项，现在已经成为与诺贝尔奖匹敌的国际奖。

稻盛和夫的“心灵经营”让所有的员工都领悟到：公司的发展与自身的幸福紧密相连。

在“以心为本的利他经济学”的指导下，稻盛和夫以“让员工物心两方面都得到幸福”作为责任，以“为了人类的发展贡献心力”作为根本目标。他所创办的企业成为日本发展最快、最有影响的企业之一。

物质和心灵，是员工幸福的来源。首先是物质的回报，哪里的物质回报得多，员工就往哪里去。因为，越多的回报给员工造成的幸福感就越大，心灵的向心力就越大。

克拉克是沃尔玛本顿威尔商店的司机，他于1972年加入沃尔玛之前曾在另一家大公司开了17年车，但他离开的时候只拿到700美元。克拉克加入沃尔玛的时候，公司向他承诺：如果工作满20年，他将至少从“利润分享计划”中获得10万美元。而事实上，到了1992年，克拉克的利润分享数额已经积累到了70万美元。当别人问他对沃尔玛公司的看法时，他说：“我为另一家众所周知的大公司开了17年车，结果离开时只拿到700美元。而在沃尔玛，我得到的却多得多，你们认为我对沃尔玛会怎么看？”

这就是“物质幸福”所带来的结果。下面，让我们再来看看心灵幸福所创造的奇迹吧！

在通用电气公司，杰克·韦尔奇是有名的“铁血宰相”，他决策迅速、果断，办事讲求效率和高质量，同时重视“底线”和结果。很多通用电气的员工甚至抱怨韦尔奇要求太严，工作压力太大，无论在生产上打破多少纪录，韦尔奇也总嫌不够。

“员工就像一只柠檬，被他把汁儿都挤干了。”对此，韦尔奇一笑了之。然而韦尔奇也有非常关心员工的一面。常常让员工感到心灵的感动和幸福。他喜欢以便条的方式与员工沟通，从而给人一种亲切感。韦尔奇刚刚放下笔，他的便条便通过传真机直接发给他的员工，而且两天内当事人将拿到便条的原件。

一次，一位中层管理者第一次在韦尔奇面前汇报一项重要工作。这个经理知道，在这位董事长面前能够通过报告可不是件容易的事。许多时候，他像野兽似的围着你转来转去。如果抓住破绽，他会突然发问，一个接一个，问得你直冒虚汗。当然，他满意的话，你就会得到意想不到的奖励。在汇报时，他由于太紧张，以致两腿发起抖来。下来后，他坦白地告诉韦尔奇：“我太太跟我说，如果我的报告不能通过，我就不要回家了。”

在汇报完工作的当天下午，韦尔奇叫人送了一瓶最高级的香槟和一束红玫瑰给这位经理的太太，并在便条中写道：“你先生今天表现得非常出色，我们非常抱歉害得他和您最近几周来备受煎熬。”

想象一下当天晚上，这位经理回到家里，他妻子为他开香槟的情形吧！

关注“幸福经济学”，满足员工物质和心灵两方面的幸福。当你能很人性化地对待员工时，他们感受的是物质奖励所远远不能达到的。因为这样有一种让员工获得幸福感的心态，会使员工把经营公司的未来和经营自己的个人幸福紧密地联系起来，为公司的壮大发展全身心地投入。

辑十

谈判心理学：赢在套路

谈判是一种超级的脑力劳动和心理博弈活动。在谈判中，谈判双方总是彼此积极主动地感知、认识、理解对方的谈判动机、行为目的和心理定势，并受对方心理活动的影响而调整谈判氛围或谈判策略。每个人的性格、气质、习惯、表情都是不相同的，当谈判者坐到谈判桌前，必然会发生相应的心理变化。而举止、表情、言行是心理变化和心理活动的外在反映，一个经验丰富的谈判家可以透过这些反映来捕捉对方的信号，能一眼看穿对方的心思，和对方可能采取的行动。所以，能发现对方行为中的各种可以预测的因素，是一个训练有素的谈判家的优势。在谈判中运用心理学知识，有助于谈判成功。

场景：

一个富有经验的谈判经理说，他经常出差与各地区代理商谈判，每次下飞机后对方都会首先问他："您计划在此地逗留多长时间？"他一般会毫不犹豫地回答："没有具体期限，看谈判进展的情况吧。"因为在谈判中你流露出的任何弱点，对方都会在谈判桌上大做文章。这在谈判方法中属于——不给出期限的方法。

第28章 谈判要把握开局之际

占据开局优势地位

在谈判开始的时候，每个谈判者都要快速进入自己的角色，这也就是说在谈判的开局阶段就占据优势地位的话，再进入具体谈判的内容，这样你才会有主动权。

开局阶段虽然只占整个谈判过程的很小一部分，而且似乎与整个谈判的主题无关或关系不大，但却是非常重要的，因为它为整个谈判奠定了基础。虽然这时候谈判者对谈判尚无实际的感性认识，但仍必须采取非常审慎的态度，因为在这一阶段若差之毫厘，那么在下一阶段也许你就会失之千里。

在淘宝上面购买过商品的人都会知道这样的一个程序：买家看中了商品以后，就用支付宝或是网上银行等在线购买，但是这个钱往往并不是直接给商家，而是支付到了淘宝上面的支付宝里面，直到买家收到商品并确认无异议以后，买家再进行第二次确认——确认收到货，这样卖家才能够收到货款。这样保证了交易的安全，也维护了买方的利益，卖方不得不服务周到，并且确保商品的质量没有问题。这样的交易方式，给买卖双方讨价还价留有余地。在现实中的交易也是一样，如果你是买家，就要争取先验货，试用后再付款；如果你是卖家，应该先争取对方先支付部分款项再正式交货。这个原则不仅仅适用于购买商品之中，在生活的其他方面也可以灵活运用。

我们要知道，在任何时候都要关注局势的变化。尽量在自己处于优势地位的时候谈条件，以掌握主动权。特别是在开局的时候，一定要掌握主动。

先肯定谈判对手

谈判先要化解对方的敌对与防备心理，对方才会心甘情愿做出有利于你的选择。重要的一点请记住——不要急于否定对方，先要肯定对方。例如，当你感觉到对方仍坚持他原来的想法，其原因是它尚有可取之处，所以他反对你的新提议。此时最好的办法，就是先接受他的想法，甚至先站在对方的立场发言。“我也觉得过去的做法还是有可取之处，确实令人难以舍弃。”先接受对方的立场，说出对方想讲的话。为什么要这样做呢？因为当一个人的想法被别人否定得一无是处时，极可能为了维持尊严或咽不下这口气，反而变得更倔强地坚持己见，排斥反对者的新建议。若是说服别人时其结果是这样，成功的希望就不大了。

西安有一个电台，每天设有一场关于心理问题的咨询节目，它的收听率比其他同时段的节目要高出许多。最重要的一个原因是节目中主持人对于听众所提出的心理问题进行了巧妙的回答。

大多数有着心理问题而打电话请教的听众，在开始的时候，大多会对解答者的各种忠告提出反对意见或进行辩解，并且显得十分不情愿地接受对方所言。但后来，对解答者所说的每一句话多会赞同。

里面的主持人采取的最为明显的说话方式就是，先站在咨询者的角度上去谈论问题，让咨询者认为主持人和他们站在同一立场。通常探讨有关心理问题的听众，主要是感情上面的问题，此时负责解答疑问者说的一句话是：“确实，这件事不是你的错。但是，如果我是你的话，我会原谅他。”短短的一句假设，在对话中却发生了奇妙的作用。这是因为主持人迎合了听众的“自己才是最可爱的”这一心理，从而在心灵上产生了奇妙的共鸣效果，让这台节目成为双方沟通的桥梁，使这个节目在当地的同行中独占鳌头。

在上述的说服事例中，西安的这家电台之所以能够在众多的同行中脱颖而出，使节目成为广大听众最喜欢的收听节目，是因为他们巧妙地迎合了观众的心理，站在对方的立场考虑问题，即使在说服的过程中不小心地使用了一些不恰当的言辞，一句“如果我是你的话”，不但弥补了言词上的过失，而且促使对方做出自我反省，使对方在思考之后会有唯有你的忠言，才对他最有利的感觉。

每个人都认为自己是对的，而一个绝对可以赢得他人欢心的方法是，以不着痕迹的方法让他明白，他是正确的。正如杜威所说的：人们最迫切的愿望，就是希望自己能受到重视。而卡耐基也曾一再强调，正是这股力量促使人类创造了文明。

霍·凯恩自小就喜欢十四行诗和歌谣，尤其着迷于罗赛谛的作品，甚至写文赞美罗赛谛的伟大艺术成就。霍·凯恩把那篇文章复印了一份寄给罗赛谛。罗赛谛见了十分高兴："懂得欣赏我的作品，并且有这么高超见解的年轻人，想必十分聪明。"于是，罗赛谛邀请这位铁匠之子来到伦敦，担任他的私人秘书。这是霍·凯恩一生的转折点。由于这个新职务，使霍·凯恩能见到当代许多有名的作家。而这些人的意见和鼓励，也使他获益匪浅。没多久，霍·凯恩也发展了自己的事业，并且使自己的名字为众人所知。

差不多你所遇见的每一个人，都自以为在某些地方比你优秀。所以，要想提升自己的影响力，要打动他们内心的最好方法，就是巧妙地表现出你衷心地认为他们很重要。

对首次报价表示惊讶

不管你购买何种商品，记住一点，对方给出第一次报价时，你都要显得非常惊讶，否则你就会被当成冤大头来宰。

对方的第一次出价，绝对不是他的底价，他只是为了给自己留一个退路罢了，又或者想碰碰运气以高价卖出，也可能只是一个试探。对方怀着这种心理，就会很留意你对他第一次出价的反应，如果你听到价格后非常平静，甚至脸上还显露出高兴的表情。那对方就会感觉到他的报价离你的心理底价不远，那你就很难让对方给你做出大幅度的让步，他可能还会坚持自己的报价。原因就是你表现得对他的要价无所谓。

但是如果你听到这个价钱后表现得非常惊讶，那么对方也会在心里认为自己的要价是太高了。他可能为了达成交易，会通过让步让你接受，你还价就会很容易了。

有一个畅销书作者，在他没有出名的时候，他的稿费是很低的，差不多每本书稿才2000元，后来因为他的一本小说出名了，越来越多的书商与出版社向他约稿，此时他的书稿差不多达到几十万一本。有一个书商向他约稿，开出的价码是20万写一部小说。这位作者一听，立刻用非常惊讶的神态与口气说："你开出的价格是我在出了某某小说以来所没有听到过的！"这位书商马上说道："当然价格是可以商量的，40万吧！怎么样？"最后，这位作者才勉强同意。这位畅销书作者没有与对方做过多的讨价还价，只是表现出了自己的惊讶，就让对方主动加价。这就是故作惊讶的魔力。

如果你多运用故作惊讶的手段，你会发现原来这么小的伎俩也能够让你受益无穷。我们在购物的时候常常会先询价，当售货员报价时，我们如果显出很惊讶的神态，售货员会马上说："当然，如果你真心想买，价钱还可以再低的。"又或者会说："我们现在在做活动，全场商品打折。"诸如此种种实例随处可见。

当然，并不是每一次惊讶你都能够收到这样的效果，尤其在对方知道你的底细的时候，或者对方也是谈判老手的时候，他会很清楚你的动机。即使对方对你的惊讶置之不理，对你也没有什么危害的。在谈判的时候，你也要预防对方的故作惊讶的伎俩。

创造良好的谈判气氛

每一场谈判都有其独特的气氛，有的谈判气氛十分热烈、积极、友好，双方都抱着互谅互让的态度参加谈判；有的谈判气氛却很冷淡、对立、紧张，双方抱着寸土必夺、寸利必争的态度参加谈判；不过，更多的谈判气氛则介于上述两个极端之间，热中有冷，快中有慢，对立当中存在友好，严肃当中包含轻松。谈判气氛的选择和营造应该因人而异，但必须服务于谈判的目标、方针和策略。

如果谈判一开始形成了良好的气氛，双方就容易沟通，便于协商，所以谈判人员都愿意在一个良好的气氛中进行谈判。如果谈判一开始双方就怒气冲天，见面时拒绝握手，甚至拒绝坐在一张谈判桌前，则对整个谈判来说，无疑会蒙上一层阴影。

根据互惠谈判模式的要求，洽谈双方应当共同努力来寻求互利互惠的最佳结果。这种方式的谈判，需在洽谈之初便有良好的基础。所以首先要建立一种合作的气氛，然后有一个顺利的开端，接下来双方融洽地进行谈判。当然，谈判气氛不仅受开局瞬时的影响，双方见面之前的预先接触、洽谈期间的交流都会对谈判气氛产生影响，但谈判开始瞬间的影响最为强烈，它奠定了整个谈判的基础，此后，谈判的气氛波动比较有限。因此，为了创造一个合作的良好气氛，谈判人员应该做到以下几点：

（1）谈判人员应该径直步入会场，以开诚布公的、友好的态度出现在对方面前，肩膀要放松，目光的接触要表现出可信、可亲和自信。心理学家认为，谈判人员心理的任何微妙的变化，都会通过目光表现出来。

（2）行动和谈吐要轻松自如，不要慌慌张张、毫无涵养。可先谈论些轻松的、非业务性的随意话题。如来访者旅途的经历、体育表演或文艺消息、天气情况、私人问题以及以往的共同经历和取得的成功等。这样的开场白，可以使双方找到共同语言而为心理沟通做好准备。实际上，在闲聊中，双方已经开始传递无声的信息了。因为，从谈判人员双方姿势上可以反映出他是信心十足，还是优柔寡断；是精力充沛，还是疲惫不堪等，反映这些情绪的关键部位是头部、背部和肩部，为此谈判人员的行动也要显得轻松自如，否则就先输了一招。

（3）在服装仪表上，谈判人员一定要符合自己的形象。服饰要美观、大方、整洁，颜色不要太鲜艳，式样不能太奇异，尺码不能太大或太小。虽然各国、各地区的经济发展水平不同，风俗习惯也有差异，服饰方面不能一概而论，但干净、整洁在任何场合都是必要的。

（4）注意手势和触碰行为。双方见面时，谈判人员就应该毫不迟疑地伸右手与对方相握。握手作为一个相当简单的动作，却可以反映出对方是强硬的，还是温和的，是鲁莽的，还是理智的。在西方，一个人如果用右手与对方握手的同时，又把左手放在对方的肩膀上，说明此人精力过于充沛或权力欲很强，对方会认为“这个人太精明了，我得小心一点”。同时要注意，任何场合最忌讳的莫过于拉下领带，解开衬衫纽扣，卷起衣袖等动作，因为这将使人产生你已精疲力竭、厌烦等印象。

（5）在开场阶段，谈判人员最好站着谈话，小组成员也没有必要围成一个圆圈，而最好是自然而然地把谈判双方分成若干小组，每组中有各方一两位成员。

第29章 在谈判中使用小技巧

用期限逼迫对方就范

无论是施压还是受压，压力都始终存在于谈判的整个过程当中。可以说，所有谈判都是在压力中进行的。这种无所不在的压力对任何一方的谈判者都有两种截然相反的作用：一方面它可以促使谈判者调整、平衡双方利益，从而起到推进谈判走向成功的积极作用；另一方面，它也是导致谈判双方产生分歧和对抗的因素，从而使谈判陷入僵局，甚至走向破裂。

美国硅谷的一家电子公司曾研制出一种新型集成电路，其先进性尚不能被公众理解。而此时，公司又负债累累，即将破产，这种集成电路能否被赏识可以说是公司最后的希望。幸运的是，欧洲一家公司慧眼识珠，派三名代表飞了几千英里来洽谈转让事宜。来到这家电子公司后，欧洲公司的三位谈判代表无论从谈判礼仪方面还是从外在态度上都表现出了极大的合作诚意，但是当谈判进入实质性的价格协商阶段时，对方正是因为比较了解该公司的处境，提出的产品报价居然只有研制费用的三分之二！

电子公司的领导人几乎成为夹缝中的羔羊，他们决定置对方施加的压力于不顾，同时再通过拖延时间的方式反过来向对方施以重压。因为他们知道过不了多久，这种新型集成电路的先进性就会被人们所知，而这家欧洲公司肯定对此更是心知肚明。

这家电子公司的谈判代表告诉那家欧洲公司："谈判先到此为止，等你们觉得自己真正有了合作的诚意之后，我们再坐下来认真对此事进行谈判。"

电子公司在短时间内主动提出结束谈判是欧洲公司的三位谈判代表所根本没有想到的事情，后者公司规定的谈判期限也快到了，在电子公司宣布谈判结束后的当天下午，欧洲公司的谈判代表就要求谈判继续进行，并且主动表示愿意在价格方面做出较大程度的妥协。于是，电路专利以一个双方都能接受的价格转让了，电子公司于是起死回生。

在谈判过程中向对方施压要注意两点：一是压力要强到让对方知道你的决心不可动摇；二是压力不要强过对方的承受能力。美国硅谷的这家公司正是巧妙地运用了缓解压力和施加压力的方式，才成功完成了这次交易，使公司免于遭受更大的损失。他们的做法打破了常规，是因时制宜地运用时间的压力促成了谈判的成功。

我们在购物的时候，通常会遇到这样的情况：商店快关门了，老板也快要收铺的时候，我们有时候会看中某件商品。这时候，老板会说："要不要？现在快关门了，最后的生意便宜点卖给你，这么一个价钱你要不要？从来没有这么低出售过，要不是今天快关门了，我是不会这么低的价格给你的，都赔钱了。"这时市场里面的人正往外面涌去，而你也急匆匆地掏钱拿了商品就走，甚至都没有仔细检查。你买的商品真的是商家以最低的价格卖给你的么？这里，商家能够在最后快关门的时候又做成一次生意，就是巧妙运用了期限的压力，在这种情境之下，你来不及考虑，就跟着商家的意识走，乖乖地掏出了钱包。

一般来说，人们在缺少"富余时间"的时候，会不关心其他有关的信息，会产生对很多重要信息的忽略的情况，或是缺乏多方求证而草草做出决定。因为期限压力所导致的所谓捷径都会影响办事结果的质量。相反，如果时间充裕，能够增强人的信息处理能力，让人拥有更多的时间和精力去处理与事件相关的各类知识与信息，让人有更多的时间思考，从而做出相对理性的决定。

越临近谈判的尾声，达成一致的意向就越明显。在一场漫长的谈判中，大部分时间双方都会针锋相对、坚守各自的原则底线，但到了最后收官阶段，可能因为谈判时间的限制、身心的疲惫或者其他什么原因，大家都不自觉地加快了谈判节奏，在此前比较尖锐的问题上，双方都会做出一定程度的让步。

这种先松后紧的谈判现象经常会被谈判者所利用，被称为"时间压力策略”。具体实施步骤是先谈一些无关大局的议题，当你准备结束谈判时，他们突然提出了你所不愿意接受的问题，他们知道在时间的压力下你的谈判原则会有所松动，巧妙地向你施加压力，很多时候这种策略是成功的，因为你此时很难调整到谈判初期的心理状态。可能你会想这种策略很不道德，但谈判就是谈判，你可以拒绝使用这种策略，但不能不防备对手向你使用这种策略。

为了避免对方利用时间压力向你进攻，你可以在制定谈判日程时罗列所有可能涉及的议题，按照重要、非重要的次序进行分类排序，在谈判开始时先谈敏感问题，越到尾声所谈的问题应该越不紧要。在谈判初期如果对方对某些问题置之不理或建议延后讨论，你就有必要全面分析一下这个问题是否真的不重要，对方会不会在谈判结束前旧事重提，总之，不要掉进对手设置的陷阱里。

在谈判期间务必不要向对方透露你的谈判期限。如果对方知道你谈判的最终期限，那么他们一定会将主要问题拖延至最后一刻，在融洽的气氛下给你施加巨大的压力，逼迫你在最后一刻做出让步。

期限压力也会有积极的作用，它会让人有紧张感，从而提高办事效率。我们在面临一个重大的事件的时候，会做长期的准备工作。快临近期限的日子里，我们会采用倒计时，每时每刻提醒我们这个日子的到来，我们也会在这种紧张的气氛中充实而快节奏地做各种准备工作。比如高考，在考前的两三个月，老师与学生就会开始倒计时，气氛紧张，但往往这样会激励着老师与学生更加努力地复习，更加努力地训练。

把握好让步的策略

谈判中双方都必定要让步的，但是让步的幅度不能过大，次数也不能过于频繁，那样的话会过早地让对方知道了你的底线。

任何一个谈判者对即将举行的谈判都要做好心理准备，以适应谈判场上变幻莫测的各种情况。不同的矛盾有不同的让步方式。如何把让步作为谈判中的一种基本技巧、手段加以运用，是让步策略的基本意义，而了解让步的形态和选择是运用好让步策略的基础。以下给谈判者提出几点让步的策略：

1.使对方首先做出让步

首先做出让步的谈判者在心理上处于劣势，常会使自己在未获得较有利结果时就结束谈判。如果你被迫要首先做出让步，你要确保你这样做仅仅是基于你得到了一些回报。

2.提供一个基本理由帮助对方做出让步

在做出让步时，让步的一方会遭受既丧失立场又损失面子的双重压力。有经验的谈判者在试图克服那些已察觉的不利因素时，会设计好怎么才能帮助对方实现让步，并为他们提供一个做出让步的基本理由。比如，为他人的让步尽量保守秘密等。

3.仔细计划你做出让步的步骤

继续观察你的让步给了对方什么印象；巧妙地计划出你的让步内容和步骤；将让步作为全部谈判战略的一个组成部分。

4.试探地提出你的让步

在谈判中要避免过早地做出承诺，不要在没有预见到长期或短期后果前就做出让步。正确的做法是试探地提示你的让步，然后密切观察对方对你谨慎的提议的反应（口头的或书面的）。可参考的说法如：“假如我……你会怎么做？”

5.交换让步——恳求交换

不管什么时候，都要充分利用社会互惠的习俗，即在提出你的让步的同时，要求对方也做出相应的让步。

6.让步不能过于频繁

尽管高明的谈判者都清楚谈判中决不能轻易向对手让步，但是他们同时也很清楚，一点让步也没有那就不叫谈判了。所以，关键的问题不在于要不要让步，而在于怎样让步。

让步有两种组成因素，一个是让步的幅度，一个是让步的次数。让步幅度不能过大，让步的次数不能过于频繁，这样的让步才最容易取得成功。因为如果让步的幅度过大，或者次数过于频繁，就会轻易暴露自己的谈判底线，使自己陷于被动。

无论你多么渴望谈成这笔交易，也无论对方如何对你软硬兼施，你向对方让步的次数绝不能过于频繁。

假如你要销售一批产品给对方，你的第一次报价是500万元。对方先开口说："据我们所知，贵方这个报价有些虚高了，显然是在试探我方，请将贵方的真实报价呈上。"于是，你给他降低了20万，成了480万。这时对方又说："我们比较过同类产品的价格，贵方这个价格还是有些偏高。"于是你又降到了460万。然后对方又说："我们两方是第一次谈生意，再给我们优惠一些吧。"于是你又降到了450万。

想象一下，假如你真的如此频繁地降价，对方会怎么做？原来让他降价这么容易啊！好，那我就一次又一次地逼他降价。于是，你每一次的降价都放大了对方的欲望，对方只会对你的底线步步紧逼，直到将其攻破。为什么不这么做呢？既然只要肯前进就能得到相应的利益，他当然要多为自己争抢些东西了。

另一方面，你这样频繁地降价丝毫不会引起对方对你的好感，他只可能会想：原来对方报价的水分这么高，实在是可恶！这样即使他最后在谈判中得到了很多的利益，他也不会对你产生多少感激。相反，如果你能坚持自己的立场，绝不随意向对方降价，对方可能还会敬重你是个有原则的人。

在谈判时你也应该细心观察对方对你做出的让步，不要因为他让步的幅度越来越小就误认为他已经让到底线了，这很可能只是他的一种诡计而已。

在谈判中，我们经常说：喊价要狠，让步要慢。人们总是比较珍惜难以得到的东西，在商战中也同样如此。对方不会欣赏很容易得到的成功，太容易得到的东西他们就不会太珍惜。因此，假如你真想让对方快乐、满足，就让他们去努力争取能够得到的东西，己方不要轻易让步。

从另一方面来说，在任何一场谈判中，双方都得做出让步。从某种意义上说，这已成为谈判双方为达成协议而必须承担的义务。但是，谈判者必须认识到，让步应该是循序渐进、步步为营的。要坚守每一个阵地，不轻易让步，不做无谓的让步。无论是怎样的让步，哪种形式的让步，都不要轻率做决定，你要努力使你每一次的让步都是有效的，并且是有回报的。

即使是老练的谈判专家，有时候也不得不做出让步。不过在这种极为不利的形势下，仍得设法应付，以保住谈判的主动权。但是要如何应付呢？当你在不得已的情况下而不得不做让步时，最重要的，就是应先向对方详细说明之所以让步的理由，让对方了解，你并非因为立场不稳，或是所提出的主张不够正当，才做让步的。

可能的话，在让步之前，应提出某个“交换条件”，告诉对方：“我知道了，关于这一点，我可以做出让步。不过，我希望你也能……”这就表示，让步并非单方的，而是谈判双方“各让一步”。这么做，可以防止谈判的主动权落到对方手中。

适时适度地示弱

争强好胜是人不自觉的态度，但在这时就会给对方造成某种心理压力，对方给你设的陷阱也可能会更多；而学会适度地示弱，采取迂回的手段以柔克刚，就可以避免锋芒毕露所造成的损失。逞强带来的得意往往不能长久，谈判时适时、适度地示弱，让对手无计可施，成功的天平就会偏向你这一边。

美国与日本的企业进行谈判，美方派代表去见日本人。从上午8点开始，美国代表向日本人陈述情况，来势凶猛，滔滔不绝，并配有图表，精美的电脑图案，辅助资料，用三架放映机打在屏幕上，真是图文并茂、持之有据，以表示他们的要价合情合理。

这一推销性的介绍过程整整持续了两个半小时。在整个过程中，三位日本代表静静地坐在桌前，一声不吭。介绍结束后，美方的一位主谈充满期待和自负的神情，打开屋里的灯，转身问毫无表情的日本人：“你们认为怎样？”一位日本人客气地微笑了一下，回答说：“我们不明白。”美国那位主谈的脸上顿时失去了血色，说：“你们不明白？这是什么意思？你们究竟不明白什么？”第二位日本代表也客气地微笑了一下，回答说：“都不明白。”那位主谈的心脏几乎要停止了跳动，他问：“从哪里开始不明白的？”此时，第三位日本代表也客气地微笑着说："从电灯关了开始。"那位主谈沮丧地倚到了墙上，松开他那根昂贵的领带，气馁地道："那么……你们要我们怎么办？"三位日本代表同时回答说："你能不能重新讲一遍？"在这种情况下，即使是美国主谈再重新介绍一遍，他还有最初的热心和信心吗？

这就是日本人的聪明之处，也是日本人惯用的伎俩。面对美国代表的来势汹汹，日方并没有硬碰硬，而是采取迂回的策略，让对方败下阵来。在日常生活中，懂得以柔克刚会让你避免许多麻烦，也会给你的工作与生活带来极大的方便。

某高级西餐厅有一位客人将餐巾系在脖子上用餐，在重视西餐礼仪的高级餐厅中显得十分惹眼，引起其他用餐客人的不满，进而向该餐厅的经理抱怨，希望能够制止这位不懂（或是故意装作不懂）西餐礼仪的客人。经理将这个任务交付给一位服务生。

这位聪明的服务生走近客人，对客人只说了一句话，客人便自动地将餐巾拿下来了，大家猜服务生说了什么这么有用呢？原来这位服务生走到客人前面，恭敬地问了一句："请问先生您是要剪头还是修脸？"那位客人一听也知道自己的举动明显地与场所不协调，也就自动地将餐巾取下了。

同样的一个目的可能会有许多种的方式达到，如果这位服务生直接走过去纠正这位客人："先生，本餐厅不允许客人做出有违西餐礼仪的举动，请您将餐巾取下，否则只好请您离开。"会产生什么后果呢？客人可能会恼羞成怒，直接与其争执；如果服务生卑躬屈膝地拜托客人，对方可能会不理会。但服务生用了这种更为柔和而委婉的四两拨千斤的方式，使得对方明白自己的举动并不适合于该场所，非常自觉地改变了自己的行为方式。这就是这位服务生的成功之处。

延伸到谈判技巧领域，愚笨的人会将自己和谈判的对象摆在楚河汉界的两边，彼此剑拔弩张、壁垒分明，却往往弄得两败俱伤；聪明的人会把自己和对方的界限模糊，使局面变成是两人共同面对所存在于两人之间的问题，如此一来彼此心理上的防线就不至于在沟通前便潜意识地筑起，阻隔了原本可能达到的沟通目的。

谈判的时候，不妨将己方的利益先摆在一旁，或是想办法将己方的利益与对方的利益相结合。简单地说，要让对方无条件接受己方的要求，这在逻辑上其实是行不通的，因此如果能够巧妙地把己方的利益与对方的利益相结合，使对方在接受己方要求的同时也获得利益会是比较容易的方法。

谈判者在谈判时会遇到各种各样的对手，有的表面上看起来沉默不语，似乎很好对付；而有的则是锋芒毕露、咄咄逼人，毫不掩饰地想做整个谈判的“中心”，霸道地使整个谈判围着他的指挥棒转，这是傲慢自负型的谈判者！对前一种人需要沉着应付，不要相信他表面上的反应，以“兵来将挡，水来土掩”的策略对付可能会有较好的结果；而对后一种人则可以采取“以柔克刚”的策略。面对咄咄逼人的谈判对手，你可以借鉴如下的方法：

1.沉默冷静地观察对手

在谈判中，不要急于反驳，不要急于解释，尽可能耐心地听对方滔滔不绝地阐述自己的观点和提出自己的要求，必要时甚至可以使谈判出现冷场，并在双方之间展开一场忍耐力的竞争。

即使这时，自己仍要头脑清醒，情绪平稳，静观事态的发展，直到对方再次申诉自己的观点。

需要注意的是，这里的沉默不语不是绝对不说话，一定要把“沉默不语”控制在一个适当的“度”之内。这个度就是要使谈判能继续进行下去。因为人们之所以要采用策略，是为了使谈判能获得一定成果，而不是使谈判宣告破裂。

2.故意转移话题

在谈判中，有一点技巧，就是决不和对方直接交锋，而是对方说东，我方则漫不经心地说西；对方说三，我方则若无其事地说四。在这种故意转移话题的过程中，避其锋芒，然后针对其失误突然出击。

3.抓住机会提问

面对趾高气扬、盛气凌人的谈判对手，不必和他在言辞上进行正面交锋，而是在他目空一切、自以为是的高谈阔论中，选准机会适时提问，请其回答。这里的提问，可以是针对其发言中的自相矛盾之处，还可以是针对其发言中的违背常理之处等。每次提问实际都起到使对方降温的作用，只有当对方降温到一定程度时，谈判才能正常的进行。

倾听谈话中的有用信息

在谈判中，通过认真倾听谈判对手的谈话，并仔细加以分析和提炼，就可以获得很多有用的信息。因为对方说得越多，越容易暴露他的缺陷，你便很容易找到应对之法。

设法成为好的聆听者是重要的谈判技巧，理由在于：首先，聆听能使己方和谈话方处于和谐的环境，能促使自己更好地了解对方的需求，从而达成有效的沟通。其次，如果谈判中有一方认为自己说的话对方根本不听，对谈判会造成极大的危害。可以把谈判的对话当作羽毛球比赛，而不是高尔夫球比赛。在羽毛球比赛里，两位球员互相影响、互相作用、互为牵扯。但是在高尔夫球比赛中，两个人各打各的球，其中一人打球时，另一位仅是等待。谈判时要尽量避免打高尔夫球式的沟通。

精力集中地听，是倾听艺术的最基本、最重要的问题。据心理学家统计证明，一般人说话的速度为每分钟 120 个到 180 个字，而听话及思维的速度，则要比说话的速度快 4 倍左右。因此，往往是说话者话还没有说完，听话者就大部分都能够理解了。这样一来，听者常常由于精力的富余而“开小差”。那么万一就在这时，对方讲话的内容与我们理解的内容有偏差，或是恰巧传递了一个重要信息，那听者就会后悔不及了。

因此，我们必须注意时刻集中精力倾听对方的讲话。用积极的态度去听，而不是消极地或心不在焉地听，这样的倾听，成功的可能性就比较大。在倾听时还应注视讲话者，主动地与讲话者进行目光接触，并做出相应的表情，以鼓励讲话者。比如，可扬一下眼眉，或是微微一笑，或是赞同地点点头，抑或否定地摇摇头，也可不解地皱皱眉头等，这些动作配合，可帮助我们集中精力。

倾听用得好，和讲话一样具有说服力。谈判专家麦科马克认为，如果你想给对方一个丝毫无损的让步，只要倾听他说话就行了。倾听在特定条件下往往可以收到事半功倍的效果。

在某商店里，一位顾客气势汹汹地找上门来，喋喋不休地说：“这双鞋鞋跟太高了，样式也不好……”商店营业员一声不吭，耐心地听他把话说完，一直没打断他。等这位顾客不再说了，营业员才冷静地说：“您的意见很直率，我很欣赏您的个性。这样吧，我到里面去，再另挑选一双，好让您称心。如果您还不满意的话，我愿再为您服务。”这位顾客的不满情绪发泄完了，也觉得自己有些太过分了，又见营业员是如此耐心地回答自己的问题，也很不好意思。结果他的态度来了个 180 度的大转弯，称赞营业员给他新换的鞋说：“嘿，这双鞋好，就像是为我订做的一样。”

营业员以静对快，以冷对热，让顾客把怒气宣泄出来，达到了心理平衡，化解了一场纠纷。“静”在论辩中也是一种很好的“制怒”之术。论辩中唇枪舌剑，自控力较差的人很容易激动。在这种情况下，要说服过分激动的人，宜用慢动作、慢语调来应付。以静制怒，以冷对热，才能使其“降温减压”。只有对方心平气和了，你讲的道理他才能顺利接受。

倾听是了解对方需要、发现事实真相的最简捷的途径。谈判是双方沟通和交流的活动，掌握信息是十分重要的。一方不仅要了解对方的目的、意图，还要掌握不断出现的新情况、新问题。因此，谈判的双方都十分注意搜集、整理对方的情况，力争了解和掌握更多的信息，但是没有什么方式能比倾听更直接、更简便地了解对方的了。

倾听能使你更真实地了解对方的立场、观点、态度，了解对方的沟通方式、内部关系，甚至是小组内成员的意见分歧，从而使你掌握谈判的主动权。

有一家美国汽车公司，想要选用一种布料装饰汽车，有三家公司提供样品，供汽车公司选用。公司董事会研究后，请它们分别来公司做最后的说明，然后决定与谁签约。三家厂商中，有一家的业务代表患有严重的喉头炎，无法流利地讲话，只能由汽车公司的董事长代为说明。董事长替这家公司的业务代表介绍了产品的优点、特点，有关人员纷纷提出意见，董事长代为回答，而布料公司的业务代表则以微笑、点头或各种动作来表达谢意，结果他的表现博得了大家的好感。

会谈结束后，这位不能说话的业务代表却获得了 45.72 万米（50 万码）布的订单，总金额相当于 160 万美元。事后，他总结说，如果他当时没有生病，还可以说话，他很可能得不到这笔订单。

如果谈判人员很多的时候，会有互相介绍的情况。这时，一定要注意听，尽量多记住对方的名字和职务，如果没有听清，可以再问一次，尤其是外国人的名字对于我们中国人来说有些长，记忆起来更不容易。这时，可以选择主动要一张名片。记住对方的名字和职务是对他的尊重，当谈判时你叫不出他的名字或者不记得用什么职位来称呼他，则会使对方在人多的时候感觉尴尬，也会让他认为你不尊重他，从而影响他谈判的心情和对你的印象。如果你能准确地叫出对方的名字或者职位，那么对方将会非常高兴，也会对你的印象很深。

注意倾听能够给人留下良好印象，改善双方的关系。因为专注地倾听别人讲话，则表示倾听者对讲话者的尊重，能使对方对你产生信赖和好感，从而使对方形成愉快、宽容的心理。